局域网组建

主　编　杨海军　郝连祥

副主编　吴发木　李安鑫　陶清义

中国建材工业出版社

图书在版编目（CIP）数据

局域网组建/杨海军，郝连祥主编．--北京：中国建材工业出版社，2020.4（2021.7 重印）

ISBN 978-7-5160-2694-6

Ⅰ.①局…　Ⅱ.①杨…　②郝…　Ⅲ.①局域网—教材　Ⅳ.①TP393.1

中国版本图书馆 CIP 数据核字（2019）第 211327 号

局域网组建

Juyuwang Zujian

主　编　杨海军　郝连祥

副主编　吴发木　李安鑫　陶清义

出版发行：中国建材工业出版社

地　　址：北京市海淀区三里河路 1 号

邮　　编：100044

经　　销：全国各地新华书店

印　　刷：北京雁林吉兆印刷有限公司

开　　本：787mm×1092mm　1/16

印　　张：16.75

字　　数：360 千字

版　　次：2020 年 4 月第 1 版

印　　次：2021 年 7 月第 2 次

定　　价：59.00 元

本社网址：www.jccbs.com，微信公众号：zgjcgycbs

请选用正版图书，采购、销售盗版图书属违法行为

前　言

“局域网组建”是计算机网络技术专业的一门核心专业课程，目标是让学生掌握中小型局域网的规划设计与组建，培养其网络组建过程中结构设计、网络设备连接和配置、地址规划及网络安全与维护的能力。

本书在开发过程中以“课程对接岗位”为切入点，构建“以工作过程为导向，集职业素质培养、能力本位为一体”的课程体系。在课程设置上，针对计算机网络技术专业主要培养的职业方向（计算机网络设备调试员、网络管理员、网络与信息安全管理员等）及其主要工作任务，将工作内容划分为相应的能力元素，立足岗位、重视素质、突出职业能力的培养。

本书共分为五个项目。

项目一是局域网基础，简要介绍了局域网的应用、局域网的拓扑结构、局域网组成的硬件设备和常用网络软件。

项目二是家庭网络组建，内容包括网线的制作、家庭宽带联网、家庭组网络共享、家庭无线网络的创建及安全策略。

项目三为小型办公网络组建，内容包括小型办公网络的规划设计、布线施工、安装网络操作系统和驱动程序、设置 IP 地址、设置文件和打印机共享。

项目四是企业局域网组建，内容包括网络设备的连接与配置、网络服务器的搭建等企业局域网组建中的设备管理及网络服务。

项目五为局域网安全与管理，包括网络病毒防护、网络安全策略、防火墙的应用、网络故障排查等。

本书由贵州电子商务职业技术学院杨海军、郝连祥老师担任主编，吴发木、李安鑫、陶清义三位老师担任副主编。其中项目一由李安鑫老师编写，项目二由杨海军老师编写，项目三由陶清义老师编写，项目四由郝连祥老师编写，项目五由吴发木老师编写。在本书的编写过程中，编者参考借鉴了国内外出版的一些优秀教材和文献，并得到了一些企业领导和专家的大力支持，在此一并表示感谢。

由于信息技术飞速发展，网络变化日新月异，编写团队经验不足，水平有限，书中难免存在一些不当之处，敬请各位专家及读者不吝赐教。

编者

前言

目　录

项目一　局域网基础

项目简介

局域网是较小范围内的通信网络，承载着本地范围内接入互联网的职责，具有传输速度快、稳定性强、安全性高的特点。局域网技术被广泛应用于家庭、学校、企业等领域，以实现资源共享、信息快速传输和集中处理、综合信息服务等方面的功能。

本项目主要围绕局域网概述、局域网的硬件设备、常用网络软件三个任务展开，介绍局域网基础知识。

任务一　局域网概述

【任务描述】

局域网一般指地理范围较小的网络，是计算机网络中应用最广泛的一种网络。学习本任务的目的是掌握局域网的基础知识，学会查看本机的 IP 地址，从整体上、系统上认识局域网。

【能力要求】

（1）掌握局域网的概念。

（2）了解局域网的基本组成。

（3）认识局域网的拓扑结构，熟悉不同拓扑结构的优缺点。

（4）了解局域网的功能及应用。

（5）学会查看本机 IP 地址的方法。

【知识准备】

一、局域网的概念

局域网是由一组计算机及相关设备通过共用的通信线路或无线连接的方式组合在一起，以实现资源共享、数据传递和信息交换的小范围（一般为几米到几千米）计算机网络。

二、局域网的基本组成

局域网由网络硬件和网络软件两部分组成。网络硬件通常包括网络服务器、网络客户机或工作站、网络适配器、网络传输介质和网络共享设备等。网络软件主要包括网络操作系统、网络协议、网络管理软件和网络应用软件等。局域网的基本组成如图 1-1-1 所示。

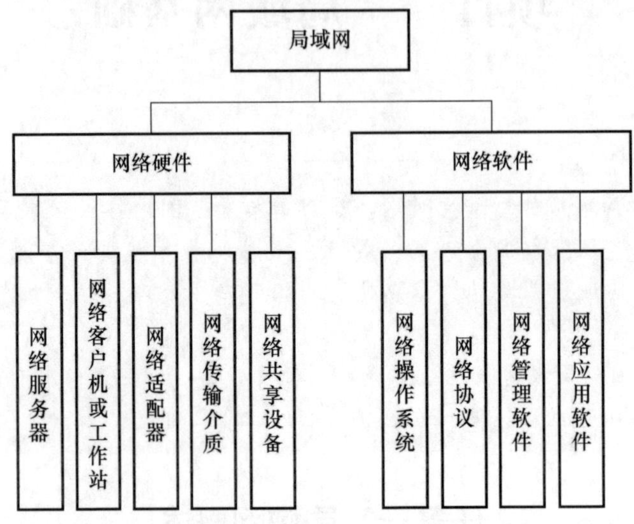

图 1-1-1　局域网的基本组成

三、局域网的拓扑结构

局域网中各节点相互连接的方法和形式称为网络拓扑。局域网的拓扑结构通常有总线型拓扑、星形拓扑、环形拓扑和树形拓扑。

总线型拓扑：是指所有的节点都连接在一条总线上，各节点地位平等，无中心节点控制，如图 1-1-2 所示。

星形拓扑：由一个中央节点和若干个从节点组成，以中央节点为中心与各从节点直接相连，如图 1-1-3 所示。

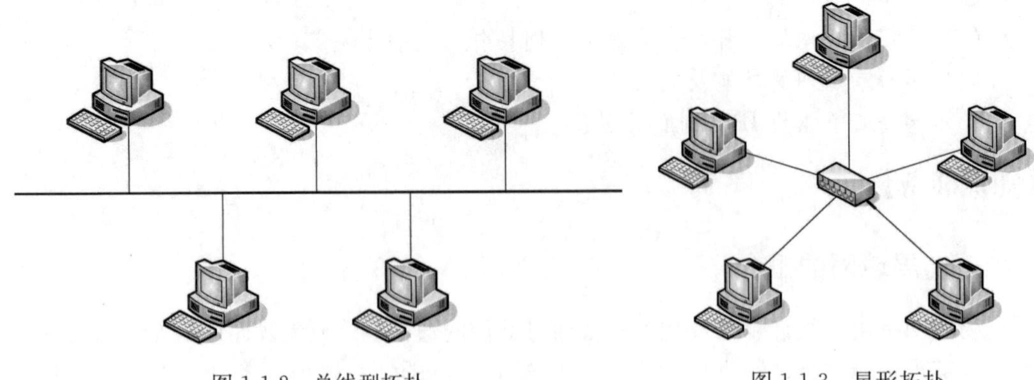

图 1-1-2　总线型拓扑　　　　图 1-1-3　星形拓扑

环形拓扑：是由若干节点连接成环，单向进行数据传输，如图 1-1-4 所示。

树形拓扑：各节点按层次连接，即分级的集中控制式网络，如图 1-1-5 所示。

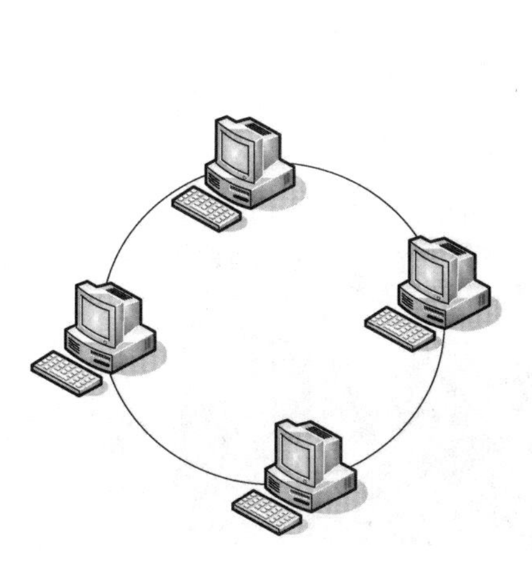

图 1-1-4　环形拓扑

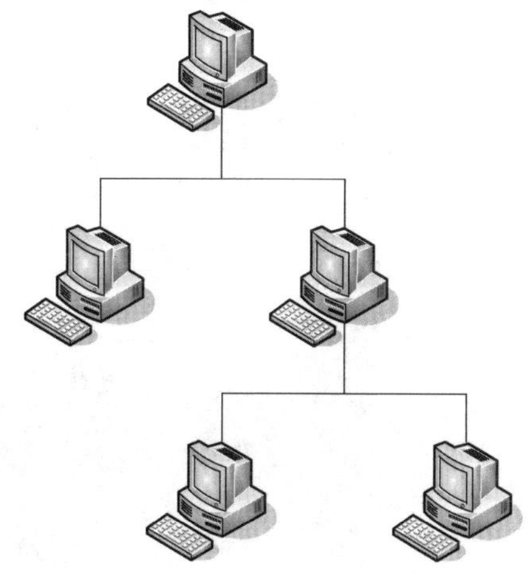

图 1-1-5　树形拓扑

四、局域网的功能及应用

1. 功能

局域网的功能是资源共享、信息快速传输和集中处理、综合信息服务等。

（1）资源共享

局域网中的用户可以共享网络中的硬件和软件资源，避免不必要的资源浪费，提高资源的利用率。

（2）信息快速传输和集中处理

局域网能够实现客户机与客户机之间、客户机与服务器之间、服务器与服务器之间快速可靠的信息传输，并可根据实际需要对信息进行分散或集中处理。

（3）综合信息服务

企事业内部局域网可提供数据、语音、图像等信息传输，为自动化办公、网络化学习等提供综合的信息服务，成为信息时代不可或缺的高效方式。

2. 应用

局域网的应用有家庭无线局域网、办公网、校园网等。

（1）家庭无线局域网

随着网络技术的不断发展，以家庭为单位的使用者对网络的要求也越来越高，家庭无线局域网的应用，使家中的计算机、家电设备等，不必通过各种线缆就能联系起来，如图 1-1-6 所示，具有灵活性和移动性的特点，让人们畅享智能舒适、方便快捷的家居生活。

（2）办公网

在办公室将每台工作计算机通过有线或无线的方式有效连接，形成办公网，如图 1-1-7 所示，通过计算机服务器统一进行管理，能够共享文件数据，提高工作效率。

（3）校园网

校园网是为学校教育教学、综合信息服务等方面提供资源共享、信息传递和协同工作的局域网络，如图 1-1-8 所示。建设校园网能合理有效地整合、利用各种资源，夯实学校未来发展的基础，符合信息化和数字化的时代要求。

图 1-1-6　家庭无线局域网

图 1-1-7　办公网

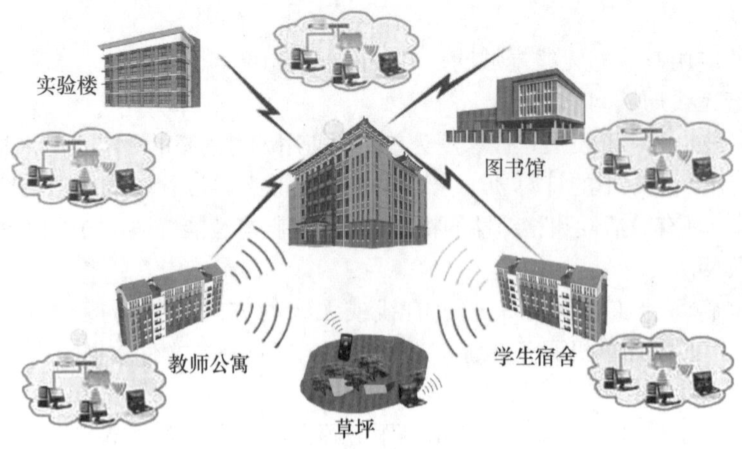

图 1-1-8　校园网

【任务实施】

一、完成任务单：表 1-1-1

表 1-1-1　拓扑结构任务单

任务目标	熟悉局域网的不同拓扑结构的优缺点		
任务要求	1. 学生分组，5～7 人一组 2. 可以采取小组讨论、信息检索等方式实施		
任务内容	局域网的拓扑结构	优点	缺点
	总线型拓扑		
	星形拓扑		
	环形拓扑		
	树形拓扑		
	根据网络实训室真实环境，识别其拓扑结构，并分析其优缺点		

二、使用命令查看本机的 IP 地址

（1）单击桌面左下角的“开始”图标，如图 1-1-9 所示。

（2）在搜索栏输入命令“cmd”，回车确认，启动 DOS 命令操作环境。如图 1-1-10 所示。

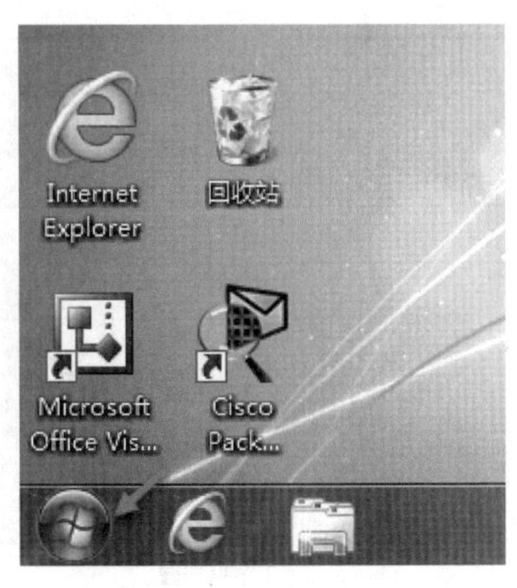

图 1-1-9　“开始”图标

图 1-1-10　启动 DOS 命令操作环境

（3）输入查看本机 IP 地址的命令“ipconfig”，回车确认，即可查看本机的 IP 地址。如图 1-1-11 所示。

图 1-1-11　ipconfig 命令结果

【任务小结】

组建局域网的拓扑结构是影响局域网特性的关键要素。选择局域网的拓扑结构时，需要从经济性、灵活性和可靠性等方面进行综合考虑。

【扩展练习】

使用“网络连接”工具的方法查看本机的 IP 地址。

【能力评价】

能力评价表

任务名称	局域网概述			
开始时间		完成时间		
评价内容				
任务准备：			是	否
1. 收集任务相关信息			□	□
2. 明确训练目标			□	□
3. 学习任务相关知识			□	□
任务计划：			是	否
1. 明确任务内容			□	□
2. 明确时间安排			□	□
3. 明确任务流程			□	□

续表

任务实施：	分值	自评分	教师评分
1. 熟练掌握局域网的概念	15		
2. 能识别局域网的基本组成硬件、软件	15		
3. 熟悉局域网的不同拓扑结构的优缺点	15		
4. 能识别已组建局域网的拓扑结构	15		
5. 能说出三个以上的局域网功能	10		
6. 能列举三种以上局域网在生活中的应用实例	10		
7. 会查看本机的 IP 地址	20		
合计：	100		
总结与提高：			
1. 本次任务有哪些收获？ 2. 在任务中遇到了哪些问题？有何解决方法？			

任务二　局域网的硬件设备

【任务描述】

目前，局域网技术已经在企业、学校和家庭中得到广泛应用。局域网的硬件设备是局域网的重要构成部分，合适地进行选用，能让组建的局域网性能最优化。学习本任务的目的是熟悉各种类型的传输介质和主要的硬件设备及其功能。

【能力要求】

（1）能够识别局域网的传输介质。

（2）熟悉局域网中有线传输介质在速率、费用和传输距离方面的性能优劣。

（3）熟悉局域网的主要硬件设备及其功能。

【知识准备】

一、局域网的传输介质

传输介质一般分为有线介质和无线介质两种类型。有线介质有双绞线、同轴电缆、光纤等；无线介质有微波、红外线、激光等。

1. 双绞线

双绞线是最常用的传输介质，由两根绝缘的铜导线相互绞在一起而得名，可分为非屏蔽双绞线和屏蔽双绞线。非屏蔽双绞线价格便宜，但易受干扰，如图 1-2-1 所示；屏蔽双绞线由于有一层金属网或金属薄膜包裹，能减小辐射，增强抗干扰能力，价格要高于非屏蔽双绞线，如图 1-2-2 所示。

在局域网中，常用的是非屏蔽双绞线，因为它价格低、质量轻、易安装，深受用户喜欢。

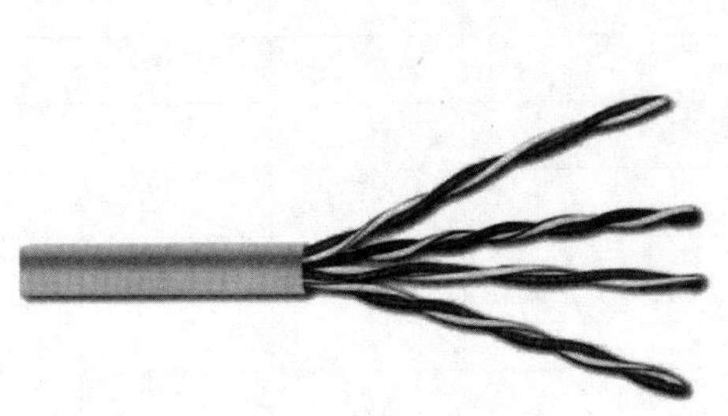

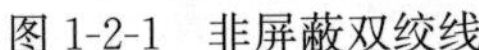

图 1-2-1　非屏蔽双绞线

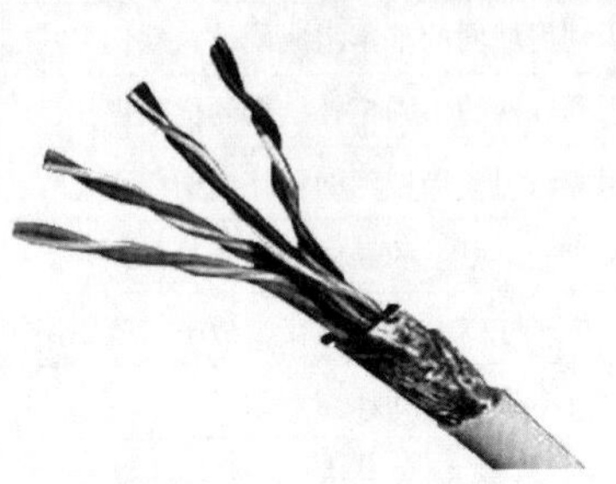

图 1-2-2　屏蔽双绞线

2. 同轴电缆

同轴电缆由内导体铜质芯线、绝缘层、网状编织的外导体屏蔽层及保护塑料外层组成，如图 1-2-3 所示，被广泛应用于有线电视和某些局域网，较非屏蔽双绞线而言有更好的抗干扰作用。同轴电缆具有高带宽和极好的噪声抑制特性。

3. 光纤

光纤是光导纤维的简称，通常由石英玻璃拉成细丝而成，其结构一般是双层的同心圆柱体，中心部分为纤芯，如图 1-2-4 所示。与其他传输介质相比，光纤具有频带较宽、传输距离远、抗干扰能力强等特点，特别适合用于高速主干网的连接。

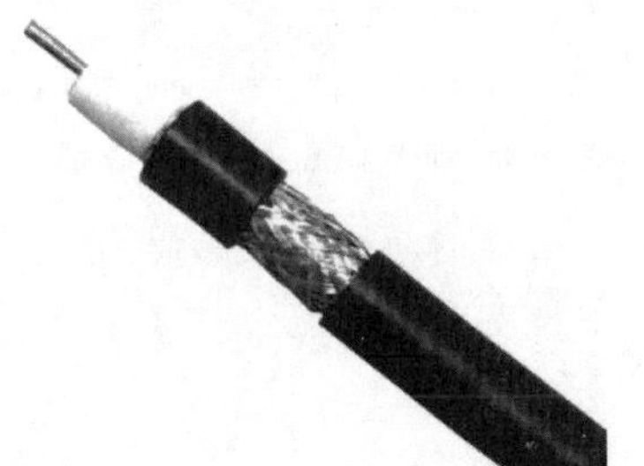

图 1-2-3　同轴电缆

图 1-2-4　光纤

几种有线传输介质在速率、费用和传输距离方面的性能对比如表 1-2-1 所示。

表 1-2-1　有线传输介质性能对比

传输介质	性　能		
	速率	费用	传输距离
非屏蔽双绞线	足够快	很低	短
屏蔽双绞线	非常快	高	短
同轴电缆	非常快	较低	中等
光纤	最快	最高	很长

4. 地面微波通信和卫星通信

地面微波通信常用于电缆（或光缆）铺设不便的特殊地理环境，可作为地面传输系统的备份与补充，具有频带宽、信道容量大、初建费用低、应用范围广等优点。

卫星通信通过人造地球卫星作为中继器来转发信号，使用的波段也是微波，其特点是覆盖面广、可靠性高、通信容量大、传输距离远、不受地理条件的限制、传输距离与成本无关等。

5. 红外线和激光通信

红外线和激光通信的收发设备必须处于视线范围内，具有很强的方向性，防窃取能力强。但由于红外线和激光通信自身的特性，如对环境因素比较敏感等，因此，一般只适合近距离或室内使用。

二、局域网的主要硬件设备及其功能

1. 网卡

网卡也称为网络适配器，主要用于实现网络之间的通信，包括网络信号的存取控制、数据转换（并行到串行）、包的装配与拆卸等。网卡是计算机连接网络的基本设备，如图 1-2-5 所示。网络互联的每台计算机上都必须安装网卡。

图 1-2-5　网卡

在网卡的存储器中，保存有一个全球唯一的网络节点地址，即 MAC（介质访问控制）地址，也叫作网卡的物理地址。网卡的物理地址有 48 位，由 6 个十六进制数组成，中间用“－”隔开。

在 Windows 操作系统中，启动 DOS 命令操作环境后，输入“ipconfig/all”命令，便可查看本机网卡的物理地址，如图 1-2-6 所示。

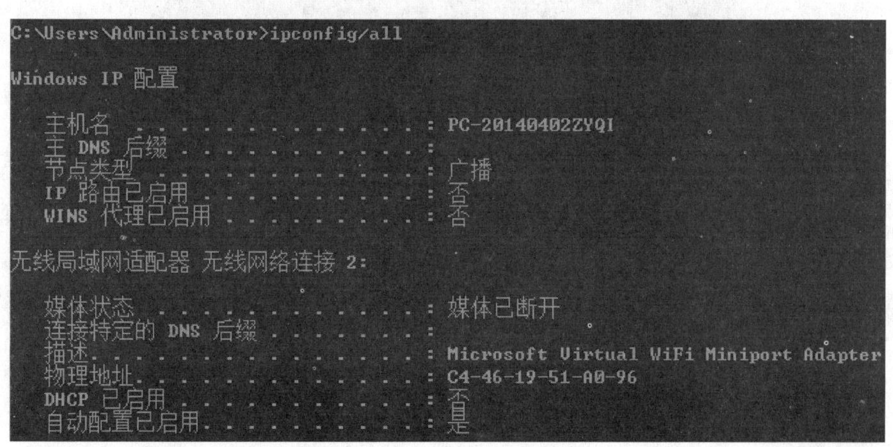

图 1-2-6　查看网卡的物理地址

2. 集线器

集线器是局域网中计算机和服务器的连接设备，如图 1-2-7 所示。其主要功能是对接收到的信号进行再生整形放大，以增加网络的传输距离，同时把所有节点集中在以它为中心的节点上。作为对网络进行集中管理的最小单元，集线器不仅能优化网络布线结构，还可以简化网络管理。

集线器的分类方法有很多，按照提供的端口数量来分是最基本的分类标准之一。主流的集线器主要有8口、16口和24口等几大类。

图 1-2-7　集线器

3. 交换机

交换机是在通信系统中完成信息交换功能的网络设备。如图 1-2-8 所示，是集线器的升级换代产品，也叫交换式集线器。通过交换机的过滤和转发，能够有效地隔离广播风暴，减少误包和错包的出现，避免共享冲突。

根据网络覆盖范围的不同，交换机可划分为广域网交换机和局域网交换机。广域网交换机主要应用于电信领域，提供通信的基础平台。而局域网交换机就是常见的交换机，应用于局域网络，连接如服务器、工作站、路由器、网络打印机等终端设备，提供高速独立的通信通道。

在局域网交换机中，又有多种分类标准。根据交换机使用的网络传输介质及传输速度的不同，通常将局域网交换机分为以太网交换机、快速以太网交换机、千兆以太网交换机、10千兆以太网交换机、ATM交换机、FDDI交换机和令牌环交换机；根据交换机应用网络层次，可划分为企业级交换机、校园网交换机、部门级交换机、工作组交换机和桌机型交换机；根据交换机的端口结构，可分为固定端口交换机和模块化交换机。

图 1-2-8　交换机

4. 路由器

路由器是将一个网络（通常是局域网）接入另一个网络，或实现网络之间互联的必选设备，如图 1-2-9 所示。其主要作用是连通不同的网络和选择信息传送的线路。通过路由器的路由选择和数据转发，可以减轻网络系统的通信负荷，节约网络系统资源，提高网络通信速度等。

图 1-2-9　路由器

【任务实施】

完成任务单：表 1-2-2

表 1-2-2　局域网的硬件设备任务单

<table>
<tr><td>任务目标</td><td colspan="4">识别局域网的传输介质，熟悉主要的硬件设备及其功能</td></tr>
<tr><td>任务要求</td><td colspan="4">1. 学生分组，5～7 人一组
2. 可以采取小组讨论、实地调查、信息检索等方式实施</td></tr>
<tr><td rowspan="13">任务内容</td><td colspan="4">1. 结合校园网实际情况，对可能使用的传输介质进行识别</td></tr>
<tr><td colspan="2">传输介质的类型</td><td colspan="2">选用的理由</td></tr>
<tr><td colspan="2"></td><td colspan="2"></td></tr>
<tr><td colspan="2"></td><td colspan="2"></td></tr>
<tr><td colspan="2"></td><td colspan="2"></td></tr>
<tr><td colspan="2"></td><td colspan="2"></td></tr>
<tr><td colspan="4">2. 观察网络实训室真实环境，对主要的硬件设备进行统计</td></tr>
<tr><td>设备名称</td><td>设备型号</td><td>设备数量</td><td>设备功能</td></tr>
<tr><td></td><td></td><td></td><td></td></tr>
<tr><td></td><td></td><td></td><td></td></tr>
<tr><td></td><td></td><td></td><td></td></tr>
<tr><td></td><td></td><td></td><td></td></tr>
<tr><td></td><td></td><td></td><td></td></tr>
</table>

【任务小结】

传输介质和主要的硬件设备在局域网组建中占有重要的地位，选用不同的传输介质和硬件设备，对局域网性能的影响各不相同。

【扩展练习】

通过小组讨论（5～7 人一组）、信息检索等方式，进一步熟悉路由器和交换机的作用，填写表 1-2-3。

表 1-2-3　路由器与交换机的关系

<table>
<tr><td>关系</td><td>路由器</td></tr>
<tr><td>与交换机的联系</td><td></td></tr>
<tr><td rowspan="4">与交换机的主要区别</td><td></td></tr>
<tr><td></td></tr>
<tr><td></td></tr>
<tr><td></td></tr>
</table>

【能力评价】

能力评价表

任务名称	局域网的硬件设备			
开始时间		完成时间		
评价内容				
任务准备：			是	否
1. 收集任务相关信息			□	□
2. 明确训练目标			□	□
3. 学习任务相关知识			□	□
任务计划：			是	否
1. 明确任务内容			□	□
2. 明确时间安排			□	□
3. 明确任务流程			□	□
任务实施：		分值	自评分	教师评分
1. 能识别局域网的传输介质		15		
2. 熟悉局域网有线传输介质的性能优劣		20		
3. 能识别已组建局域网选用的传输介质		20		
4. 能识别局域网的主要硬件设备		25		
5. 熟悉局域网中硬件设备的功能		20		
合计：		100		
总结与提高：				
1. 本次任务有哪些收获？ 2. 在任务中遇到了哪些问题？有哪些解决方法？				

任务三　常用网络软件

【任务描述】

局域网中主要的网络软件有网络操作系统、网络协议、网络管理软件和网络应用软件等。学习本任务的目的是初步了解一些网络软件，并认识一款学习用模拟软件——Cisco Packet Tracer。

【能力要求】

（1）认识主要的网络操作系统。

（2）熟悉常用的网络协议。

(3) 了解网络管理软件。

(4) 了解网络应用软件。

(5) 掌握 Cisco Packet Tracer 6.0 的安装和汉化方法。

【知识准备】

一、网络操作系统

网络操作系统是向网络计算机提供服务的特殊的操作系统，是一种能代替操作系统的软件程序，可以说是网络的心脏和灵魂。目前市场上的网络操作系统很多，其在局域网中应用较多的主要有 Windows Server 2003/2008、UNIX、Linux、NetWare。

1. Windows Server 2003/2008

微软的网络操作系统在整个局域网配置中是最常见的，但由于它对服务器的硬件要求较高，一般只用于中低档服务器。

Windows Server 2003（图 1-3-1）简体中文版分 Web 版、标准版、企业版和数据中心版。

图 1-3-1　Windows Server 2003

Windows Server 2008（图 1-3-2）发行了多个版本，以满足各种规模的企业对服务器不断变化的需求。Windows Server 2008 有 5 个不同版本，另外还有三个不支持 Windows Server Hyper-V 技术的版本，总共有 8 个版本。

图 1-3-2　Windows Server 2008

2. UNIX

在众多的网络操作系统中，UNIX（图 1-3-3）在安全性和稳定性上都有着较突出的表现，它是唯一能在所有级别计算机上运行的操作系统。如微型机、小型机、大型机、巨型机等。UNIX 具有悠久的历史，其良好的网络管理功能已被广大网络用户所接受。UNIX 对计算机网络的发展，特别是对互联网的发展有着重要的作用。在互联网中提供服务的各类节点计算机中，90%以上都使用 UNIX 或类 UNIX 操作系统。

图 1-3-3　UNIX

3. Linux

Linux（图 1-3-4）是类似于 UNIX 风格，主要适用于个人计算机的操作系统。它支持多用户、多进程和多线程，特点是实时性较好、功能强大且稳定。Linux 操作系统有四个子系统，分别是用户进程、系统调用接口、Linux 内核和硬件控制器。

图 1-3-4　Linux

4. NetWare

NetWare（图 1-3-5）是一个开放的网络服务器平台，可以方便地对其进行扩充。NetWare 系统对不同的工作平台（如 DOS、OS/2、Macintosh 等），不同的网络协议环境（如 TCP/IP），以及各种工作站操作系统提供了一致的服务。它能够增加自选的扩充服务（如替补备份、数据库、电子邮件、记账等），这些服务可以取自 NetWare 本身，也可取自第三方开发者。NetWare 最重要的特征是基于基本模块设计思想的开放式系统结构。

图 1-3-5　NetWare

二、网络协议

网络协议是指网络设备用于通信的一套规则，专门负责计算机之间的相互通信，并规定计算机信息交换中的格式和含义。常用的网络协议有 TCP/IP 协议、IPX/SPX 协议等。

TCP/IP 协议，即传输控制协议/互联网协议，是互联网的基础协议，具有很重要的地位，任何与互联网有关的操作都离不开它，可以说没有 TCP/IP 协议就根本不可能上网。

IPX/SPX 协议是 IPX 协议与 SPX 协议的结合，由 Novell 公司开发，主要用于 NetWare 网络中。IPX 协议负责数据包的传送；SPX 协议负责数据包传输的完整性。

三、网络管理软件

网络管理软件是能够完成网络管理功能的网络管理系统，简称网管系统。网管系统采用 SNMP，对网络设备进行在线管理。许多网络设备制造商都有自己的网管系统，习惯上在一个网络中尽量使用一家厂商的产品，以便于统一管理和维护。

四、网络应用软件

网络应用软件是向网络用户提供服务并为网络用户解决实际问题的软件。IE 浏览器就是一种常用的网络应用软件。

【任务实施】

一、完成任务单（表 1-3-1）

表 1-3-1　网络操作系统的特点任务单

任务目标	熟悉常用网络操作系统的特点	
任务要求	1. 学生分组，5～7 人一组 2. 可以采取小组讨论、信息检索等方式实施	
任务内容	网络操作系统	特点
	Windows Server 2003/2008	
	Linux	
	UNIX	
	NetWare	

二、Cisco Packet Tracer 6.0 的安装和汉化

Cisco Packet Tracer 是由 Cisco 公司发布的一款辅助学习工具，可为网络初学者设计、配置和排除网络故障提供网络模拟环境，特点是界面直观、功能强大、操作简单、容易上手等。

首先使用本书附带的 Cisco Packet Tracer 6.0 安装文件（也可到 Cisco 官方网站自

行下载）进行安装，然后汉化。具体的操作步骤如下。

（1）双击安装文件，如图 1-3-6 所示，打开安装窗口。

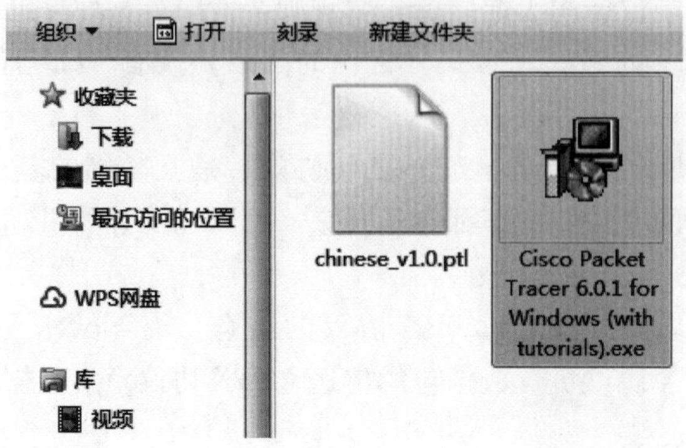

图 1-3-6　安装文件

（2）单击 Next 按钮，如图 1-3-7 所示。

图 1-3-7　安装界面

（3）接受许可协议，单击 Next 按钮，如图 1-3-8 所示。

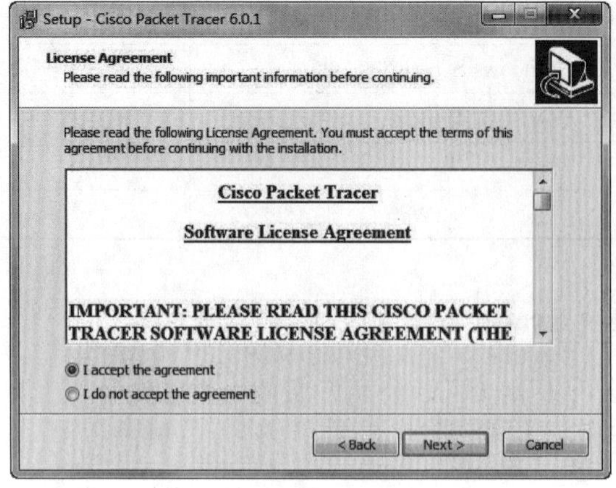

图 1-3-8　协议许可

（4）根据需求选择安装路径，单击 Next 按钮，如图 1-3-9 所示。

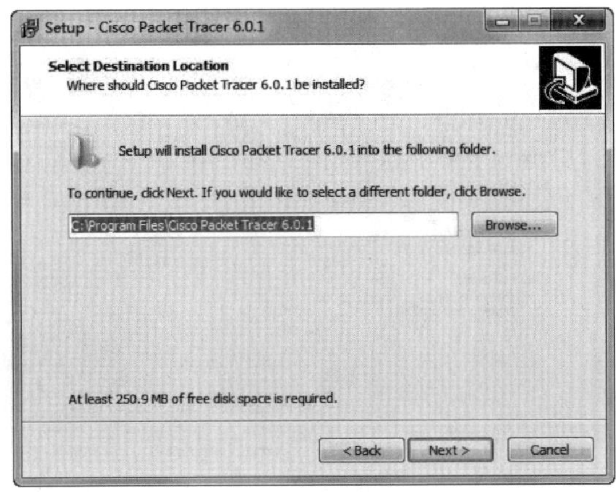

图 1-3-9　选择安装路径

（5）选择开始菜单文件夹，单击 Next 按钮，如图 1-3-10 所示。

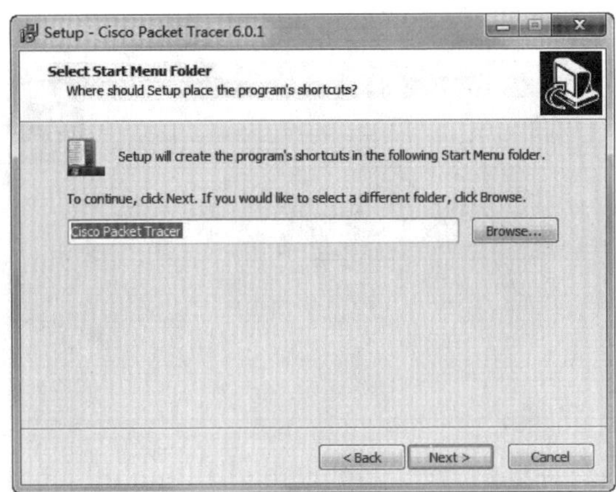

图 1-3-10　选择开始菜单文件夹

（6）选择创建一个桌面图标，单击 Next 按钮，如图 1-3-11 所示。

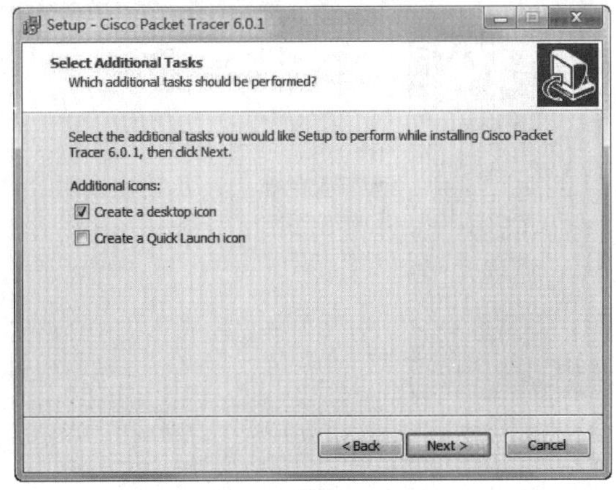

图 1-3-11　选择创建桌面图标

（7）单击 Install 按钮进行安装，如图 1-3-12 所示。

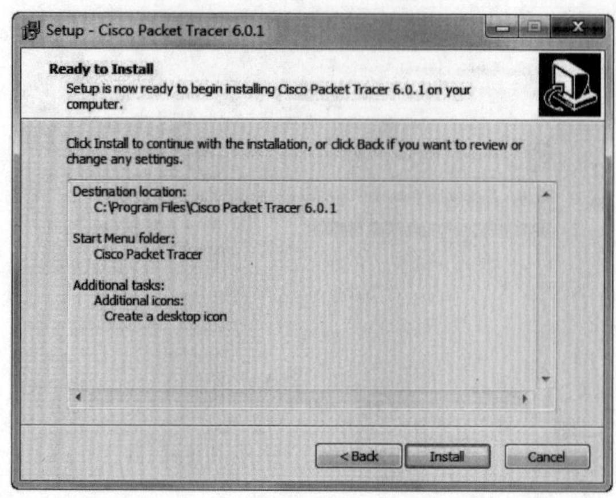

图 1-3-12　准备安装

（8）正在安装如图 1-3-13 所示。安装结束后，单击 Finish 按钮完成安装，如图 1-3-14 所示，软件安装成功。

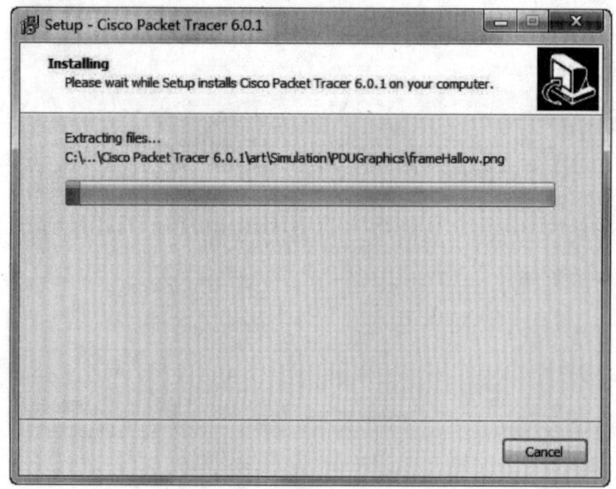

图 1-3-13　正在安装

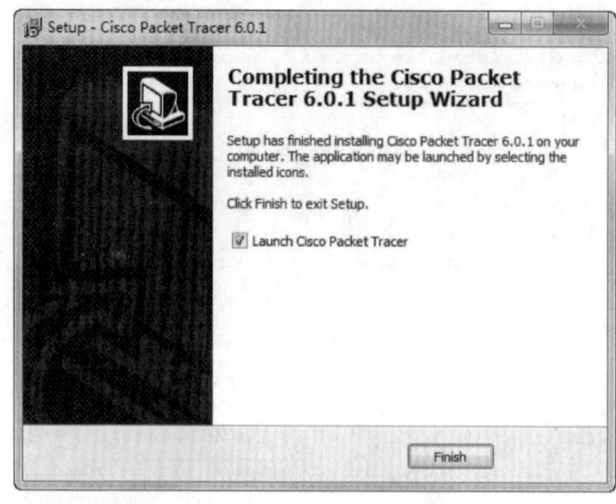

图 1-3-14　完成安装

（9）启动 Cisco Packet Tracer 软件，如图 1-3-15 所示。

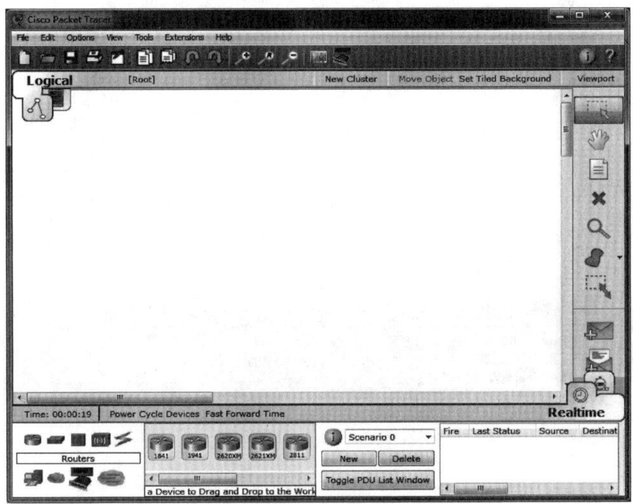

图 1-3-15　启动软件

Cisco Packet Tracer 软件安装好以后，默认是英文版，为了方便使用，可以对软件进行汉化。

（10）将本书附带的汉化文件“chinese _ v1. 0. ptl”复制到 Cisco Packet Tracer 安装目录下的“languages”文件夹中，如图 1-3-16 所示。

图 1-3-16　复制汉化文件

（11）打开 Cisco Packet Tracer 软件，找到 Options 菜单，如图 1-3-17 所示，单击 Preferences 命令。

（12）打开配置窗口，在 Select Language 中选择“chinese _ v1. 0. ptl”，然后单击 Change Language 按钮，如图 1-3-18 所示。

（13）重新启动 Cisco Packet Tracer，软件即为汉化版，如图 1-3-19 所示。

（14）Cisco Packet Tracer 的主要界面介绍如图 1-3-20 和表 1-3-2 所示。

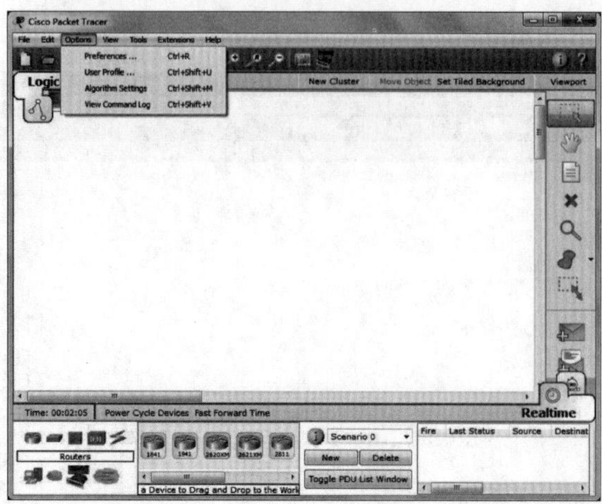

图 1-3-17　选项菜单

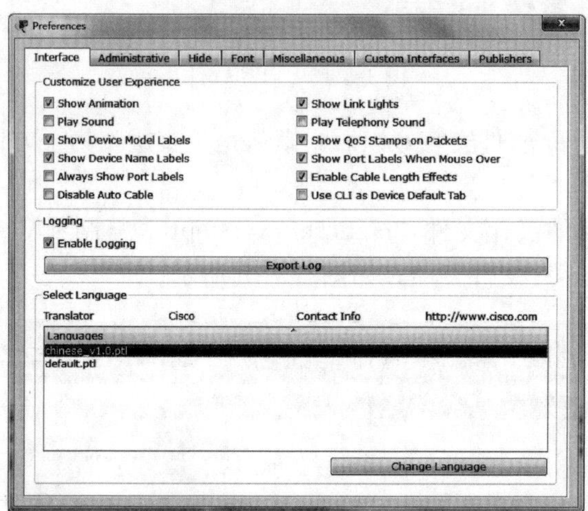

图 1-3-18　选择语言

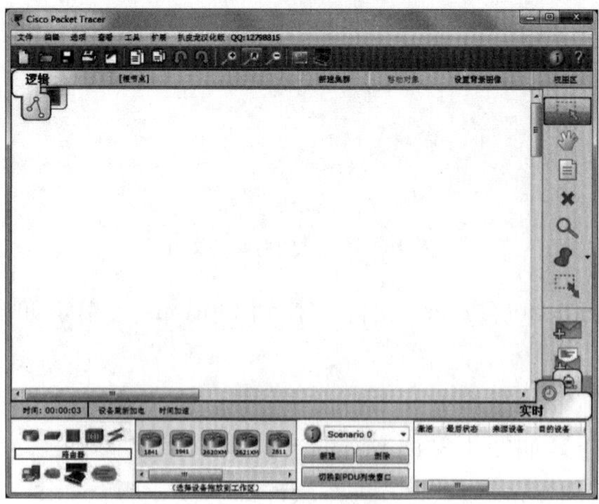

图 1-3-19　汉化版界面

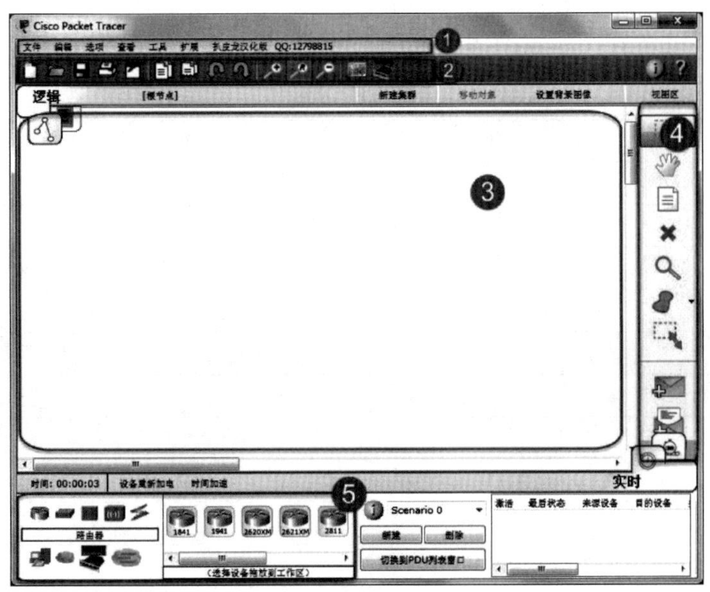

图 1-3-20　软件界面

表 1-3-2　功能介绍

序号	名称	功　能
①	菜单栏	此栏中有文件、选项和帮助按钮，在里面可以找到一些基本的命令，如打开、保存、打印和选项设置，还可以访问活动向导
②	主工具栏	此栏提供了文件按钮中命令的快捷方式，还可以单击右边的网络信息按钮，为当前网络添加说明信息
③	工作区	此区域中可以创建网络拓扑，监视模拟过程，查看各种信息和统计数据
④	常用工具栏	此栏提供了常用的工作区工具，包括选择、整体移动、备注、删除、查看、添加简单数据包和添加复杂数据包等
⑤	网络设备库	该库包括设备类型库和特定设备库。 设备类型库包含不同类型的设备，如路由器、交换机、集线器、无线设备、连接线、终端设备等。 特定设备库包含不同设备类型中不同型号的设备，它随着设备类型库的选择级联显示

【任务小结】

局域网组建中涉及的网络软件有很多，对一些常用的软件建立初步的印象，能为后续更深入的学习打下坚实的基础。

【扩展练习】

使用 Cisco Packet Tracer 软件建立局域网的网络拓扑。

【能力评价】

能力评价表

任务名称	常用网络软件			
开始时间			完成时间	
评价内容				
任务准备：			是	否
1. 收集任务相关信息			□	□
2. 明确训练目标			□	□
3. 学习任务相关知识			□	□
任务计划：			是	否
1. 明确任务内容			□	□
2. 明确时间安排			□	□
3. 明确任务流程			□	□
任务实施：		分值	自评分	教师评分
1. 能识别主要的网络操作系统		20		
2. 熟悉常用的网络协议		20		
3. 会使用一种网络管理软件		10		
4. 能列举三种以上网络应用软件		10		
5. 正确安装 Cisco Packet Tracer 6.0		15		
6. 正确汉化 Cisco Packet Tracer 6.0		10		
7. 能使用 Cisco Packet Tracer 6.0 建立网络拓扑		15		
合计：		100		
总结与提高：				
1. 本次任务有哪些收获？ 2. 在任务中遇到了哪些问题？有何解决方法？				

习　题

一、选择题

1. 计算机网络分为广域网、城域网和局域网，其划分的主要依据是网络的（　　）。

A. 拓扑结构　　B. 控制方式　　C. 作用范围　　D. 传输介质

2. 在常用的传输介质中，带宽最大、信号传输衰减最小、抗干扰能力最强的一类传输介质是（　　）。

A. 双绞线　　B. 光纤　　C. 同轴电缆　　D. 无线信道

3. 局域网不提供（　　）服务。

A. 资源共享　　B. 设备共享　　C. 多媒体通信　　D. 分布式计算

4. 下图属于（　　）拓扑结构。

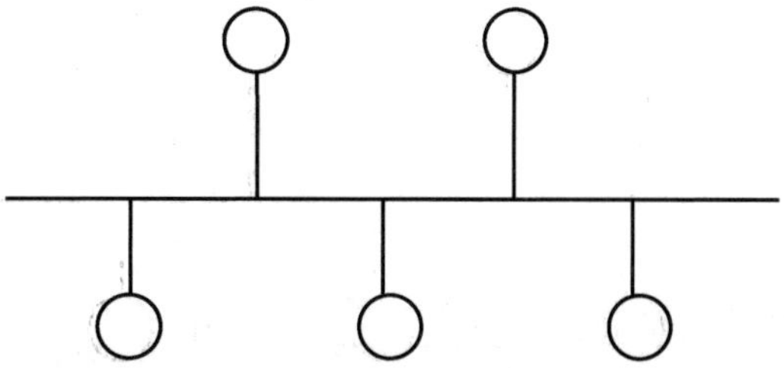

A. 总线型　　B. 星形　　C. 环形　　D. 树形

5. TCP/IP 协议规定为（　　）。

A. 4 层　　B. 5 层　　C. 6 层　　D. 7 层

6. 关于路由器，下列说法中错误的是（　　）。

A. 路由器可以隔离子网，抑制广播风暴

B. 路由器可以实现网络地址转换

C. 路由器可以提供可靠性不同的多条路由选择

D. 路由器只能实现点对点的传输

7. 网卡属于计算机的（　　）。

A. 显示设备　　B. 存储设备　　C. 打印设备　　D. 网络设备

8. 下列有关集线器的说法正确的是（　　）。

A. 集线器只能和工作站相连

B. 利用集线器可将总线型网络转换为星形拓扑

C. 集线器只对信号起传递作用

D. 集线器不能实现网段的隔离

9. 网络中用集线器或交换机连接各计算机的这种结构属于（　　）。

A. 星形　　B. 总线型　　C. 树形　　D. 环形

10. （　　）不是局域网操作系统。

A. DOS　　B. UNIX　　C. NetWare　　D. Linux

11. LAN 代表的通信网络是（　　）。

A. 局域网　　B. 城域网　　C. 广域网　　D. 电话网

12. 管理计算机通信的规则称为（　　）。

A. 协议　　B. 服务　　C. 介质　　D. 网络操作系统

13. 双绞线由两根具有绝缘保护层的铜导线按一定密度相互绞在一起而组成，这样可以（　　）。

A. 降低信号干扰　　B. 降低成本　　C. 提高传输速度　　D. 没有任何作用

14. Linux 是在（　　）基础上发展而来的。

A. NetWare　　B. UNIX

C. Windows Server 2003　　D. Windows Server 2008

15. 下列属于局域网特点的有（　　）。

A. 较小的地域范围　　B. 高传输速率和低误码率

C. 一般为一个单位所建　　D. 以上全部正确

二、填空题

1. 局域网的故障原因多种多样，但总的来讲不外乎就是__________问题和__________问题。

2. 交换式局域网的核心设备是__________。

3. 在局域网中，计算机可分为__________和__________两种角色。

4. 每块网卡都有一个唯一的__________。

5. 局域网的应用一般有________、________和________等。

三、问答题

1. 传输介质如何分类？各自有什么特点？

2. 简述局域网交换机的基本工作原理。

项目二　家庭网络组建

项目简介

伴随着互联网技术的不断发展和网络设备的普及，网络的应用越来越广泛，作用越来越重要，网络正在改变人类的生存方式。互联网俨然已经成为人们日常生活的一部分，人们可以利用互联网这个大平台学习工作、获取信息、通信交流、在线购物、休闲娱乐等。组建家庭网络，人们就可以通过计算机、手机、iPad 等设备实现足不出户，尽情领略大自然的美丽风光、品尝各种美食、获取最新信息、体验生活的乐趣。

本项目将围绕家庭网络设备的连接、网线的制作、家庭计算机上网及组建家庭无线网络等几个主要任务知识点展开，介绍家庭网络组建的基本技能。

任务一　网线的制作

【任务描述】

网线的制作是局域网组建过程中最基础、最重要的工作之一，也是必须掌握的最基本的技能之一。双绞线是局域网组建中最常用的传输介质，用于连接计算机、路由器、交换机等设备。网线的制作过程必须精确到位，否则将会影响网络连通性，造成网络不通或者网速过慢等。

【能力要求】

（1）能识别制作网线的工具和材料。

（2）能够熟记网线制作的线序，并能根据实际环境确定网线线序。

（3）能熟练使用工具制作网线及测试网线。

（4）能成功制作出一根直通线。

【知识准备】

一、双绞线

双绞线（Twisted Pair）是局域网中最常用的传输介质，一般由八根相互绝缘的金属导线组成，为了减少信号干扰，将两根导线相互扭绞在一起，因此叫双绞线。

双绞线一般分为屏蔽双绞线（Shielded Twisted Pair，STP）和非屏蔽双绞线（Unshielded Twisted Pair，UTP），如图 2-1-1、图 2-1-2 所示。屏蔽双绞线电缆的外层由铝箔包裹，可减小辐射，抗干扰能力强，传输速率高，价格也相对较高，安装时要比非屏蔽双绞线难度大。

非屏蔽双绞线具有以下优点：

（1）无屏蔽外套，直径小，质量轻；

（2）安装灵活，易弯曲；

（3）价格较低；

（4）既能传输模拟信号，也能传输数字信号。

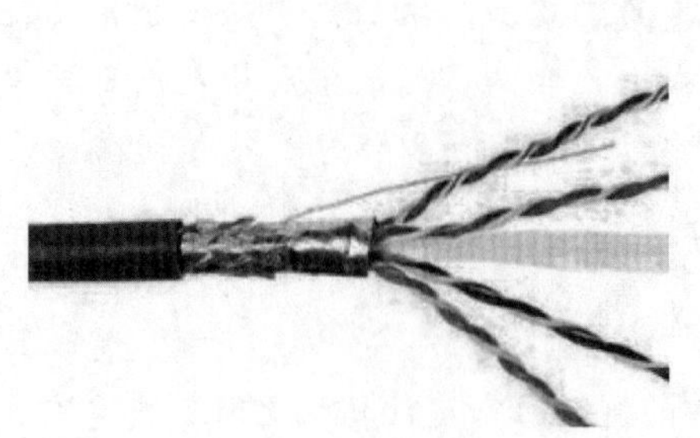

图 2-1-1　屏蔽双绞线

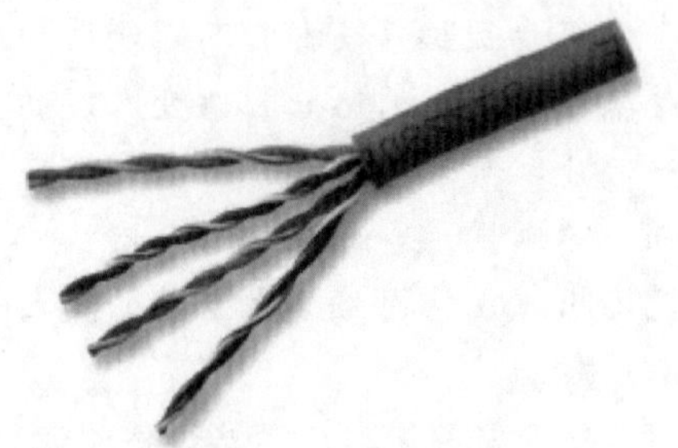

图 2-1-2　非屏蔽双绞线

二、双绞线接线标准

EIA/TIA 布线标准中，双绞线的接线顺序主要有 568A 和 568B 两种，如图 2-1-3 和图 2-1-4 所示。目前在网络组建中普遍采用 T568B 线序标准来制作网线。

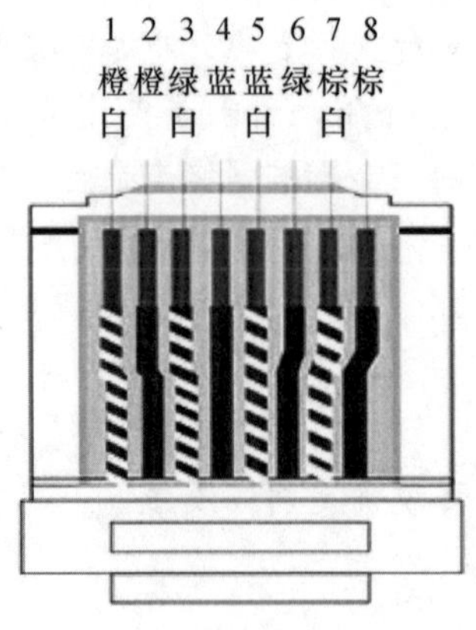

图 2-1-3　EIA/TIA 568A 线序

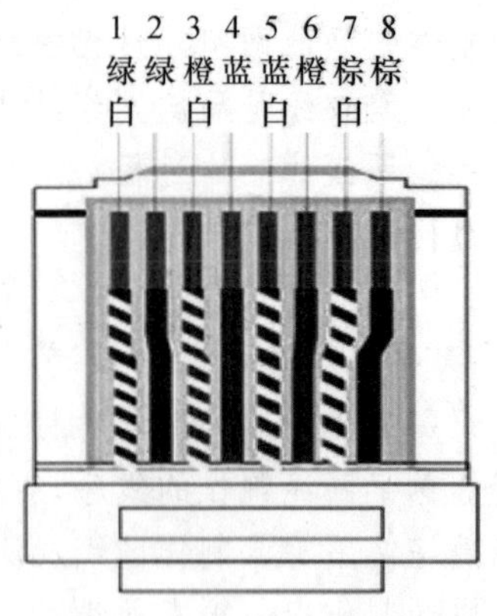

图 2-1-4　EIA/TIA 568B 线序

根据端接线序的不同，制作出的网线分为直通线和交叉线，两端端接的线序一样（两端线序同为 T568A 或 T568B）为直通线（图 2-1-5），两端端接的线序不一样（一端为 T568A 另一端为 T568B）为交叉线（图 2-1-6）。

一般情况下，同种设备的互联采用交叉线，如路由器与路由器连接，计算机与计算机连接等；不同设备之间的连接采用直通线，如计算机与交换机连接，交换机与路由器连接等。

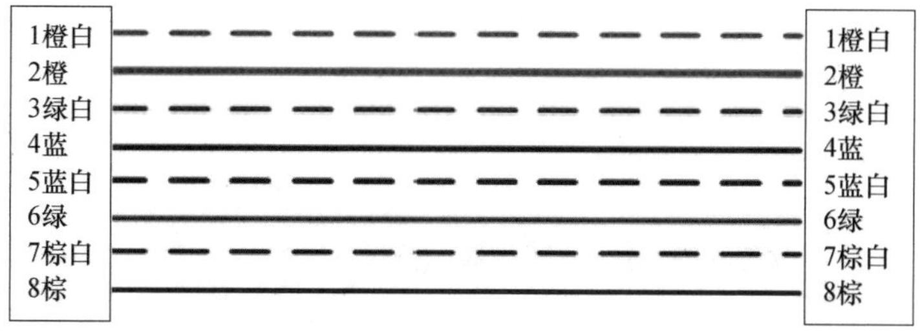

图 2-1-5　直通线接线示意图

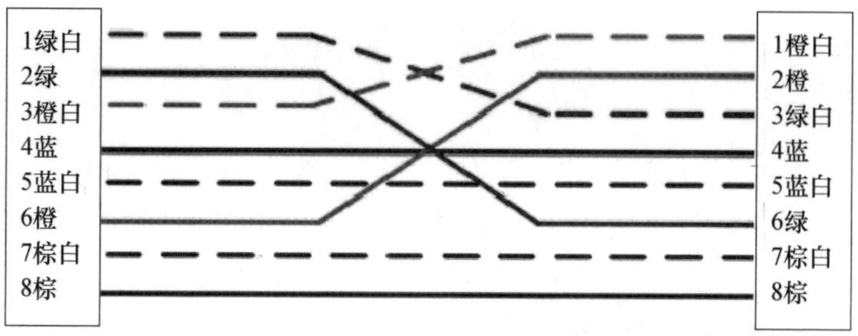

图 2-1-6　交叉线接线示意图

【任务实施】

一、制作一根 1 米长的直通线

1. 准备材料和工具

制作网线所需用到的设备和材料主要有：剪刀、压线钳、剥线器、RJ-45 水晶头、超 5 类非屏蔽双绞线、测试仪等，如图 2-1-7 至图 2-1-10 所示。

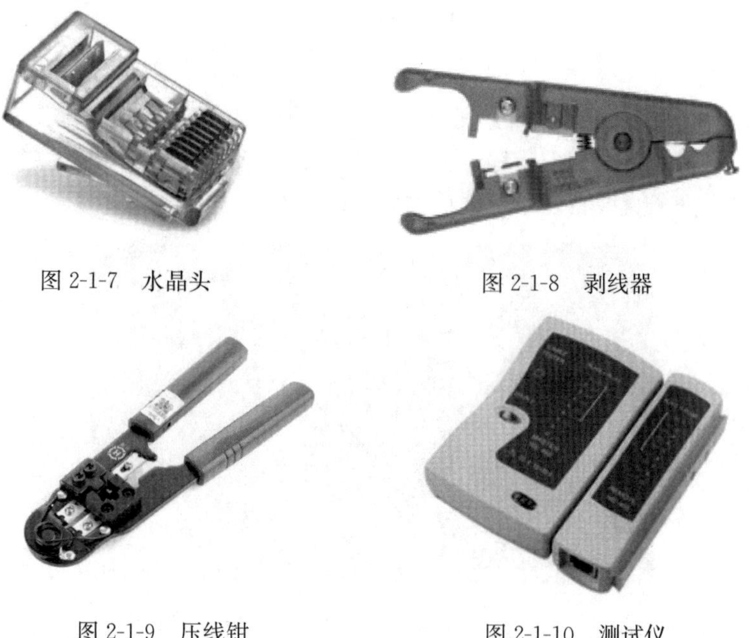

图 2-1-7　水晶头

图 2-1-8　剥线器

图 2-1-9　压线钳

图 2-1-10　测试仪

2. 剪线

用剪刀剪取一段 1m 左右的双绞线，如图 2-1-11 所示。

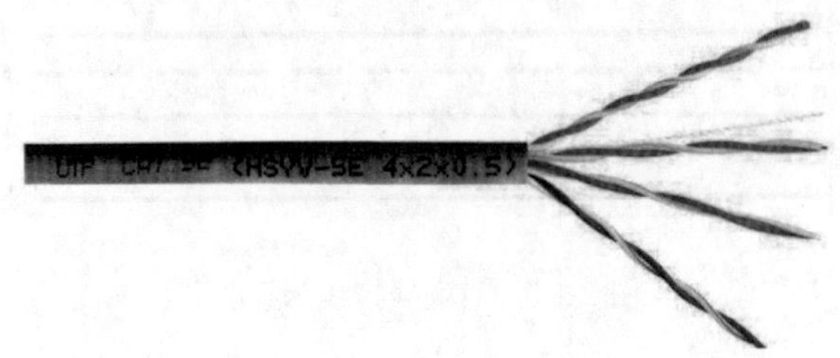

图 2-1-11　剪取网线

3. 剥线

用剥线器（也可用压线钳）的切线刀口在双绞线一端距离 2cm 左右处压住，缓缓旋转压线钳，将双绞线的外壳剥开，并剪掉牵引线，如图 2-1-12 所示。

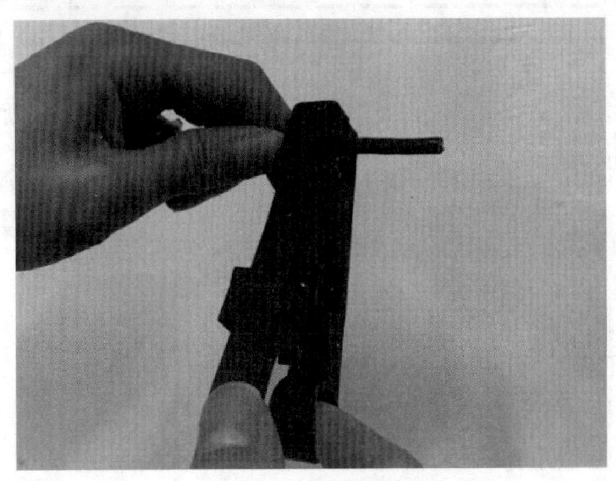

图 2-1-12　剥线

4. 理线

将四对两两扭绞起来的线拆分开，按照一定的线序（EIA/TIA 568B）排列，依次为橙白、橙、绿白、蓝、蓝白、绿、棕白、棕，用手捏住八根线，前后左右晃动，使线排列整齐，并沿一条直线将多余的线剪掉，如图 2-1-13 所示。

图 2-1-13　理线

5. 插线

将理好的网线插入水晶头。八根线分别插入水晶头内部八个孔中，注意防止将多根线放入一个孔，同时观察线序是否正确，线头与水晶头是否接触良好，如图 2-1-14 所示。

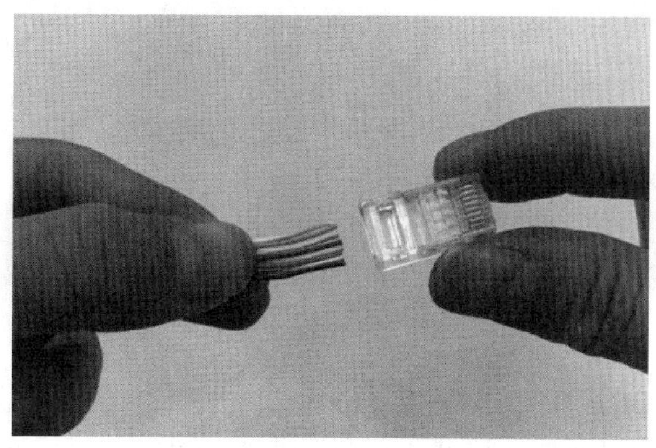

图 2-1-14　插线

6. 压线

将插好线的水晶头放入压线钳的压线槽内，用力握住压线钳，压紧水晶头，确保水晶头上的引脚全部将八根线压在水晶头内部，同时也要注意将双绞线的外层护套压在水晶头内，起保护作用，如图 2-1-15 所示。

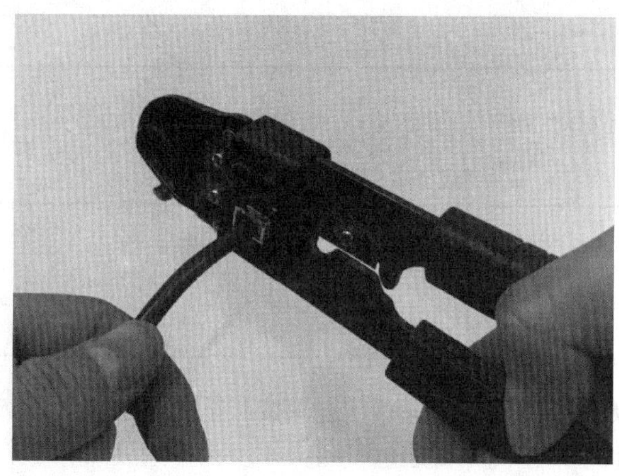

图 2-1-15　压线

重复上述步骤，将双绞线的另一端也制作完成，这样，一根直通线就做好了。如果制作交叉线，则双绞线一端的接线顺序为 T568A，另外一端接线顺序为 T568B，除了接线顺序不一样以外，其他操作步骤同制作直通线一样。

二、测试网线

将网线两端按照 T568B 线序端接完成，即做好了一根直通线。做好的网线需要经过测试通过以后才能使用，否则将有可能连接不正确，导致通信故障。

（1）将制作好的网线一端插入测试仪主控端的 RJ-45 插孔中，另外一端插入测试端的 RJ-45 插孔中，如图 2-1-16 所示。

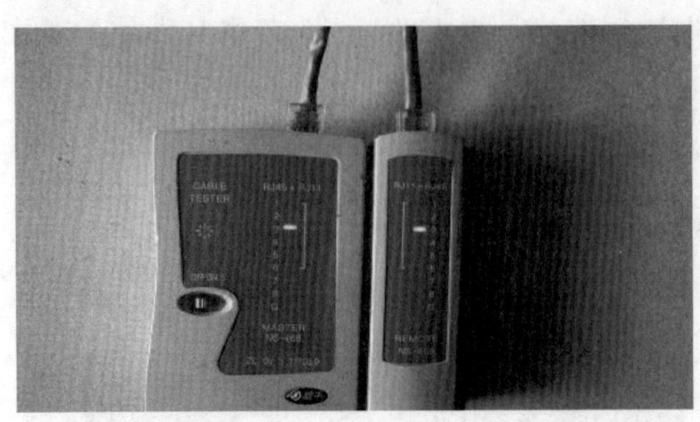

图 2-1-16　网线测试

（2）打开测试仪电源开关，观察指示灯状态，当测试仪的主控端和测试端上的 8 个指示灯依次按顺序同时闪过，即说明网线制作成功，否则网线制作失败。

（3）可将开关调至 S 挡位，延缓指示灯亮灯速度，仔细观察亮灯状态。直通线正确的指示灯工作状态如表 2-1-1 所示。

表 2-1-1　直通线正确亮灯状态

指示灯顺序	1	2	3	4	5	6	7	8
测试仪主控端	1	2	3	4	5	6	7	8
测试测端	1	2	3	4	5	6	7	8

交叉线正确的指示灯工作状态如表 2-1-2 所示。

表 2-1-2　交叉线正确亮灯状态

指示灯顺序	1	2	3	4	5	6	7	8
测试仪主控端	1	2	3	4	5	6	7	8
检测端	3	6	1	4	5	2	7	8

（4）若测试时测试仪指示灯的亮点状态未按照正确状态显示，如出现某一个或几个灯不亮，或亮灯的顺序不正确，可通过下列操作步骤排除故障。

①面对水晶头金属引脚，观察网线两端的接线顺序是否排列正确。

②观察水晶头上金属引脚是否全部被压进水晶头内，用压线钳对网线两端水晶头分别用力再压一次。

③把觉得最有可能出现故障的一端水晶头剪掉，用新的水晶头重做，若仍然出现故障，再剪掉另外一端重做，做好之后再进行测试，直到测试仪指示灯亮灯状态正确显示为止。

【任务小结】

网线的制作过程一定要细心，RJ-45 水晶头被压过之后不能重复使用，在压线之前一定要检查确认两端线序排列是否正确，否则将会导致网线制作失败。通过本任务，可以认识制作网线的工具和材料，掌握网线的制作方法和技巧，以及网线的测试方法等。

【扩展练习】

准备一根 2 米的网线，2 个水晶头，利用网线制作工具制作一根交叉线，并进行测试。

【能力评价】

能力评价表

<table>
<tr><td>任务名称</td><td colspan="4">制作网线</td></tr>
<tr><td>开始时间</td><td colspan="2"></td><td>完成时间</td><td></td></tr>
<tr><td colspan="5">评价内容</td></tr>
<tr><td colspan="3">任务准备：</td><td>是</td><td>否</td></tr>
<tr><td colspan="3">1. 收集任务相关信息</td><td>☐</td><td>☐</td></tr>
<tr><td colspan="3">2. 明确训练目标</td><td>☐</td><td>☐</td></tr>
<tr><td colspan="3">3. 学习任务相关知识</td><td>☐</td><td>☐</td></tr>
<tr><td colspan="3">任务计划：</td><td>是</td><td>否</td></tr>
<tr><td colspan="3">1. 明确任务内容</td><td>☐</td><td>☐</td></tr>
<tr><td colspan="3">2. 明确时间安排</td><td>☐</td><td>☐</td></tr>
<tr><td colspan="3">3. 明确任务流程</td><td>☐</td><td>☐</td></tr>
<tr><td colspan="2">任务实施：</td><td>分值</td><td>自评分</td><td>教师评分</td></tr>
<tr><td colspan="2">1. 识别制作网线的材料</td><td>10</td><td></td><td></td></tr>
<tr><td colspan="2">2. 熟练使用制作网线的工具</td><td>15</td><td></td><td></td></tr>
<tr><td colspan="2">3. 按需求剪去网线</td><td>5</td><td></td><td></td></tr>
<tr><td colspan="2">4. 正确剥线和理线</td><td>10</td><td></td><td></td></tr>
<tr><td colspan="2">5. 按需求正确排列线序</td><td>10</td><td></td><td></td></tr>
<tr><td colspan="2">6. 正确插线，确保线缆与水晶头接触良好</td><td>10</td><td></td><td></td></tr>
<tr><td colspan="2">7. 正确压接水晶头</td><td>10</td><td></td><td></td></tr>
<tr><td colspan="2">8. 熟练使用测试仪测试做好的网线</td><td>15</td><td></td><td></td></tr>
<tr><td colspan="2">9. 制作的网线美观、实用</td><td>15</td><td></td><td></td></tr>
<tr><td colspan="2">合计：</td><td>100</td><td></td><td></td></tr>
<tr><td colspan="5">总结与提高：</td></tr>
<tr><td colspan="5">1. 本次任务有哪些收获？
2. 在任务中遇到了哪些问题？有何解决方法？</td></tr>
</table>

任务二　家庭计算机上网

【任务描述】

现如今，计算机已经成为每个家庭的必备电器，购入计算机后一般都会选择接入联网。目前，我国固定宽带家庭用户数累计超过3.8亿户，固定宽带家庭普及率达到85%以上。人们对于网络的依赖越来越大，学会设置家庭宽带连接，可使我们在网络中获取更多的信息和资源，为生活、工作和学习提供更多的便利。

【能力要求】

(1) 能正确连接家庭宽带上网设备并检查设备的工作状态。

(2) 能正确设置宽带连接实现宽带联网。

(3) 能正确设置家庭宽带共享，实现多台电脑联网。

【知识准备】

目前的家庭宽带接入方式主要有三种。

一、ADSL宽带接入

ADSL (Asymmetric Digital Subscriber Line) 是普通电话线的非对称数字用户线路。使用现有的电话线路，通过ADSL调制解调器实现数字信号和语音信号的传输，相比拨号上网方式，用户可以边打电话边上网，不会产生额外的电话费。

ADSL宽带接入有如下的一些优点。

(1) 安装便利。ADSL接入利用电话线路传输信号，凡是安装了电信电话的用户都具备ADSL接入的条件，用户只需向电信服务商申请安装，安装时需准备ADSL Modem (通常由服务商提供，也可自行购买) 和安装了网卡的计算机。

(2) 工作稳定，故障率低。

(3) 独享带宽，不用担心多个用户同时使用ADSL占用带宽。

ADSL速率较低，最大理论上行速率可达到1Mbps，下行速率可达8Mbps，但电信服务商通常为普通用户提供的速率低于1Mbps，并且ADSL对于电话线路质量要求较高，若质量不好则容易造成断线或网络不稳定。

二、小区宽带接入

小区宽带接入是目前许多城市居民住宅小区普遍采用的宽带上网方式，网络服务商通过光纤接入小区居民楼，再通过网线接入用户家中，小区或楼宇用户共享带宽，用户只需向服务商申请开通，将网线接入计算机即可上网。

小区宽带接入方式更加便利，且带宽较高，但由于是共享带宽，当同一时间上网用户增多时，网速将会受到影响。

三、有线通

许多城市的广电网络公司直接利用现有的有线电视线缆，通过 Cable Modem 实现数据信号的传输，并不影响原有的有线电视信号传输。

【任务实施】

一、连接家庭宽带上网设备

（1）准备一台计算机，一台 ADSL Modem，一根网线，一台电话机，将计算机网线接口直接与 Modem 上的网线接口相连接，观察 Modem 指示灯状态及计算机网卡接口指示灯状态。

（2）用电话线将 Modem 上的 RJ-11 接口与电话机相连接，并拨打电话测试。

（3）家庭上网设备的连接如图 2-2-1 所示。

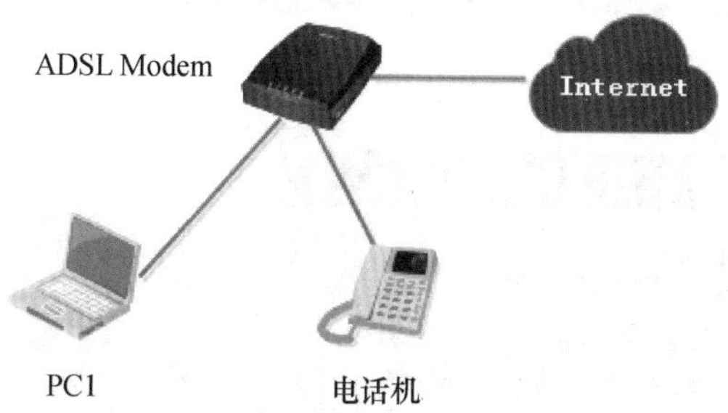

图 2-2-1　ADSL 接入上网设备连接网络

二、设置宽带连接

（1）打开控制面板，找到网络和共享中心，如图 2-2-2 所示。

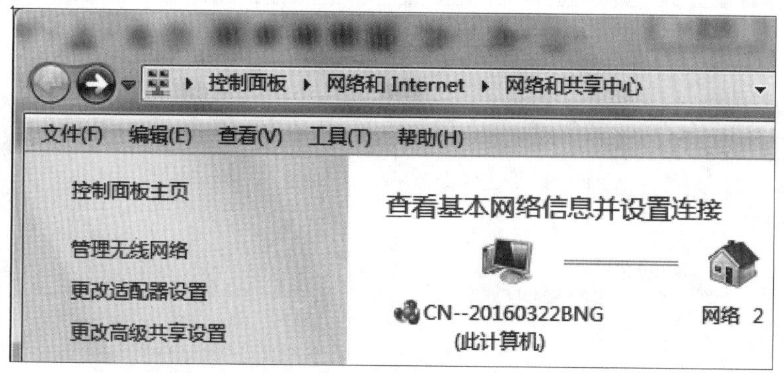

图 2-2-2　网络和共享中心

（2）选择“设置新的连接或网络”，如图 2-2-3 所示。

（3）选择“连接到 Internet”，如图 2-2-4 所示，单击“下一步”按钮。

（4）设置连接为“宽带（PPPoE）（R）”，如图 2-2-5 所示。

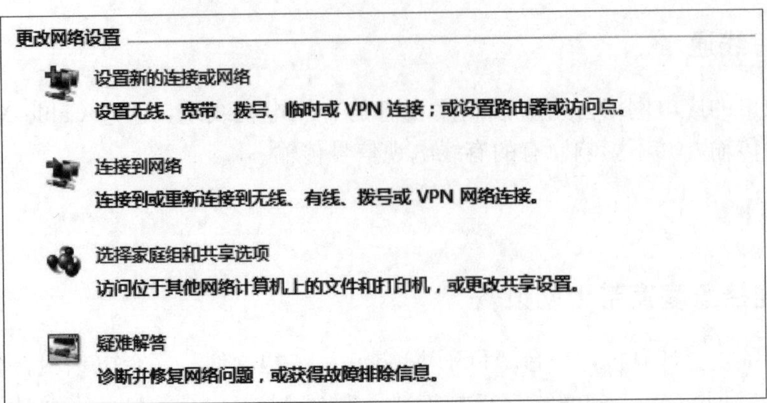

图 2-2-3　设置新的连接或网络

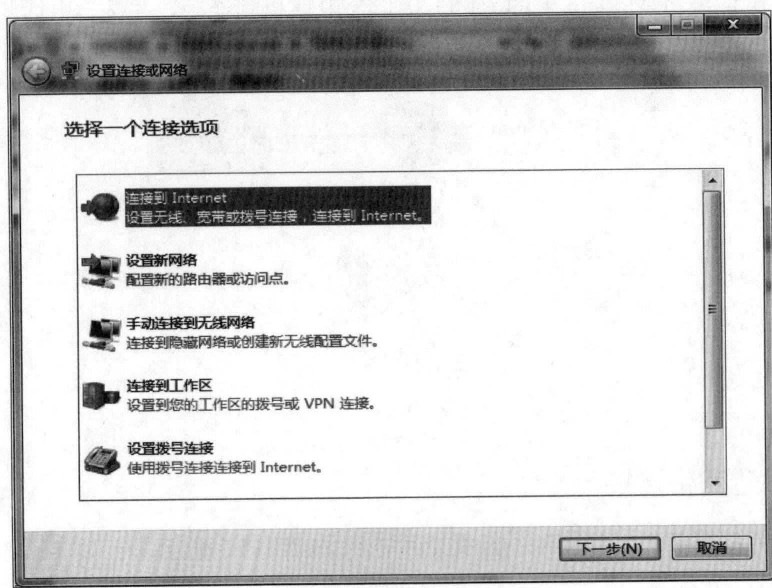

图 2-2-4　连接到 Internet

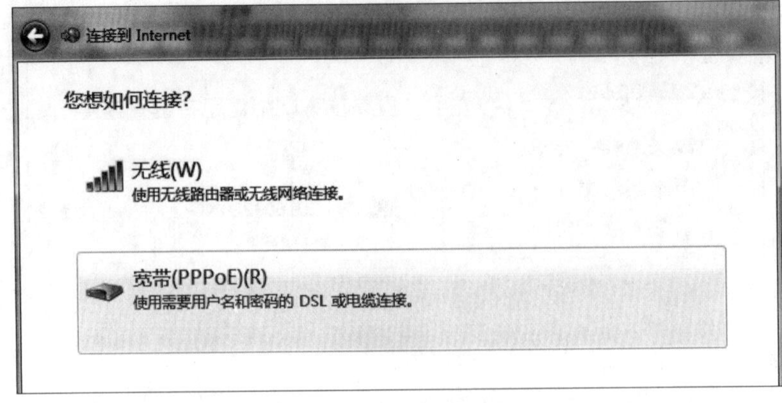

图 2-2-5　选择“宽带（PPPoE）（R）”

（5）输入网络服务商提供的宽带用户名和密码（以下宽带用户名和密码为虚拟账号密码，需向网络服务商申请开通后才能获取真实账号密码），设置连接名称，如图 2-2-6 所示，单击“连接”按钮。

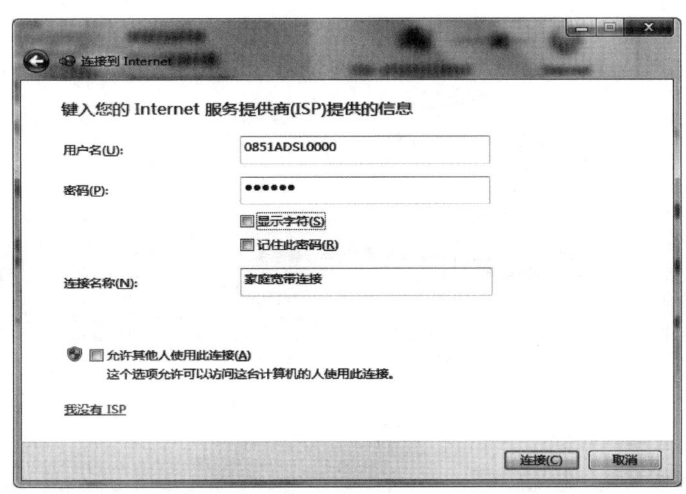

图 2-2-6　输入用户名和密码

（6）开始进行宽带连接，验证用户名和密码，如图 2-2-7 所示。

图 2-2-7　验证用户名和密码

（7）等待验证完用户名和密码，弹出如图 2-2-8 所示对话框，即宽带连接成功，可以开始上网了。

（8）若关机或重启电脑后，需要重新进行宽带连接，可在桌面上创建宽带连接的快捷方式。开机后，单击家庭宽带连接图标，如图 2-2-9 所示。

（9）弹出宽带连接的对话框，如图 2-2-10 所示，输入正确的宽带用户名和密码（可以在保存用户名和密码前打勾，这样就不用每次连接都要输入用户名和密码了），单击“连接”按钮。

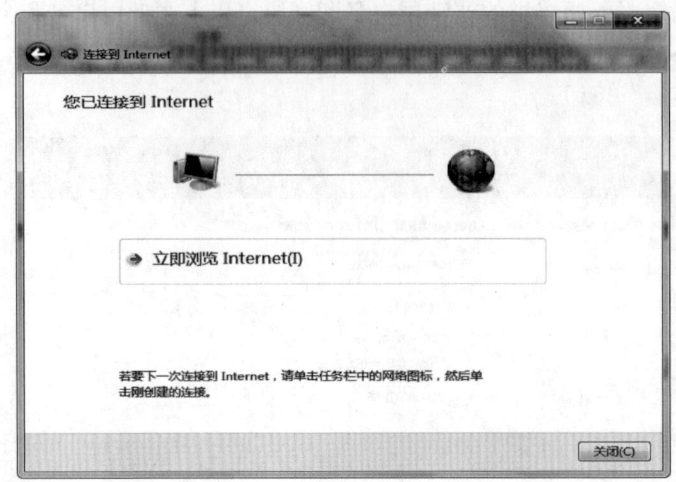

图 2-2-8　成功连接 Internet

图 2-2-9　宽带连接快捷方式

图 2-2-10　输入用户名和密码

（10）验证用户名和密码，如图 2-2-11 所示。

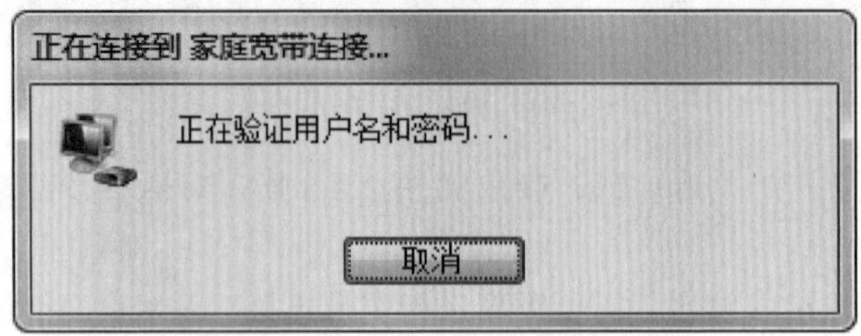

图 2-2-11　验证用户名和密码

（11）用户名和密码验证成功后，计算机就可以连入 Internet 了，此时可以打开浏览器，在地址栏上输入 www.baidu.com 来验证网络是否连通，如图 2-2-12 所示。

图 2-2-12　打开浏览器

（12）按回车键后，浏览器上出现百度页面，如图 2-2-13 所示，说明网络连接成功。

图 2-2-13　百度页面

三、设置家庭宽带共享

当家中有多台计算机时，通过宽带路由器共享上网能让多台计算机同时上网，更加方便快捷。其拓扑结构如图 2-2-14 所示。

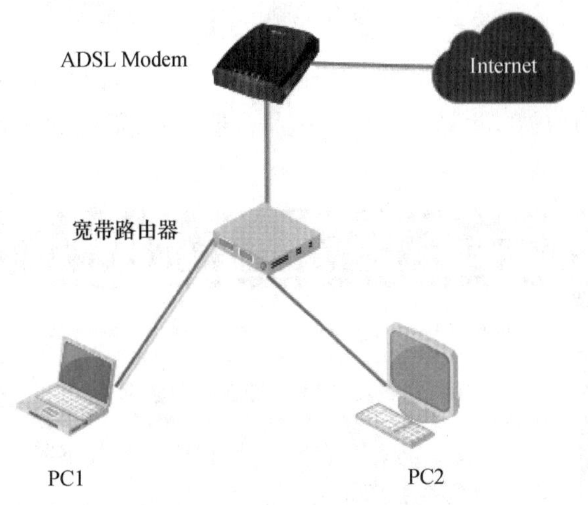

图 2-2-14　宽带共享拓扑图

（1）准备两台计算机，一台宽带路由器（图 2-2-15），一台 ADSL Modem，三根网线，根据设备说明书，连接好设备和线缆，接通各个设备电源，观察设备工作状态。

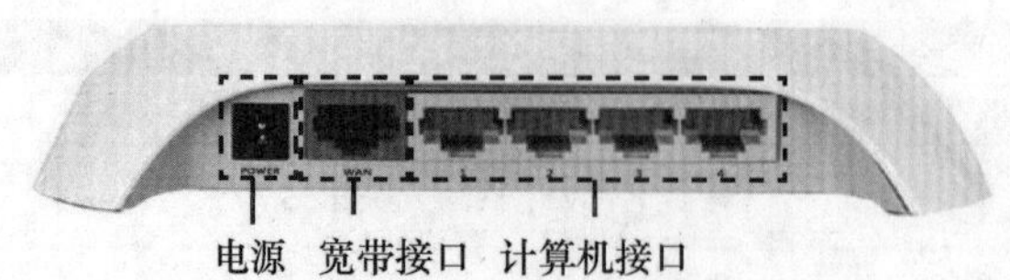

图 2-2-15　宽带路由器接口

（2）根据路由器说明书查看路由器的登录 IP 地址。大部分路由器的默认登录地址为 192.168.1.1，如果路由器 IP 地址为 192.168.1.1，则将自己的计算机 IP 地址设置为 192.168.1.×，网关设为 192.168.1.1，如图 2-2-16 所示。

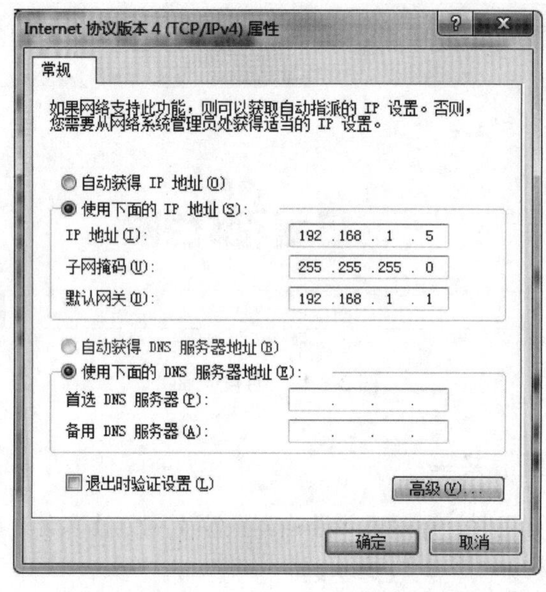

图 2-2-16　设置 IP 地址、子网掩码和网关

（3）打开浏览器，在地址栏上输入“192.168.1.1”，输入登录用户名和密码（一般默认的用户名和密码均为 admin，具体以产品说明书为准），进入路由器的配置界面，如图 2-2-17 所示。

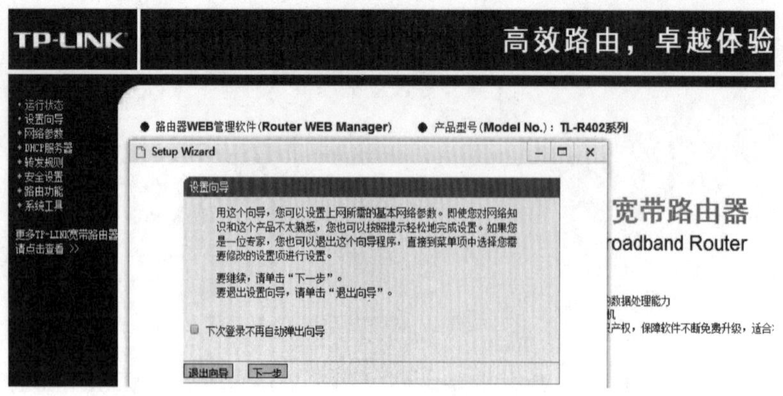

图 2-2-17　宽带路由器设置界面

（4）进入设置向导，选择“ADSL 虚拟拨号（PPPoE）”，如图 2-2-18 所示。

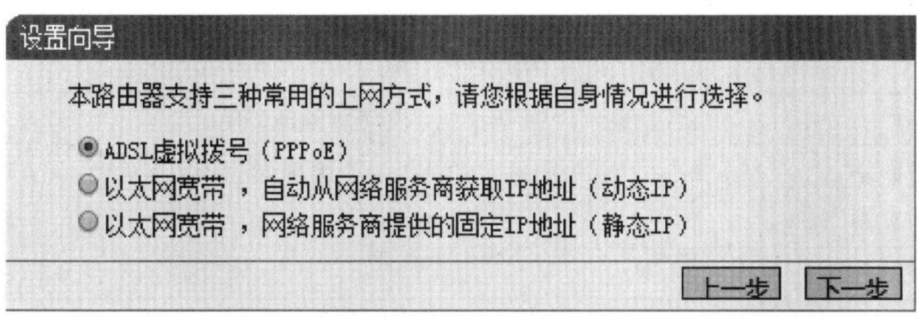

图 2-2-18　选择上网方式

（5）输入宽带账号和密码，如图 2-2-19 所示。

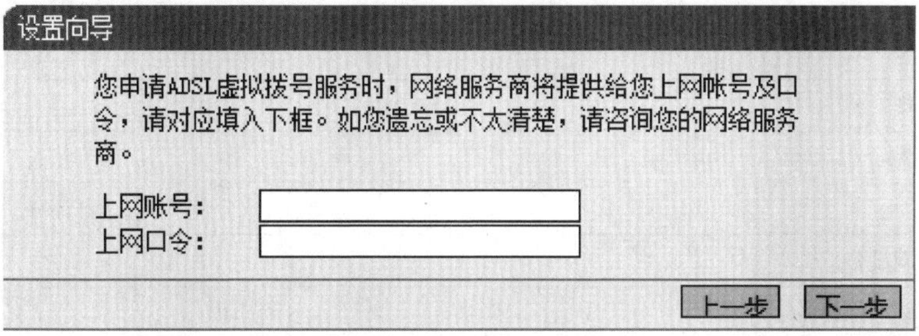

设置向导

您申请ADSL虚拟拨号服务时，网络服务商将提供给您上网帐号及口令，请对应填入下框。如您遗忘或不太清楚，请咨询您的网络服务商。

上网账号：

上网口令：

上一步　下一步

图 2-2-19　输入宽带账号和密码

（6）设置完成，如图 2-2-20 所示。

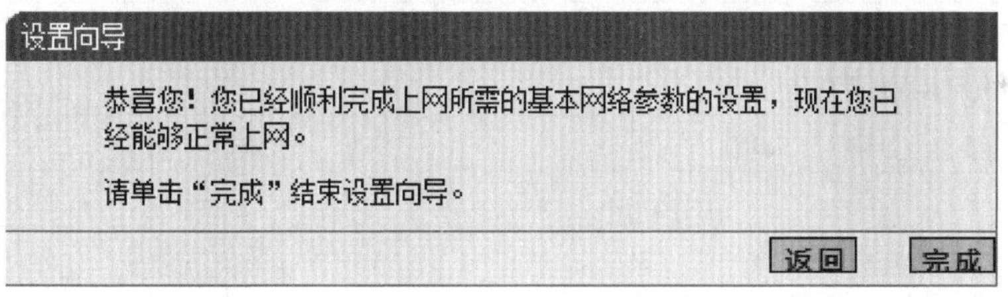

图 2-2-20　完成设置向导

（7）单击“完成”按钮，将计算机通过网线连入宽带路由器的 LAN 端口中，即可实现多台计算机共享上网。

【任务小结】

（1）Modem 上有电话线接口和网线接口，电话线接口比网线接口要小。

（2）设置宽带共享可使家庭中的多台计算机共享资源，通过宽带路由器上网时，不需要再进行拨号。

【扩展练习】

准备两台计算机，一台交换机，一台宽带路由器，一台 Modem，通过连接设备共享宽带连接实现两台计算机联网。

【能力评价】

能力评价表

任务名称	家庭计算机上网		
开始时间		完成时间	
评价内容			
任务准备：		是	否
1. 收集任务相关信息		☐	☐
2. 明确训练目标		☐	☐
3. 学习任务相关知识		☐	☐
任务计划：		是	否
1. 明确任务内容		☐	☐
2. 明确时间安排		☐	☐
3. 明确任务流程		☐	☐
任务实施：	分值	自评分	教师评分
1. 识别家庭上网设备	10		
2. 正确连接家庭上网设备	10		
3. 按需求选定符合的家庭上网方式	10		
4. 熟悉宽带申请流程	10		
5. 正确设置宽带连接	25		
6. 选定符合的路由器	10		
7. 正确设置路由器实现宽带共享	25		
合计：	100		
总结与提高：			
1. 本次任务有哪些收获？ 2. 在任务中遇到了哪些问题？有何解决方法？			

任务三　组建家庭无线网络

【任务描述】

随着计算机网络的飞速发展，网络及其应用已经遍布生活的每个角落，人类的生产方式、工作方式乃至生活方式发生了巨大的变革。无线局域网（WLAN）带来的便捷，已经被人们认可，网络无处不在已经成为必然。如何设置小型无线网络已成为必须掌握的技能之一。

【能力要求】

（1）能正确连接无线路由器，检查无线路由器的工作状态。

（2）能进入无线路由器配置界面，正确配置无线路由器实现无线网络连接。

（3）能利用 PC 端和移动端验证无线路由器的连接。

（4）能设置无线路由器安全策略。

【知识准备】

一、无线路由器

无线路由器是组建家庭无线网络的主要设备，如图 2-3-1 所示。可以把无线路由器看成一个转发器，它将家中墙上接出的宽带网络信号通过天线转发给附近的无线网络设备（笔记本电脑、支持 Wi-Fi 的手机、平板以及所有带有 Wi-Fi 功能的设备）。

图 2-3-1　无线路由器

二、无线路由器的连接

无线路由器可以通过 WAN 端口与入户网线连接（一般由运营商提供），通过 LAN 端口与计算机等设备连接，通过设置无线路由转发功能与终端设备实现无线连接，如图 2-3-2 所示。

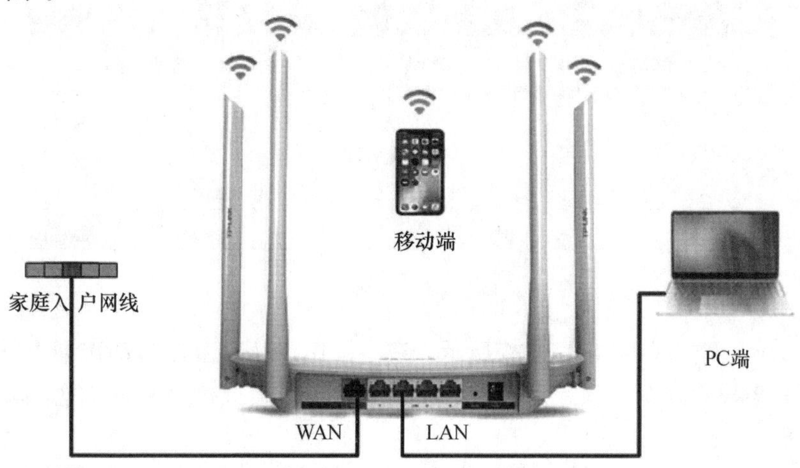

图 2-3-2　无线路由器的连接

【任务实施】

一、无线路由器的配置

以 TP-LINK 无线路由器为例，其设置如下所述。

（1）打开浏览器，如图 2-3-3 所示。在地址栏上输入路由器的 IP 地址，一般为 192.168.1.1（可查看无线路由器的产品说明书），然后按回车键。

图 2-3-3　输入 IP 地址

（2）进入无线路由器登录界面，如图 2-3-4 所示。分别输入用户名和密码，单击“登录”按钮。一般默认为用户名为 admin，密码为 admin，详见无线路由器使用说明书。

图 2-3-4　无线路由器登录界面

（3）进入无线路由器配置向导界面，单击“下一步”按钮，如图 2-3-5 所示。

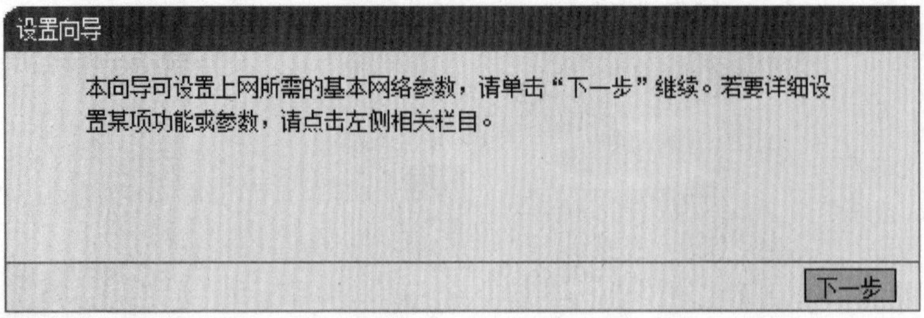

设置向导

本向导可设置上网所需的基本网络参数，请单击“下一步”继续。若要详细设置某项功能或参数，请点击左侧相关栏目。

下一步

图 2-3-5　设置向导

（4）选择上网方式，如图 2-3-6 所示，选中按钮“让路由器自动选择上网方式（推荐）”选项；若没有这个选项，则选择 PPPoE（ADSL 虚拟拨号）这个选项，单击“下一步”按钮。

PPPoE：以太网上的点对点协议（Point-to-Point Protocol Over Ethernet）。一般家

庭 ADSL 宽带接入使用 PPPoE 方式。

动态 IP：根据上网需要随机分配 IP 地址，用户每一次上网时，运营商都会随机分配一个 IP 地址，这个 IP 地址不是固定的。

静态 IP：一般为固定 IP 地址，是长期固定分配给计算机或网络设备使用的 IP 地址。一般专线上网的设备才拥有，费用较高。

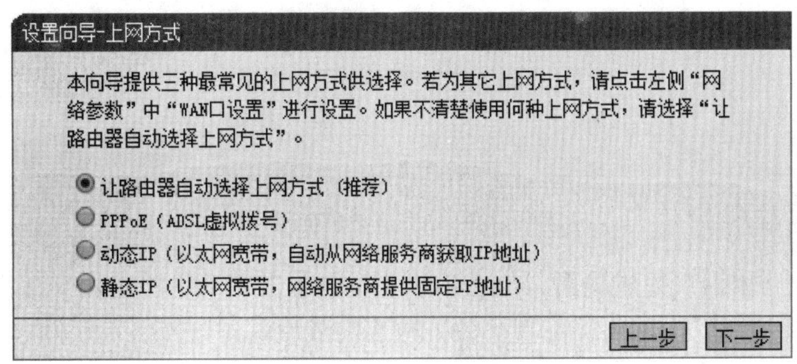

图 2-3-6　选择上网方式

（5）如图 2-3-7 所示，输入上网账号和上网口令，即输入由网络服务商提供的宽带上网账号和密码，单击“下一步”按钮。

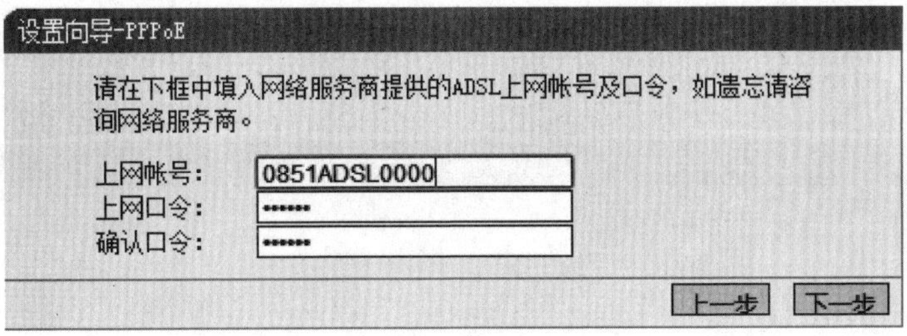

设置向导-PPPoE

请在下框中填入网络服务商提供的ADSL上网帐号及口令，如遗忘请咨询网络服务商。

上网帐号：0851ADSL0000

上网口令：••••••

确认口令：••••••

上一步　下一步

图 2-3-7　输入上网账号和密码

（6）设置 SSID 及无线安全密码，如图 2-3-8 所示。输入 SSID 及密码，单击“下一步”按钮。SSID 就是在你搜索无线网络时，无线网络列表中所出现的一个个无线网络的名称。

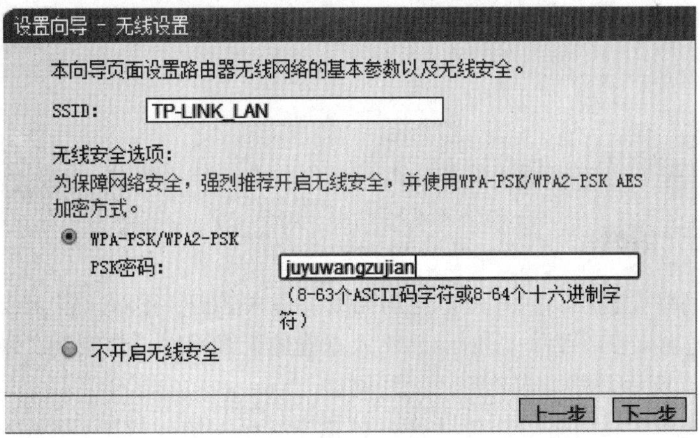

设置向导 - 无线设置

本向导页面设置路由器无线网络的基本参数以及无线安全。

SSID：TP-LINK_LAN

无线安全选项：

为保障网络安全，强烈推荐开启无线安全，并使用WPA-PSK/WPA2-PSK AES加密方式。

WPA-PSK/WPA2-PSK

PSK密码：juyuwangzujian

（8-63个ASCII码字符或8-64个十六进制字符）

不开启无线安全

上一步　下一步

图 2-3-8　无线设置

为了保障网络的安全运行，应设置无线网络安全密码，防止未知设备连入网络，造成网络安全隐患。

（7）根据提示，如图 2-3-9 所示，单击“完成”按钮，无线路由器设置成功。

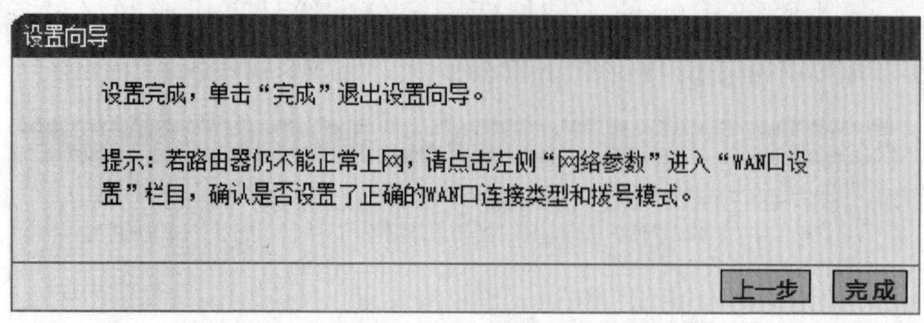

图 2-3-9　完成设置向导

（8）无线路由器设置成功后，应在系统工具中单击“重启路由器”按钮，如图 2-3-10 和图 2-3-11 所示，使路由器配置生效。重启完成后，即可连入互联网。

图 2-3-10　重启路由器

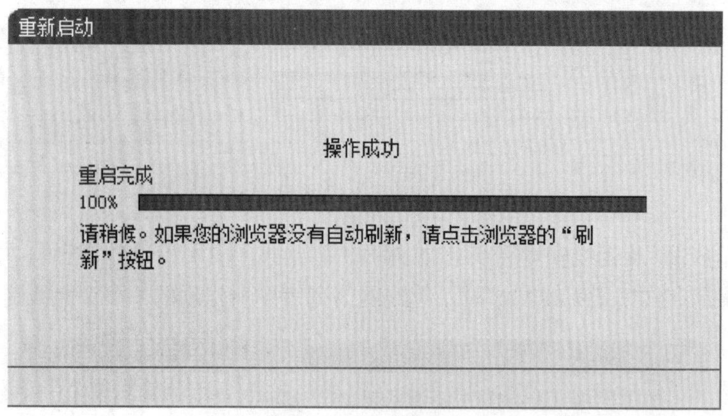

图 2-3-11　重启完成

（9）可单击运行状态查看无线路由器的工作状态及相关信息，如图 2-3-12 所示。

二、验证无线网络

（1）无线网络设置成功后，可以使用无线设备（手机、iPad、带无线网卡的计算机等）查看无线连接，如图 2-3-13 所示。输入正确的无线网络安全密钥，单击“确定”按钮，如图 2-3-14 所示，即可成功连入无线网络。

（2）可以查看无线网络的连接状态，包括 Internet 访问权限、SSID 名称、信号质量等，如图 2-3-15 所示。

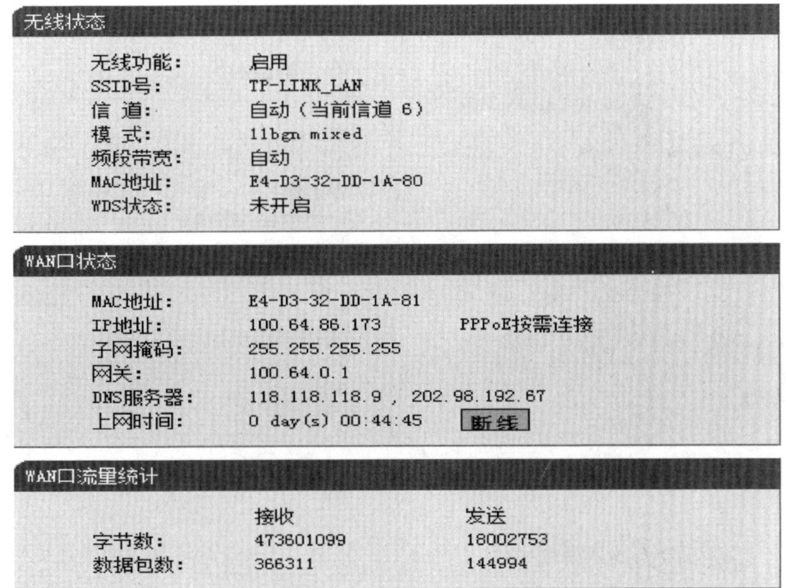

图 2-3-12　查看无线状态

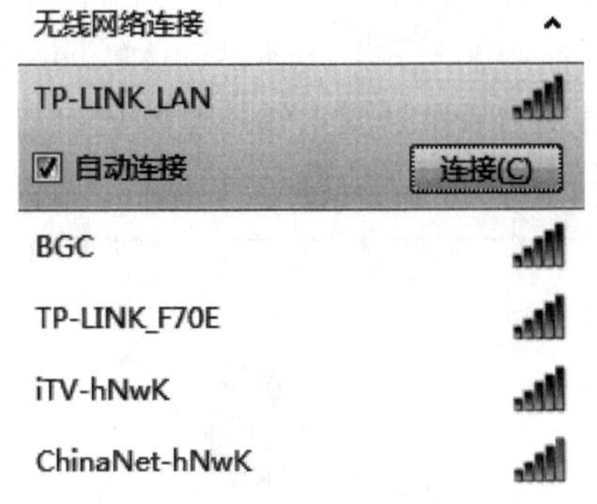

图 2-3-13　PC 端查找无线连接

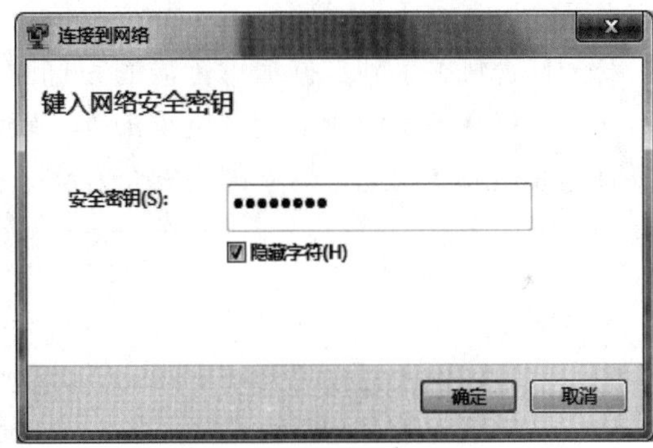

图 2-3-14　输入安全密钥

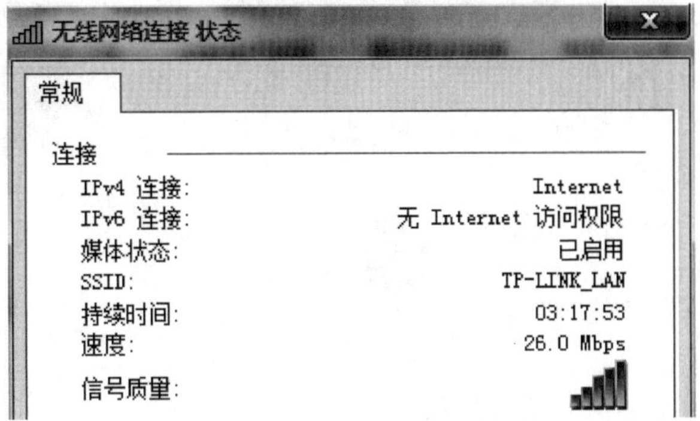

图 2-3-15　无线网络连接 状态

（3）移动端连接无线网络如图 2-3-16 和图 2-3-17 所示。

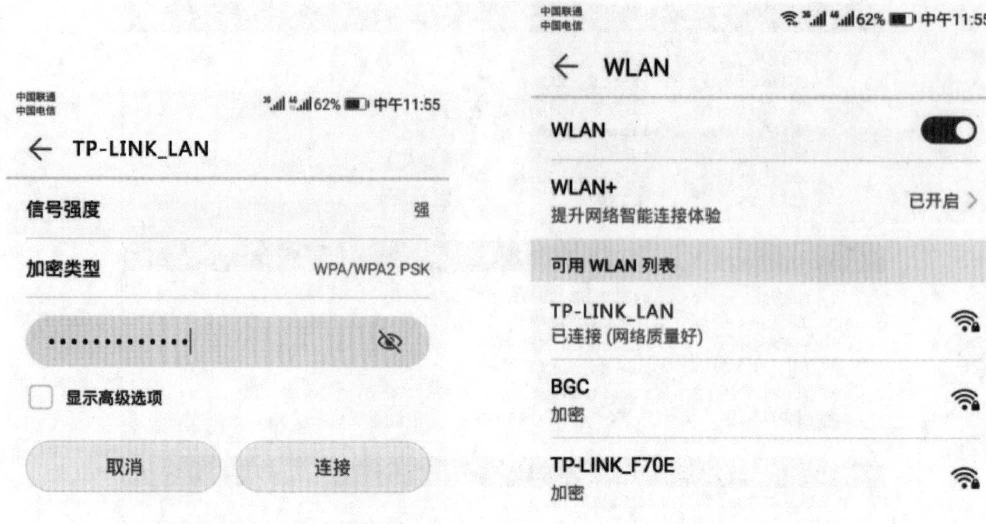

图 2-3-16　移动端连接无线网络　　　图 2-3-17　无线网络连接状态

三、无线网络安全

当无线设备接入无线网络时，数据和信息将会通过无线网络进行传输，无线网络环境的安全与否将关系到数据信息传输的完整性和安全性，如图 2-3-18 所示。无线网络环境不安全，将会被蹭网或遭受网络攻击等，轻则会造成网络延迟或卡顿，重则造成数据被窃取造成损失。因此，树立网络安全意识，提高无线网络的安全性非常重要。

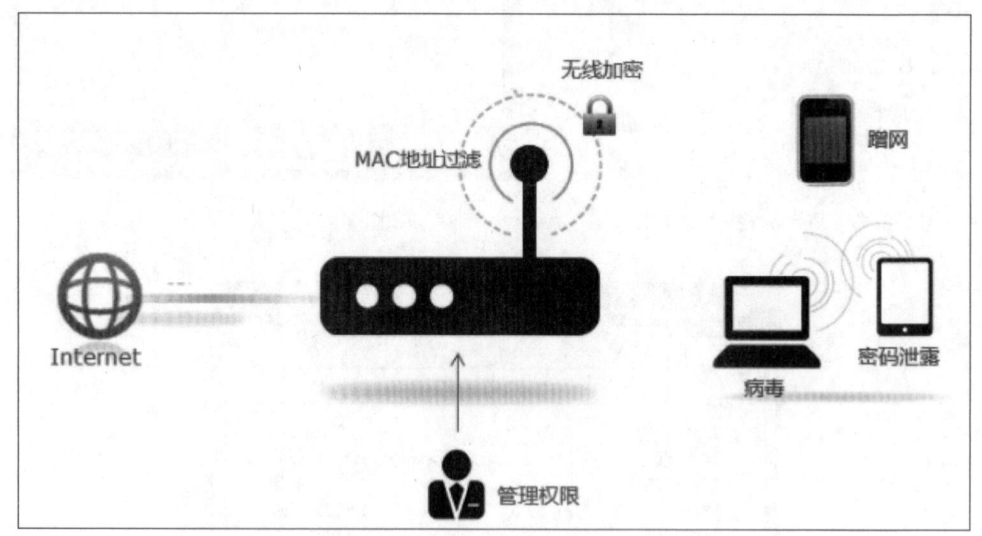

图 2-3-18　无线网络安全

常见的无线网络安全设置方法有以下几种。

1. 设置复杂的管理员登录密码

无线网络加密密钥的泄露是造成非法用户入侵的主要原因之一。大多数无线路由器都有默认的用户名和密码，可以在无线路由器底部的标签上查看到，如果不更改管理员密码，会被别人随意进入无线路由器修改配置信息。因此，当无线路由器设置完成后，应及时修改管理员密码，进一步提升无线网络的安全，如图 2-3-19 所示。

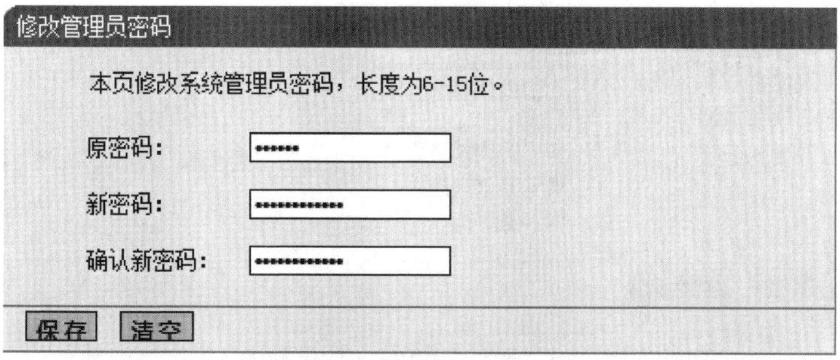

修改管理员密码
本页修改系统管理员密码，长度为6-15位。
原密码：
新密码：
确认新密码：
保存　清空

图 2-3-19　修改管理员密码

2. 设置安全性更高的无线网络安全密码

设置无线网络安全密码是最普遍、最常用的提高无线网络安全性的方法，如果无线网络没有加密，那么任何人都可在接收范围内接入无线网络，造成安全隐患。可以进入无线安全设置界面，通过无线网络安全设置中开启无线安全，选择 WPA-PSK/WPA2-PSK，加密算法选择 AES，在密码栏中输入不少于 8 位的无线密码。若密码设置过于简单，将容易被 Wi-Fi 万能钥匙等工具破解。设置密码时要相对复杂，建议密码采用字母、符号和数字的组合，增加破解的难度，提高无线网络的安全性，如图 2-3-20 所示。

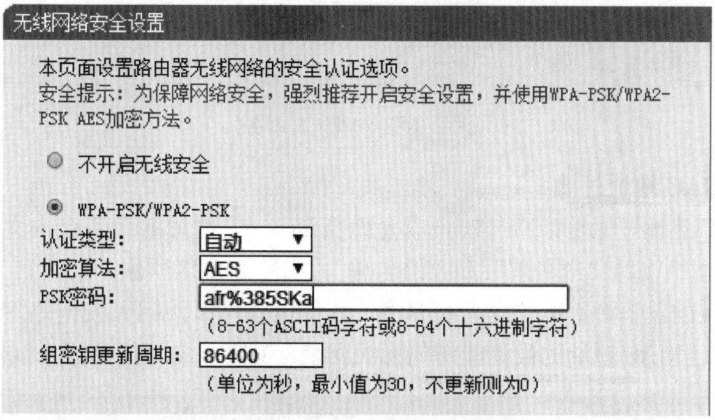

无线网络安全设置
本页面设置路由器无线网络的安全认证选项。
安全提示：为保障网络安全，强烈推荐开启安全设置，并使用WPA-PSK/WPA2-PSK AES加密方法。
不开启无线安全
WPA-PSK/WPA2-PSK
认证类型：自动
加密算法：AES
PSK密码：afr%385SKa
（8-63个ASCII码字符或8-64个十六进制字符）
组密钥更新周期：86400
（单位为秒，最小值为30，不更新则为0）

图 2-3-20　设置无线安全密码

3. 修改 SSID 并关闭无线广播

SSID（Service Set Identifier）即无线广播名称，开启无线广播就是把无线网络名称在一定范围内公布出来，使其可以出现在无线网络列表之中，如图 2-3-21 所示；反之，关闭无线广播，无线网络名称将不会出现在无线网络列表之中。

4. DHCP 设置

预估自己将有几部无线设备需要连接 Wi-Fi（包含有线设备），然后在地址池开始地址和地址池结束地址中刚好只分配足够地址。例如有五台设备，那么可以填 192.168.1.100 和 192.168.1.104，如图 2-3-22 所示。

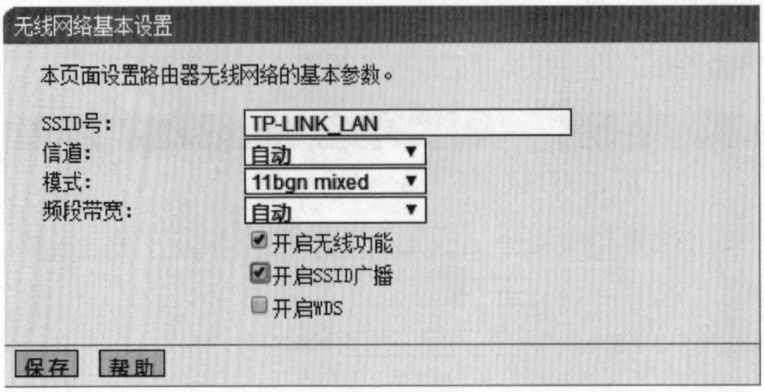

无线网络基本设置

本页面设置路由器无线网络的基本参数。

SSID号： TP-LINK_LAN
信道： 自动
模式： 11bgn mixed
频段带宽： 自动
开启无线功能
开启SSID广播
开启WDS

保存 帮助

图 2-3-21 SSID 无线广播

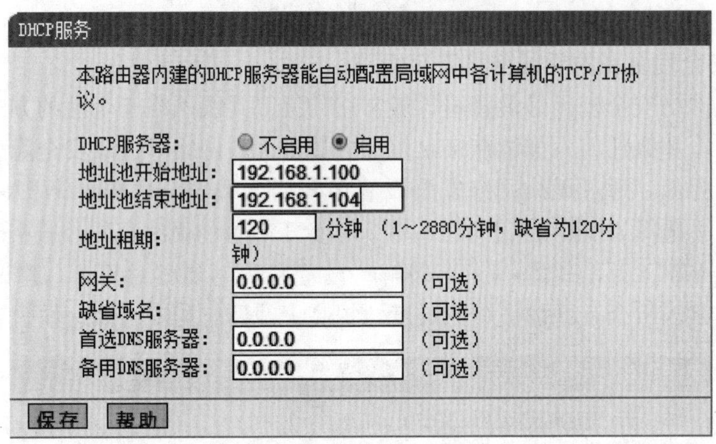

图 2-3-22 DHCP 服务

5. 无线 MAC 地址过滤

无线 MAC 地址过滤是指通过禁止或允许指定 MAC 地址的设备接入无线网络，控制访问权限，相当于设置“白名单”和“黑名单”，如图 2-3-23 所示。当设置为“禁止”时，指定 MAC 地址的设备将不能访问无线网络，其他设备可以访问无线网络；当设置为“允许”时，仅指定 MAC 地址的设备能访问无线网络，其他设备不能访问无线网络。

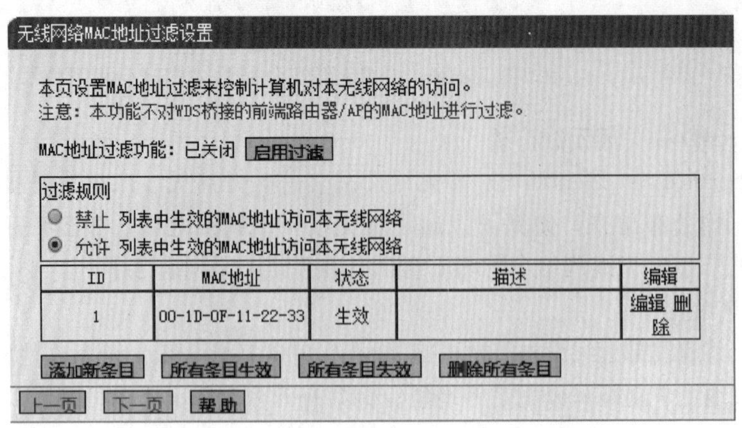

图 2-3-23 无线网络 MAC 地址过滤设置

【任务小结】

（1）宽带线一定要连接到路由器的 WAN 口上。WAN 口与另外四个 LAN 口一般颜色有所不同，且端口下方有 WAN 标识，请仔细确认。计算机可连接到路由器 1/2/3/4 任意一个 LAN 口。

（2）设置家庭无线网络时，应该要设置相应的无线安全策略，防止被蹭网或造成损失。

【扩展练习】

准备一台无线路由器，利用手机登录无线路由器，设置无线网络并验证通过。

【能力评价】

能力评价表

任务名称	组建家庭无线网络		
开始时间		完成时间	
评价内容			
任务准备：		是	否
1. 收集任务相关信息		□	□
2. 明确训练目标		□	□
3. 学习任务相关知识		□	□
任务计划：		是	否
1. 明确任务内容		□	□
2. 明确时间安排		□	□
3. 明确任务流程		□	□
任务实施：	分值	自评分	教师评分
1. 识别家庭无线网络设备	10		
2. 正确连接无线网络设备，检查工作状态	10		
3. 进入无线路由器设置界面	10		
4. 按需求设置无线路由器，创建无线网络环境	20		
5. 在 PC 端验证无线网络	10		
6. 在移动端验证无线网络	10		
7. 按需求设置三种以上无线安全策略	20		
8. 验证无线安全策略	10		
合计：	100		
总结与提高：			
1. 本次任务有哪些收获？ 2. 在任务中遇到了哪些问题？有何解决方法？			

习　题

一、选择题

1. 计算机的网线接口与交换机连接时，应采用（　　）来连接。

A. 直通线　　B. 交叉线　　C. 电话线　　D. 控制线

2. 制作网线的水晶头，学名叫作（　　）。

A. RJ-11　　B. RJ-45　　C. T568A　　D. T568B

3. 创建家庭无线网络应采用以下哪种设备（　　）。

A. 集线器　　B. 无线路由器　　C. Modem　　D. 分离器

4. 家庭 ADSL 宽带接入一般采用（　　）上网方式。

A. PPPAP　　B. PSTN　　C. PPPoE　　D. IEEE

5. 要使无线网络名称（SSID）不显示在无线网络列表中，可采取（　　）。

A. 关闭无线广播　　B. 更改 IP 地址　　C. 修改登录密码　　D. 设置安全密码

6. 两端均采用 T568B 线序端接，制作出来的网线是（　　）。

A. 非屏蔽线　　B. 交叉线　　C. 屏蔽线　　D. 直通线

7. T568A 和 T568B 线序的区别在于（　　）。

A. 橙色和蓝色互换　　B. 棕色和蓝色互换

C. 绿色和棕色互换　　D. 橙色和绿色互换

8. 制作网线时，用来压接水晶头的工具是（　　）。

A. 剥线器　　B. 压线钳　　C. 分离器　　D. 测试仪

9. 测试直通线时，若出现主控端和测试端指示灯亮灯顺序相反，最有可能造成的原因为（　　）。

A. 网线两端线序接反了　　B. 水晶头坏了

C. 水晶头没有压紧　　D. 水晶头内一个孔放入了多根线

10. 双绞线最远有效传输距离为（　　）。

A. 1000 米　　B. 10 米　　C. 100 米　　D. 200 米

11. 无线网络安全设置中，DHCP 服务器地址池开始地址为 192.168.1.100，结束地址为 192.168.1.105，则网络中最多允许接入（　　）无线设备。

A. 100 台　　B. 105 台　　C. 5 台　　D. 6 台

12. 下列中，可能是某台设备的 MAC 地址的是（　　）。

A. 192.168.1.100　　B. www.mac.com

C. 01-24-5A-15-44-6C　　D. 1001-1100-0011-1010

13. 测试交叉线时，测试仪主控端和测试端指示灯亮灯顺序正确的是（　　）。

A. 主控端和测试端的 1 号灯同时闪烁

B. 主控端和测试端的 2 号灯同时闪烁

C. 主控端和测试端的 3 号灯同时闪烁

D. 主控端和测试端的 4 号灯同时闪烁

14. 计算机采用网线连接路由器时，应连接路由器的（　　）。

A. WAN 接口　　B. LAN 接口　　C. 电源接口　　D. 天线接口

15. 宽带拨号的用户名和密码由（　　）提供。

A. 路由器厂商　　B. 计算机厂商　　C. 网络服务商　　D. 交换机厂商

二、填空题

1. 双绞线根据有无屏蔽层，可分为________和________两大类。

2. T568A 线序是________、________、________、________、________、________、________、________。

3. 通常情况下，连接相同设备采用的线缆是________，连接不同设备时，采用的线缆是________。

三、判断题

1. 双绞线共有八根导线，并且两两相互扭绞，减少电磁干扰。（　　）

2. 交叉线的线序是两端都一样。（　　）

3. 无线网络安全密码应设置得越简单越好，以免容易忘记。（　　）

4. MAC 地址和动态 IP 地址一样，由服务器随机分配。（　　）

5. 两台计算机直连应采用交叉线。（　　）

四、实训题

1. 制作一根 2 米长的直通线，利用测试仪测试其连通性，并将制作好的直通线通过交换机或路由器连接两台计算机，测试两台计算机的连通性。

2. 准备一台无线路由器，将无线路由器的登录地址设置为 192.168.0.1，登录密码设置为 network。

3. 小王发现最近家里的 Wi-Fi 总是卡顿，怀疑被邻居蹭网，导致网速变慢，请为他提供三种以上解决问题的方案。

项目三　小型办公网络组建

项目简介

随着办公自动化的需要，办公室使用的计算机及附属设备的数量越来越多，而且一些办公设备如打印机、传真机、扫描仪等在日常办公中应用的频率也越来越高。另外，随着环境的恶化和能源的枯竭，全球范围内都在提倡环保节能，企业提倡无纸化办公。为了提高办公设备利用率、实现办公自动化以及无纸化办公，最好的解决方法就是组建办公局域网。本项目将主要介绍小型办公网络的规划设计、布线施工、网络操作系统安装、IP 地址划分及设置、文件共享、打印机共享等。

任务一　办公局域网规划设计

【任务描述】

办公局域网是局域网中最常见的小型局域网，在信息化时代的今天，为了跟上信息化发展的要求，实现办公自动化、资源共享、视频会议、多媒体教学等功能，以互联网工具提高办公效率，任何单位或者企业的办公都离不开计算机，离不开网络。本任务就要求学生对办公场所进行实地测量、根据测量结果设计小型办公网络的拓扑结构图和布线施工平面图，以此作为布线施工的依据。

【能力要求】

(1) 学会 Visio 2013 绘图软件的基本操作。
(2) 能够使用 Visio 2013 绘图软件绘制总线型拓扑结构图。
(3) 能够使用 Visio 2013 绘图软件绘制星形拓扑结构图。
(4) 能够使用 Visio 2013 绘图软件绘制环形拓扑结构图。
(5) 能够使用 Visio 2013 绘图软件绘制树形拓扑结构图。
(6) 能够识读基本的布线施工图例符号。
(7) 能够使用 Visio 2013 绘图软件绘制网络综合布线施工图。

【知识准备】

一、Visio 2013 简介

Visio 软件是 Microsoft Office 中的一个子产品，但它可以独立安装和销售，如图 3-1-1所示。Visio 是一个图表绘制软件，可用来创建、说明和组织复杂的设想、过程

与系统的业务和技术图表。使用 Visio 创建的图表能够将信息形象化，能够将难以理解的复杂文本和表格转换为一目了然的 Visio 图表。生产与运营管理中涉及的项目管理、质量管理、业务流程等内容，可通过 Visio 软件绘制成图表，清楚简明，可提高相关工作的效率和质量。随着时代的进步和发展，人们对 Visio 软件的需求越来越高。目前，Visio 软件已经更新到 Visio 2016 版本，本书推荐使用 Visio 2013 版本。

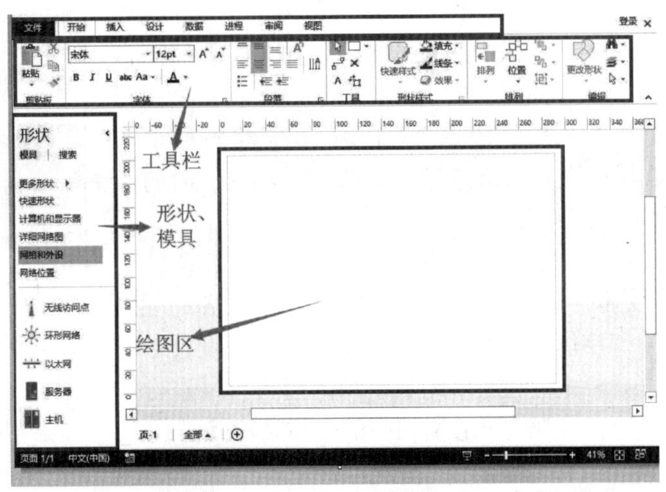

图 3-1-1　Visio 操作界面

二、Visio 2013 的使用

1. 启动 Visio 2013 后，你会看到用新的 Microsoft Office Fluent UI 部件表示的“新建”窗口。“新建”窗口（图 3-1-2）中包含可用来创建图表的模板，当你从任何一个模板开始创建图表时，此工作区都会关闭并打开绘图窗口，若要返回到此区域以便保存文件、打印文件等，可以单击左上角的“文件”，在弹出的菜单中进行相应的操作。

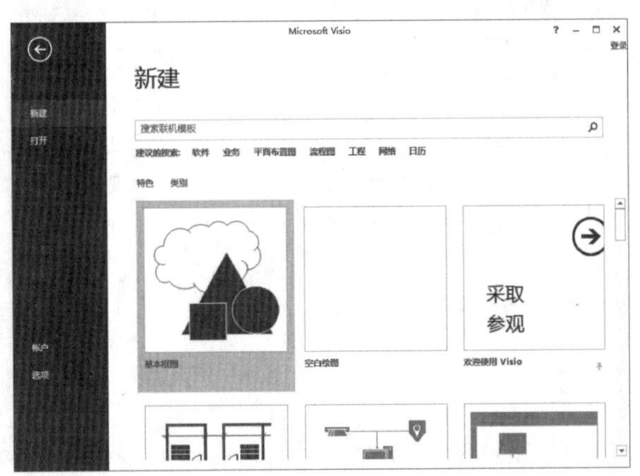

图 3-1-2　“新建”窗口

2. 在“形状”窗口中会显示文档当前打开的所有模具，所有已打开的模具的标题栏均位于该窗口的顶部。单击模具的标题栏可以查看相应模具中的形状，如图 3-1-3 所示。

3. 如果形状中的模具不满足使用要求，也可以在“更多形状”菜单的子菜单中选择“打开模具”或者“自定义模具”进行自定义模具或者从网络上下载模具进行导入。

4. 在绘图时，可以选择需要的模具，将其拖曳至绘图区域合适的位置。

5. 连接线可使用工具栏中的“工具”组内的“连接线”进行连接。此连接线默认为横平竖直的折线，如果想要使用直线或曲线，可以在连接线上右击，在弹出的快捷菜单中选择“直线连接线”或者“曲线连接线”（图 3-1-4），也可以单击“工具组”中矩形右侧的下三角符号（图 3-1-5），在弹出的子菜单中选择需要的线条及图形。

6. 文本标注。如果需要文字说明，可以单击工具栏中“工具”组内的“文本”进行文本的创建，其中字体格式可以通过单击工具栏中“字体”组右下角的箭头符号进行设置；段落格式可以通过工具栏中“段落”组右下角的箭头符号进行设置，具体设置方式可以参照 Word 文档中的字体及段落格式。

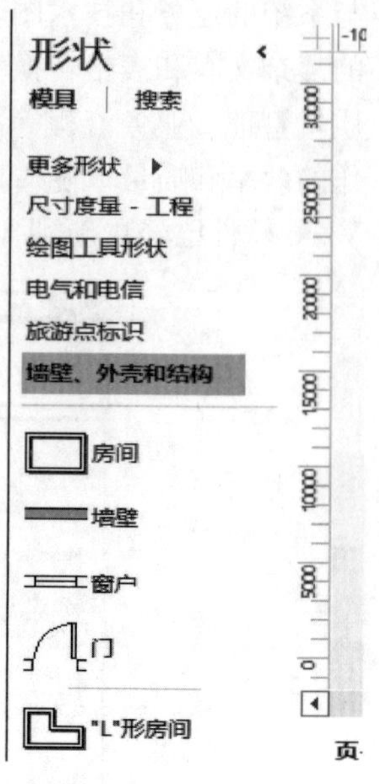

图 3-1-3　形状

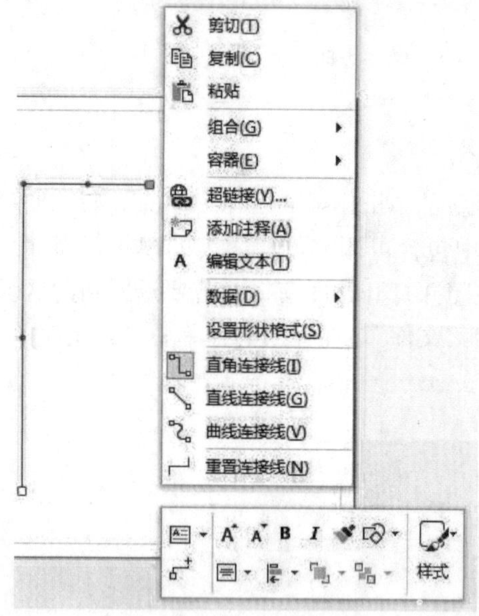

图 3-1-4　修改线条样式

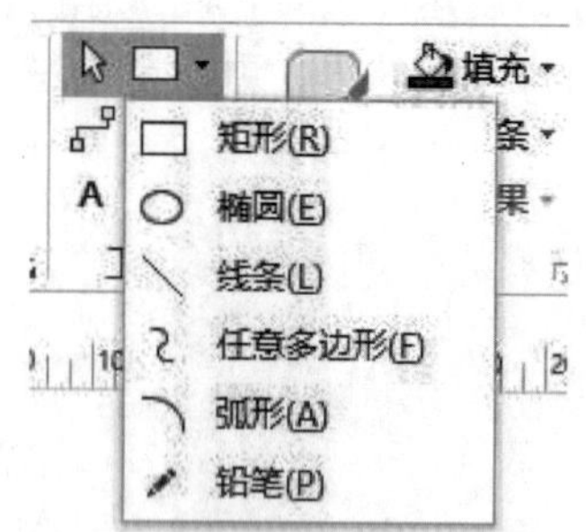

图 3-1-5　选择图形

三、网络拓扑结构

计算机网络拓扑结构是指网络中各个站点相互连接的形式，在局域网中明确一点讲就是文件服务器、工作站和电缆等的连接形式。现在最主要的拓扑结构有总线型拓扑、星形拓扑、环形拓扑、树形拓扑（由总线型演变而来）以及它们的混合型。顾名思义，总线型其实就是将文件服务器和工作站都连在称为总线的一条公共电缆上，且总线两端必须有终结器；星形拓扑则是以一台设备作为中央连接点，各工作站都与它直接相连形成星形；而环形拓扑就是将所有站点彼此串行连接，像链子一样构成一个环形回路；把三种最基本的拓扑结构混合起来运用就是混合型。

四、布线施工图

综合布线施工图设计是指根据网络建设需求，按照国家和地方政府的综合布线规范，设计出的综合布线施工方案，包括工程概况、布线路由、预埋细则、电信间机柜布置、设备间机柜布置、缆线成端端接、信息点布置及园区光缆路由和管道布置等施工图纸，以及各部分的施工详细要求与施工方法、工程预算。

要绘制综合布线施工图纸，就必须了解布线施工图纸中的一些图例，掌握不同图例的含义，如表 3-1-1 所示。

表 3-1-1　综合布线图例符号

图例	名称	图例	名称
Up	剪式楼梯		电梯
	楼层配线架		接地
	建筑物配线架		建筑群配线架
	单口信息插座		双口信息插座
HUB	集线器	PABX	用户自动交换机
LANX	局域网交换机		地面出线盒
	过线盒	MD	调制解调器
	走线槽（明敷）		沿建筑物明敷通信线路

【任务实施】

一、绘制网络拓扑图

对于网络拓扑图的定义和结构等内容，在项目一中已经介绍了，本项目重点介绍网络拓扑结构图的绘制。绘制网络拓扑图的工具很多，如 AutoCAD、Microsoft Visio 等。本项目使用 Microsoft Visio 2013 来绘制树形拓扑结构、星形拓扑结构、环形拓扑机构和总线型拓扑结构。

（1）绘制总线型拓扑结构。总线型拓扑结构的特点是同一时间只允许两台计算机互相通信。

①打开 Microsoft Visio 2013，在“特色”选项组中选择“详细网络图”，在弹出的窗口中单击“创建”，如图 3-1-6 所示。

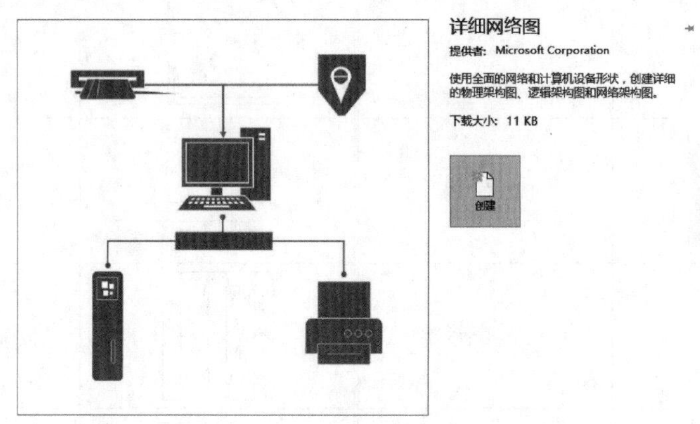

图 3-1-6　创建图形

②在模具栏中拖出形状“以太网”。该形状中有 5 个节点，如果节点数不够，可以通过鼠标拖曳 A 点或 B 点增加节点。实际的节点数根据局域网要求进行增减。同时也可以通过鼠标拖曳 5 个节点中的任意节点改变其位置，如图 3-1-7 所示。

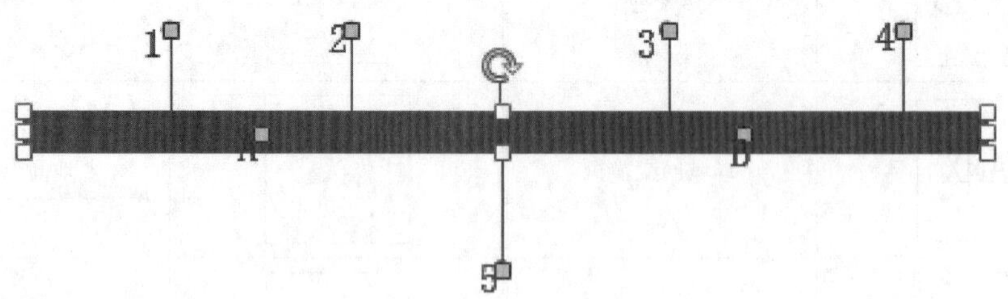

图 3-1-7　以太网形状

③在模具栏中的“计算机和显示器”选项组中拖出 4 台 PC 分别连接到 1 节点、2 节点、3 节点、4 节点，再拖出一台交换机连接到 5 节点，并将每个节点连接到相应的设备上，将文件保存到合适的位置，如图 3-1-8 所示。

（2）绘制星形拓扑结构。星形拓扑结构的特点是网络中任意两个节点的通信都要通

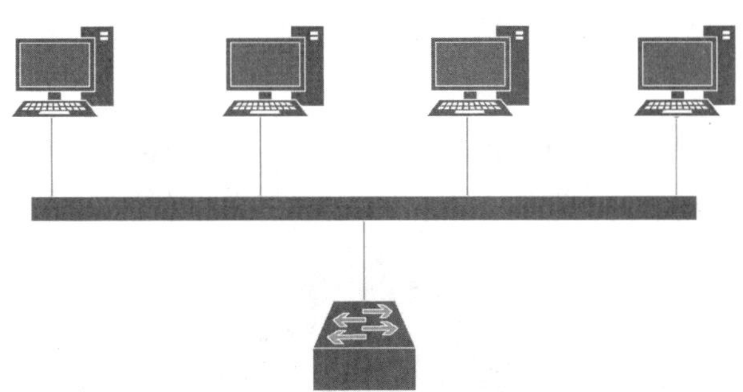

图 3-1-8　总线型拓扑结构

过中心节点转接，单个节点的故障不影响整个网络的正常通信，中心节点故障将导致整个网络瘫痪。

首先创建“详细网络图”，在模具栏中拖出一台交换机设备和 5 台主机设备至绘图区，各种设备的数量根据实际需求而定，通过“连接线”将每台主机设备连接到交换机，绘制完成之后保存文件，如图 3-1-9 所示。

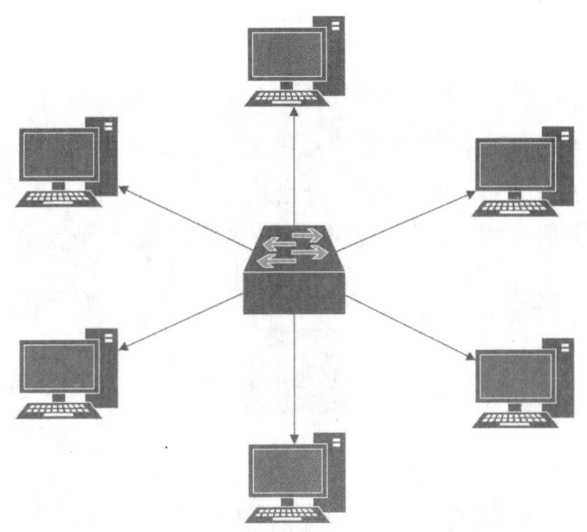

图 3-1-9　星形拓扑结构

（3）绘制环形拓扑结构。环形拓扑结构网络的特点是各个节点首尾相连，数据沿着一个方向环绕逐站传输，网络中任意一个节点故障或一条传输介质出现故障，网络自动隔离故障点并继续工作。

①创建“详细网络图”。在模具栏“网络和外设”选项组中拖出“环形网络”至绘图区并调整大小和节点数量，拖曳内环的热点可以改变节点数量，拖曳线端热点可以改变节点位置，如图 3-1-10 所示。

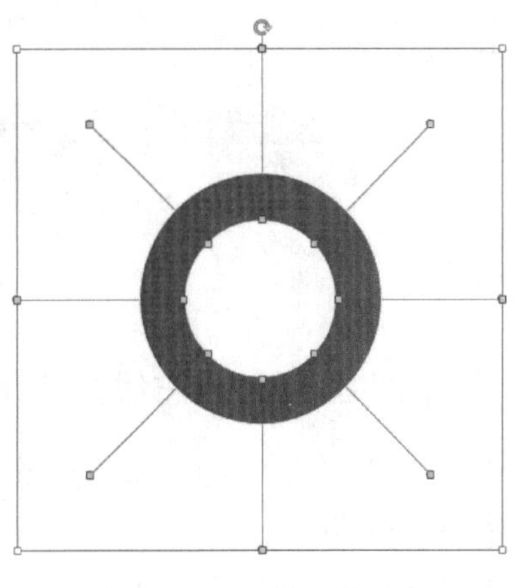

图 3-1-10　网络和外设

②从模具栏中找到交换机，并拖曳一台至绘图区，并拖曳出 7 台主机节点，然后将每个节点包括交换机连接到环形结构上，保存文件，如图 3-1-11 所示。

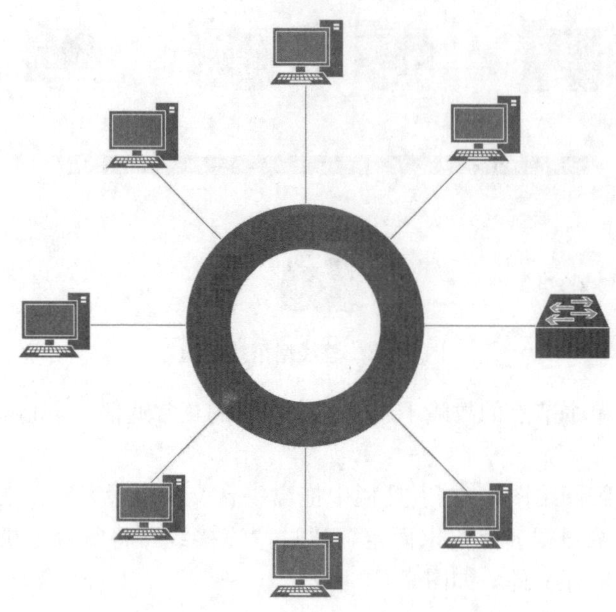

图 3-1-11　环形拓扑结构

（4）绘制树形拓扑结构。树形拓扑结构网络的特点是一个节点发送数据，根节点接收该数据并向全树广播，整个网络对根节点的依赖较大。

首先创建“详细网络图”，在模具栏中拖出三台交换机，并在“计算机和显示器”选项组中拖出适量的主机，并按树形结构分层次连接每个节点设备，连接完成保存文件，如图 3-1-12 所示。

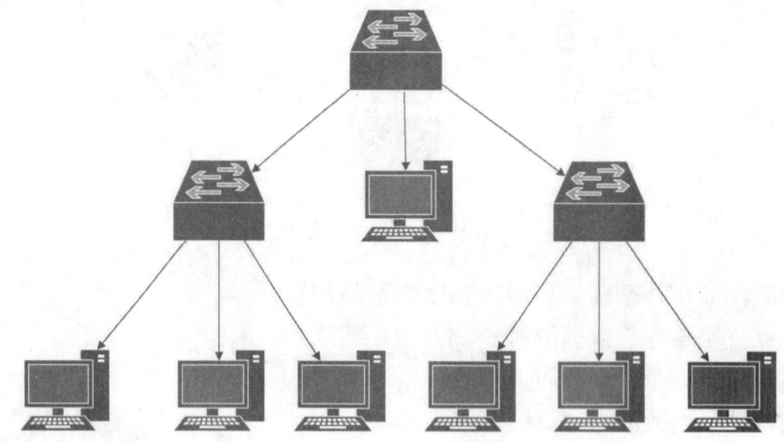

图 3-1-12　树形拓扑结构

二、绘制综合布线施工图

如图 3-1-13 所示，这是一个建筑平面图的其中一个房间“办公室 101”，假设根据需要需在该办公室内安装一个数据接口（数据信息点）和一个语音接口（语音信息点），数据接口的符号一般为Ⓓ，语音接口的符号一般为Ⓥ，接下来开始绘制。

（1）打开 Microsoft Visio 2013 绘图软件，创建平面布置图，在平面布置图模具栏“形状、外壳和结构”选项组中拖曳出房间形状至绘图区域，在墙体上右击，在快捷菜单中选择“形状数据”，并将属性“长”和“宽”均修改为 4m，如图 3-1-14 所示。

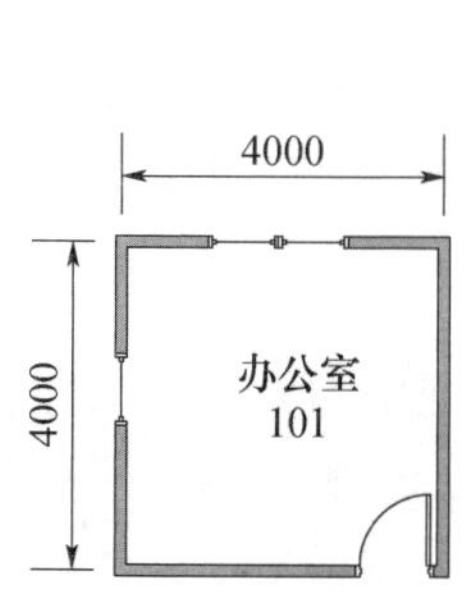

图 3-1-13　办公室 101 平面图

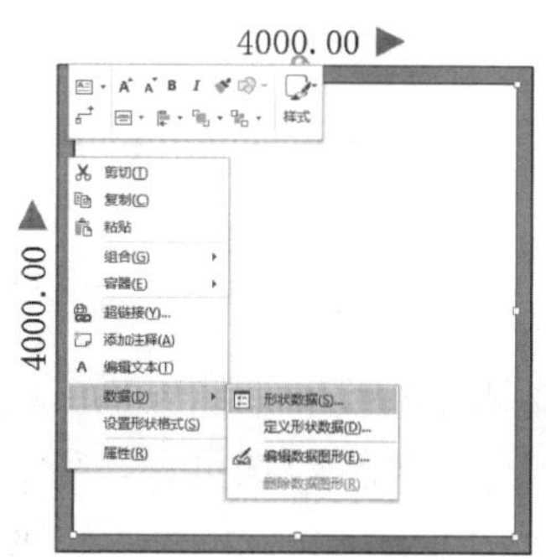

图 3-1-14　绘制墙体

（2）插入尺寸标注。通过选择“形状”，在子菜单中选择“其他 Visio 解决方案”，再从下级子菜单中选择“尺寸度量—工程”可调出尺寸标注工具。在“尺寸度量”选项组中拖曳出“对齐（延长线相等）”图形至墙体的适当位置，调整尺寸标注的位置、尺寸线及尺寸界线，双击尺寸数字，将尺寸数字修改为“4000”并调整字体大小，如图 3-1-15 所示。

（3）在房间合适的位置绘制窗户和门。在平面布置图模具栏“形状、外壳和结构”选项组中拖曳出窗户形状和门形状至墙体的适当位置，并在“插入”选项卡中单击“文本框”，在下拉菜单中选择“横排文本框”，在房间中央位置插入文本框，在文本框中输入房间名称“办公室 101”，调整字号，如图 3-1-16 所示。

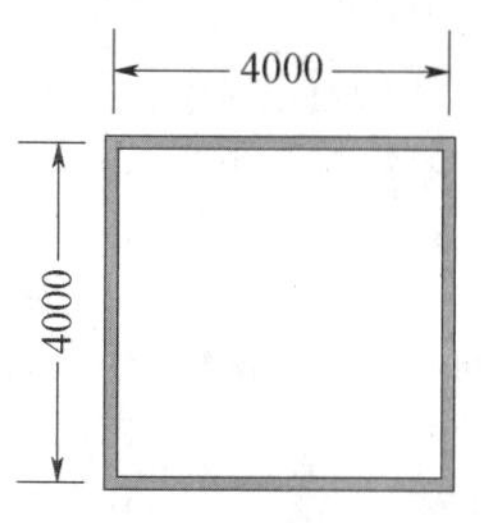

图 3-1-15　绘制尺寸标注

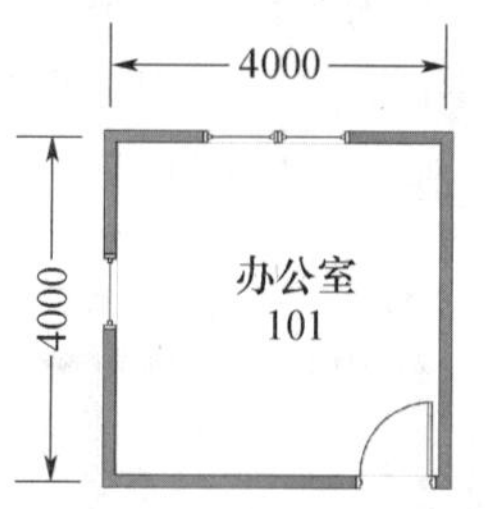

图 3-1-16　绘制门窗

（4）在房间中插入数据接口和语音接口。在“开始”选项卡中单击“椭圆”形状，按住 Shift 键，在绘图区拖动鼠标，拖出适当大小的正圆，双击该圆，在光标处输入“D”，绘制出数据接口的图标。复制数据接口图标，双击该图标，将“D”修改成“V”，绘制出语音接口图标。然后将两个图标拖曳至房间需要安装数据接口和语音接口的位置，如图 3-1-17 所示。

（5）绘制水平布线子系统。利用“连接线”工具在 501 房间的门口绘制出一条直线，再绘制出一条垂直于水平直线并连接到Ⓥ的线段，水平布线系统完成，如图 3-1-18 所示。

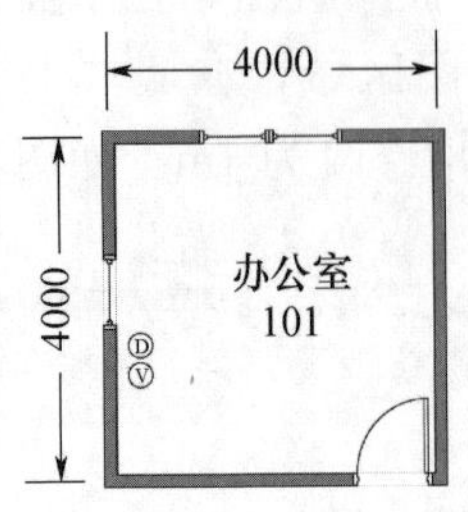

图 3-1-17　绘制数据和语音信息点

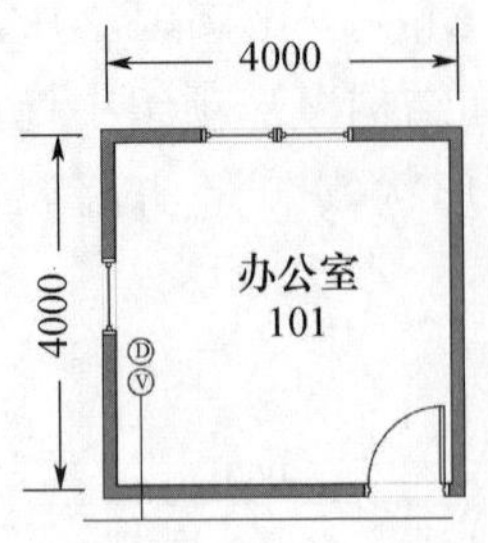

图 3-1-18　绘制水平干线系统

（6）绘制水平布线子系统标识。在该水平布线子系统中包含两条链路，一条连接数据接口，另一条连接语音接口。为了标明这两条非屏蔽双绞线（UTP）链路，需用 2UTP 表示。通过“连接线”绘制该符号，并双击水平直线，在弹出的光标处输入“2UTP”，修改字体大小，如图 3-1-19 所示。

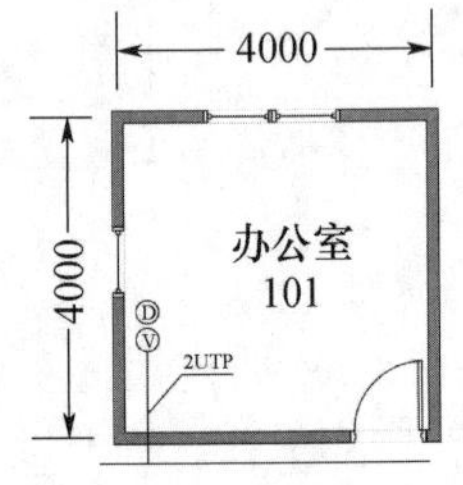

图 3-1-19　办公室 101 布线施工图

【任务小结】

本任务主要讲解了网络拓扑图的绘制、网络综合布线施工图的绘制。绘制网络拓扑图时需要注意各种拓扑结构的特点，并结合现场实际情况进行绘制。绘制网络综合布线施工图时需注意各种图例符号、尺寸标注、信息点的合理布置等。

【扩展练习】

（1）图 3-1-20 为某建筑 5 楼的建筑平面图，其中房间 501、504、505、507 均需要一个语音接口和 1 个数据接口，502 房间需要语音接口和数据接口各两个，506 房间需要 2 个语音接口和 6 个数据接口，试完成该网络综合布线平面图。

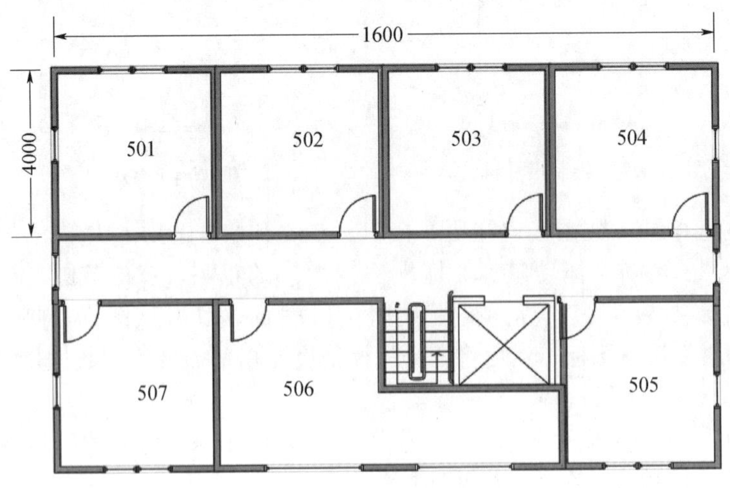

图 3-1-20　某建筑 5 楼建筑平面图

（2）试绘制图 3-1-20 所示的综合布线系统的网络拓扑图。

【能力评价】

能力评价表

<table>
<tr><td>任务名称</td><td colspan="4">办公局域网规划设计</td></tr>
<tr><td>开始时间</td><td colspan="2"></td><td>完成时间</td><td></td></tr>
<tr><td colspan="5">评价内容</td></tr>
<tr><td colspan="3">任务准备：</td><td>是</td><td>否</td></tr>
<tr><td colspan="3">1. 收集任务相关信息</td><td>□</td><td>□</td></tr>
<tr><td colspan="3">2. 明确训练目标</td><td>□</td><td>□</td></tr>
<tr><td colspan="3">3. 学习任务相关知识</td><td>□</td><td>□</td></tr>
<tr><td colspan="3">任务计划：</td><td>是</td><td>否</td></tr>
<tr><td colspan="3">1. 明确任务内容</td><td>□</td><td>□</td></tr>
<tr><td colspan="3">2. 明确时间安排</td><td>□</td><td>□</td></tr>
<tr><td colspan="3">3. 明确任务流程</td><td>□</td><td>□</td></tr>
<tr><td colspan="2">任务实施：</td><td>分值</td><td>自评分</td><td>教师评分</td></tr>
<tr><td colspan="2">1. Visio 2013 绘图软件的基本操作</td><td>5</td><td></td><td></td></tr>
<tr><td colspan="2">2. 绘制总线型拓扑结构图</td><td>15</td><td></td><td></td></tr>
<tr><td colspan="2">3. 绘制星形拓扑结构图</td><td>15</td><td></td><td></td></tr>
<tr><td colspan="2">4. 绘制环形拓扑结构图</td><td>15</td><td></td><td></td></tr>
<tr><td colspan="2">5. 绘制树形拓扑结构图</td><td>15</td><td></td><td></td></tr>
<tr><td colspan="2">6. 识读基本的布线施工图例符号</td><td>15</td><td></td><td></td></tr>
<tr><td colspan="2">7. 绘制网络综合布线施工图</td><td>20</td><td></td><td></td></tr>
<tr><td colspan="2">合计：</td><td>100</td><td></td><td></td></tr>
<tr><td colspan="5">总结与提高：</td></tr>
<tr><td colspan="5">1. 本次任务有哪些收获？
2. 在任务中遇到了哪些问题？有何解决方法？</td></tr>
</table>

任务二 布线施工

【任务描述】

综合布线是一种模块化的、灵活性极高的建筑物内或建筑群之间的信息传输通道。通过它可使语音设备、数据设备、交换设备及各种控制设备与信息管理系统连接起来，同时也使这些设备与外部通信网络相连。它还包括建筑物外部网络或电信线路的连接点与应用系统设备之间的所有线缆及相关的连接部件。综合布线由不同系列和规格的部件组成，其中包括：传输介质、相关连接硬件（如配线架、连接器、插座、插头、适配器）以及电气保护设备等。

【能力要求】

（1）能够根据管材标识识读 PVC 管材。
（2）能够识别各种 PVC 管材连接器件。
（3）能够正确使用布线施工工程中的常用工具。
（4）能够熟练使用线槽制作手工阴角、手工阳角和手工水平直角。
（5）能够制作美观的线管弯角。
（6）能够熟练铺设 PVC 管槽。
（7）能够根据标识识读各种类型的信息插座。
（8）能够正确端接网络信息模块。
（9）能够合理安装信息插座。

【知识准备】

一、PVC 管槽

PVC 管槽是指 PVC 线管（图 3-2-1）和 PVC 线槽（图 3-2-2）。PVC 管槽（PVC-U 管槽）即硬聚氯乙烯管槽，是由聚氯乙烯与稳定剂、润滑剂等配合后用热压法挤压成型，是最早得到开发应用的塑料管材。PVC-U 管槽阻燃性、耐磨性、抗化学腐蚀性、气体水汽低渗漏性好，是综合布线中常用的管材之一。其中，PVC 的规格管常用直径表示，如 $\phi20$，单位为 mm，表示直径为 20mm 的 PVC 管，用于暗埋布线施工，而 PVC 线槽规格常用横截面的长和宽表示，如 25mm×12.5mm，用于明装布线施工。

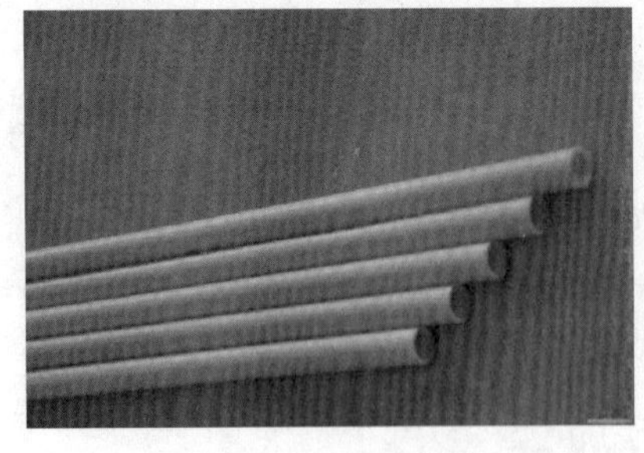

图 3-2-1　PVC 线管

图 3-2-2　PVC 线槽

在布线施工中，PVC 管槽在拐弯或接头的地方会常用一些连接件，这些连接件有成型的，可以从市场上买到，也可以通过工具自制管槽连接件。PVC 线管的连接件有三通、直角弯、直接等（图 3-2-3）。PVC 线槽的连接件有阴角、阳角、三通等（图 3-2-4）。

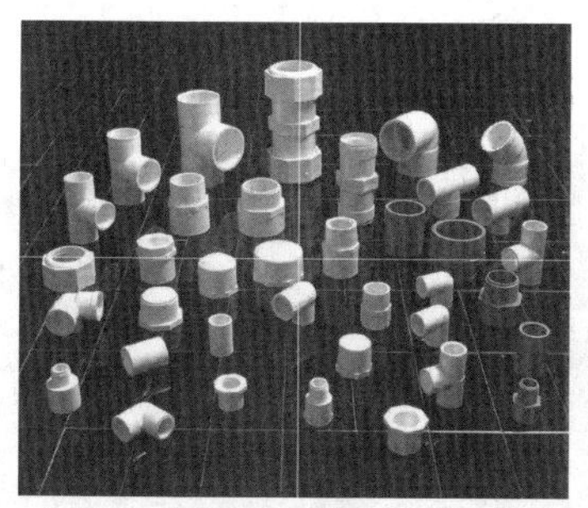

图 3-2-3　线管连接件

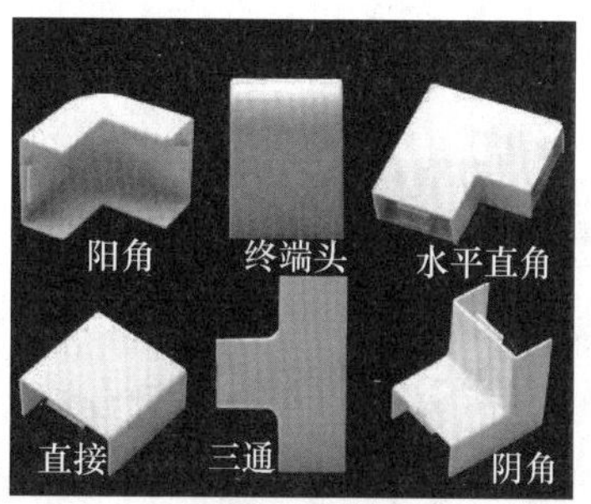

图 3-2-4　线槽连接件

二、网络信息模块

网络信息模块也叫 RJ-45 信息模块，在企业网络中应用普遍。它属于一个中间连接器，可以安装在墙面或桌面上，需要使用时只需用一条直通双绞线即可与信息模块另一端通过双绞线网线所连接的设备连接，非常灵活。另一个方面，也美化了整个网络布线环境。与信息插座配套的是网络信息模块，这个模块就是安装在信息插座中的，一般是通过卡位来实现固定，通过它把从交换机出来的网线与接好水晶头的到工作站端的网线相连。如图 3-2-5 所示的信息模块为 TCL 品牌的网络信息模块。

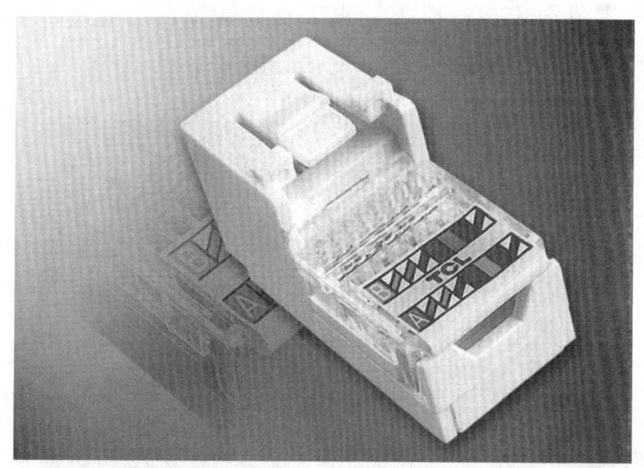

图 3-2-5　网络信息模块

不同厂家生产的网络信息模块形状各异，端接工艺也有所不同。但所有厂家生产的网络信息模块，都有相应的 T568A 标准和 T568B 标准的线序标记色，人们在端接网络信息模块时只需按照相应线序的颜色标记进行排列线序即可，不用特意识记。

三、信息插座

信息插座一般分为面板（图 3-2-6）、底盒（图 3-2-7）。信息插座底盒和面板用于在信息出口位置安装固定信息模块。插座面板的外形尺寸一般有 K86 和 MK120 两个系列。K86 系列为 86mm×86mm 的正方形规格，适合安装在墙面；MK120 系列为 120mm×75mm 的长方形规格，适合安装在地面。常见的有单口、双口、斜口等类型。底盒分为明装底盒和暗装底盒两种，明装底盒暗装在墙面上，暗装底盒预埋在墙体内。

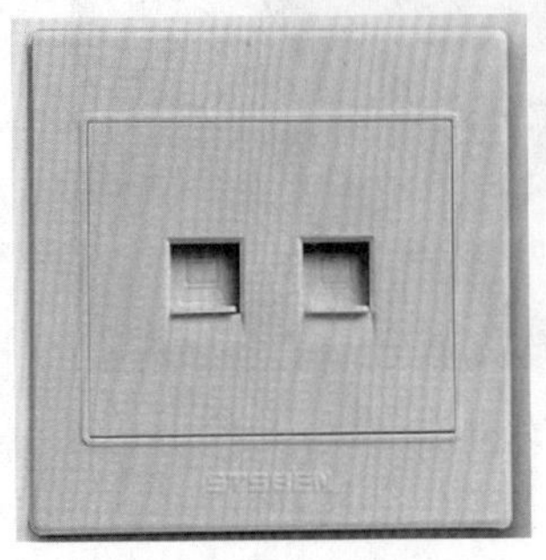

图 3-2-6　插座面板

图 3-2-7　插座底盒

【任务实施】

一、PVC 线槽弯角制作

PVC 线槽的弯角一般分为阴角、阳角和水平直角三种，接下来将一一讲解。

1. 水平直角制作

（1）对线槽的长度进行定点，以点为水平直角的顶点，通过直角顶点画一条垂直于线槽长边的线段，如图 3-2-8 所示。

图 3-2-8　确定顶点

（2）以线段的另一端为 B 点，测量出线段 AB 的长度为 39mm，过 B 点垂直于线段 AB 向两侧分别延伸 39mm 在线槽的棱角上作线段 CB 和 DB，如图 3-2-9 所示。

（3）连接 A 点和 C 点、A 点和 D 点，并通过 C 点和 D 点在线槽的窄边上作垂直于线段 CD 的 2 条线段，如图 3-2-10 所示。

（4）沿线槽窄边上通过 C 点和 D 点的两条线段及线段 AC 和线段 AD 剪开，如图 3-2-11 所示。

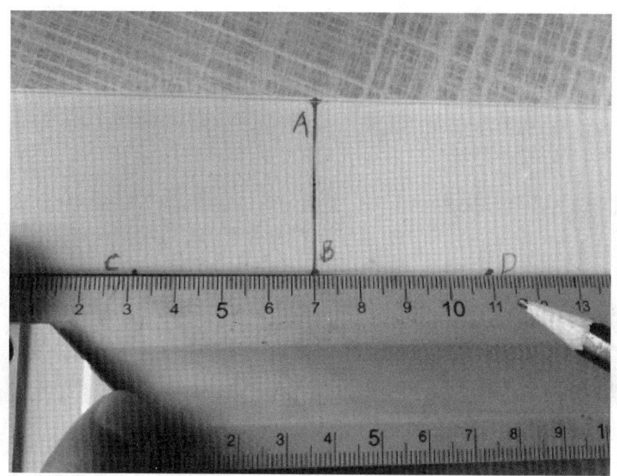

图 3-2-9　线段 *CD*

图 3-2-10　绘制垂直于 *CD* 的线段

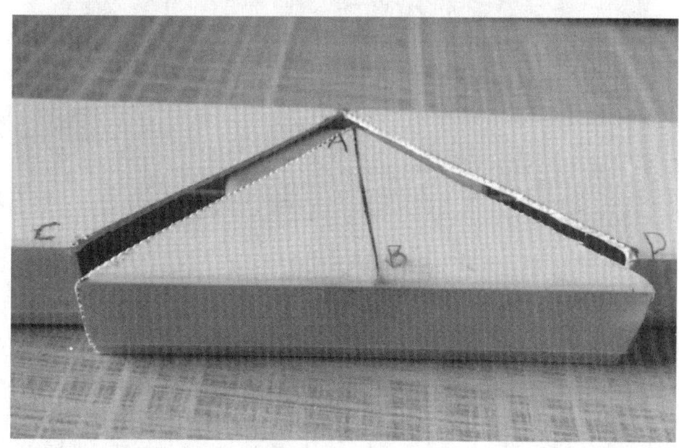

图 3-2-11　沿线段剪开

（5）沿顶点 *A* 以直角方式对折，将 *C* 点和 *D* 点靠在一起，水平直角弯就做好了，如图 3-2-12 所示。

2. 阴角制作

（1）对线槽长度定点，找到阴角的顶点，并通过顶点作线段 *AB*，通过 *B* 点在线槽窄边上作垂直于线槽棱角的线段 *BC*，测量出 *BC* 的长度为 17mm，如图 3-2-13 所示。

图 3-2-12　水平直角

图 3-2-13　确定阴角顶点

（2）沿 C 点在棱角上向两侧作垂直于线段 BC 且长度为 17mm 的线段 CE 和 CF，连接 B 点和 E 点、B 点和 F 点，如图 3-2-14 所示。

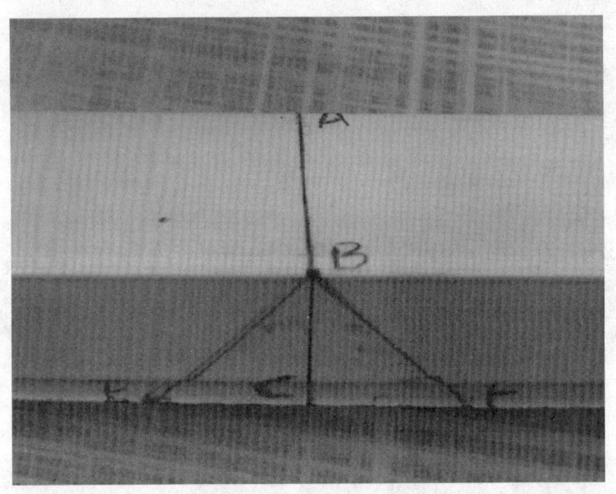

图 3-2-14　按要求作线段

（3）沿线段 BE 和 BF 剪开，同理，按同样的方式制作线槽的另一侧，裁剪好之后沿线段 AB 对折，将 E 点和 F 点靠在一起，这样阴角就做好了，如图 3-2-15 所示。

图 3-2-15　阴角

3. 阳角制作

（1）线槽长度定点，使用直角尺找到阳角的顶点，并以两个顶点为垂足作垂直于线槽棱角的线段 AB 和线段 CD，如图 3-2-16 及图 3-2-17 所示。

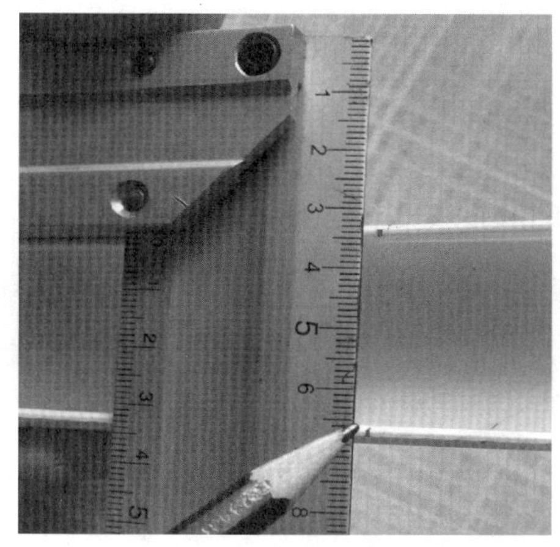

图 3-2-16　确定阳角顶点

图 3-2-17　作线段

（2）沿线段 AB 和另一侧的线段 CD 剪开，并沿线段 AC 对折成 90°，阳角就做好了，如图 3-2-18 所示。

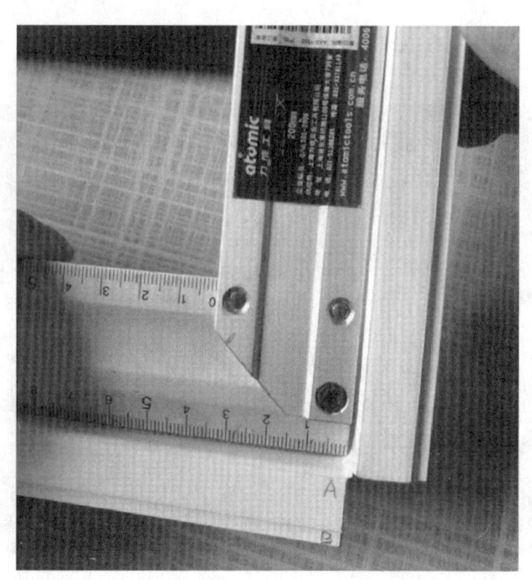

图 3-2-18　阳角

二、PVC 管槽安装

（1）PVC 线管安装。PVC 线管的安装以图 3-2-19 为例，线管均为 ϕ20PVC 线管，图中已经标明尺寸和做工。本项目将按照图中的要求讲解 PVC 线管安装。

①按照图 3-2-19 的要求进行测量并确定线管长度，在需要制作手工弯角处做好标记，在弯头处用裁管刀将 PVC 管裁断，如图 3-2-20 所示。

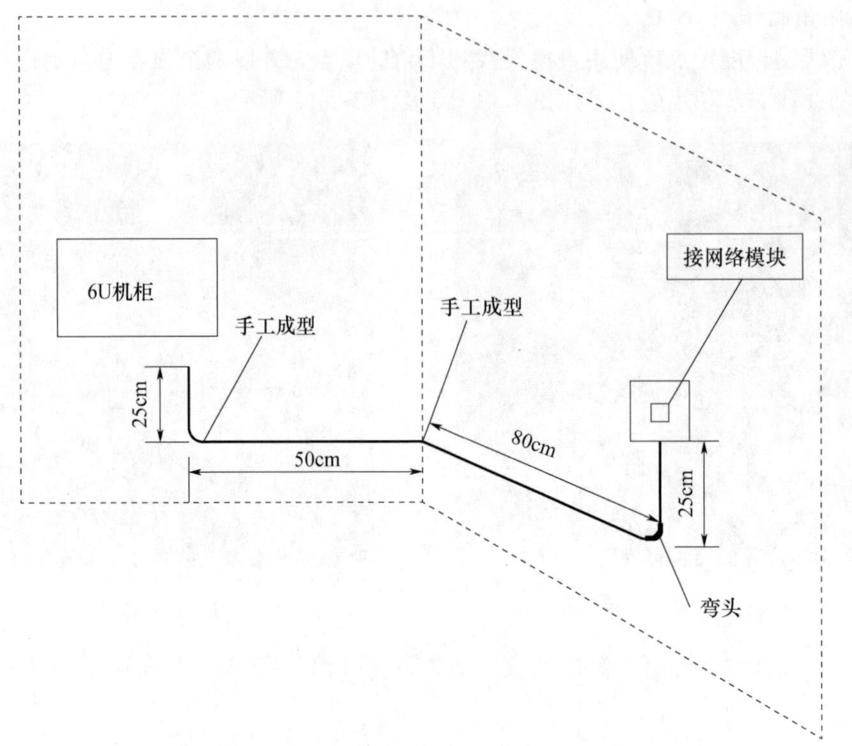

图 3-2-19　PVC线管安装

图 3-2-20　裁管刀

②制作手工成型直角弯。将与 ϕ20PVC 线管配套的弹簧弯管器插入 PVC 线管内需要弯折处，如果管路长度大于弹簧弯管器的长度，可用铁丝拴牢弹簧弯管器的一端，拉到合适的位置，然后两手握住弯折处两端，用膝盖顶线管弯折处，弯曲角度一般不宜小于 90°。管的弯曲处不应有褶皱、凹穴、裂缝、裂纹等，线管弯曲处弯扁的长度不应大于线管外径的 10%，如图 3-2-21 所示。

③按照设计的布管位置，用 M6 螺钉把管卡（暗卡）固定好，如图 3-2-22 所示，螺钉头应沉入管卡内。实际施工时一般每隔 1m 安装一个管卡。

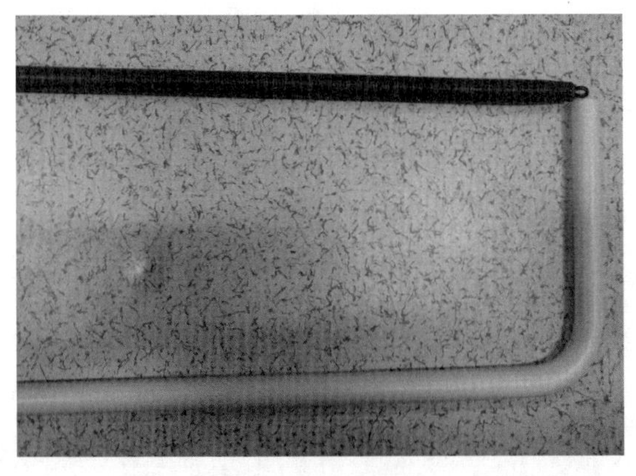

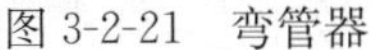

图 3-2-21　弯管器

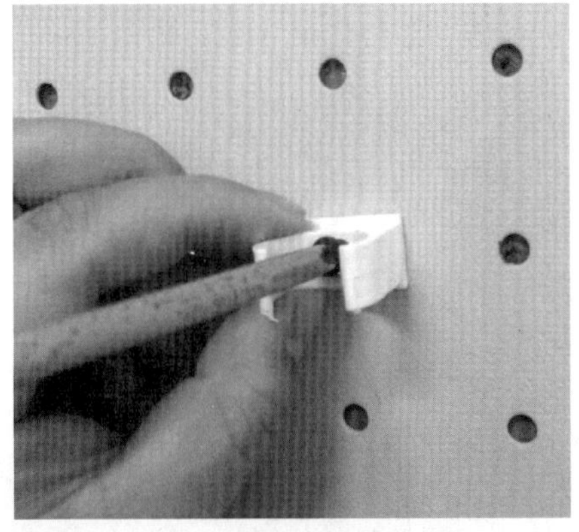

图 3-2-22　安装管卡

④穿线完成后将制作好手工直角弯的线管按要求安装到 PVC 管卡内，如图 3-2-23 所示。线管安装时必须做到横平竖直，如果设计为倾斜时，必须符合设计要求。

⑤在弯头处接入成品直角弯头，如图 3-2-24 所示。

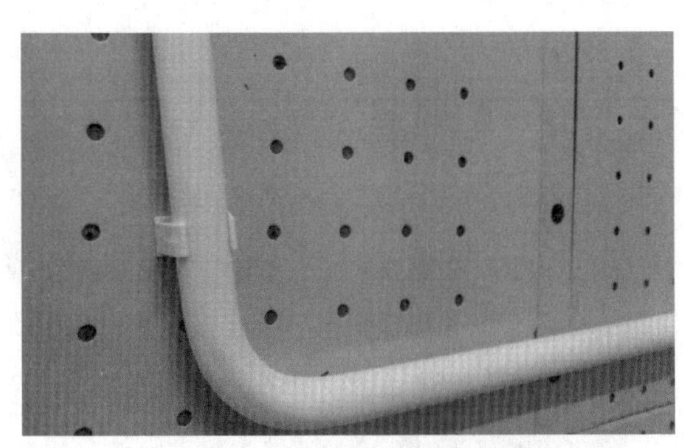

图 3-2-23　安装线管

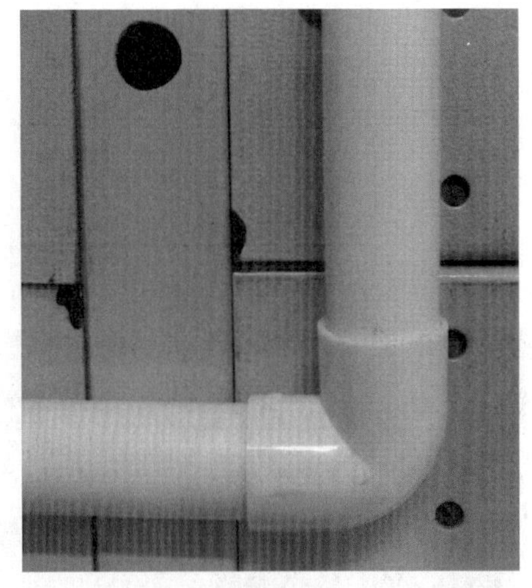

图 3-2-24　安装直角弯头

（2）PVC 线槽的安装。PVC 线槽的安装以图 3-2-25 为例，图中已经标明尺寸，弯角均为手工成型，本任务将按照图中的要求讲解 PVC 线槽安装。

①按照图纸要求测量线槽长度以确定安装位置，并按照要求做好两个水平直角和一个阴角。

②在电动螺丝刀上安装合适的钻头，在线槽的中间位置钻孔，孔的位置必须与实训装置孔对应，每段线槽至少开两个安装孔。用 M6 螺钉把线槽固定好，线槽的安装必须做到横平竖直，中间接缝没有明显的间隙，如图 3-2-26 所示。

③完成布线后盖好线槽盖板。安装线槽盖板一定要注意将线槽两侧和盖板两侧的卡扣紧密咬合，如果弯角处用到成品的弯角，盖板还应与弯角处的卡扣紧密扣牢，如图 3-2-27所示。

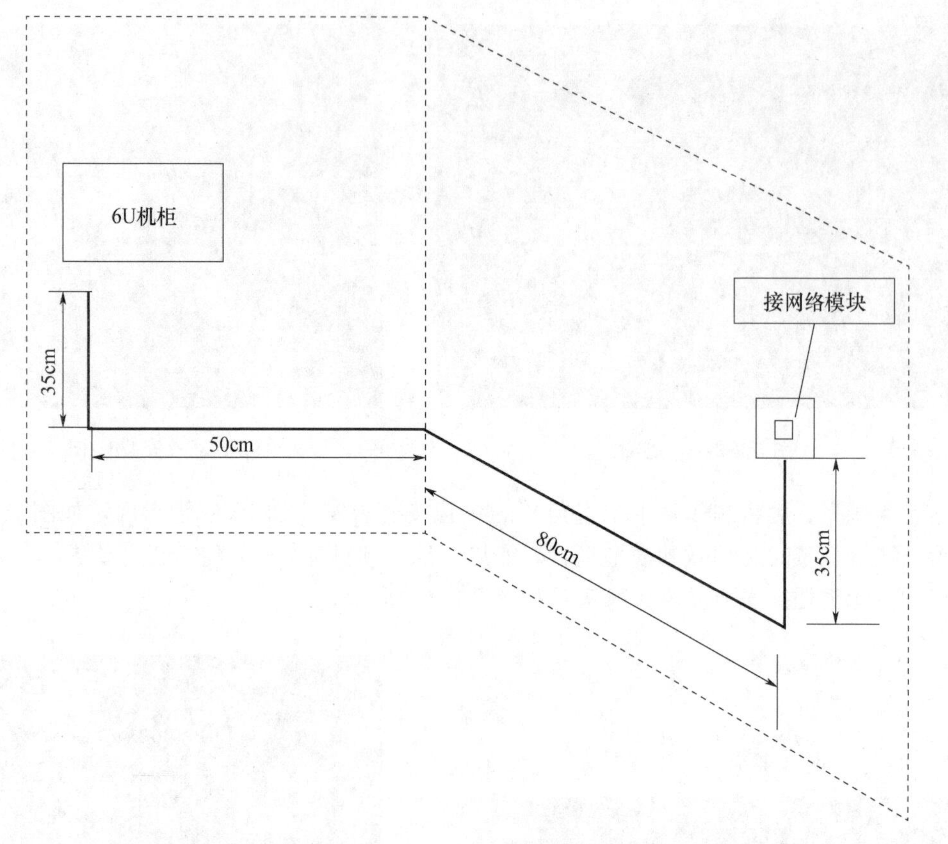

图 3-2-25　PVC线槽安装

图 3-2-26　安装线槽

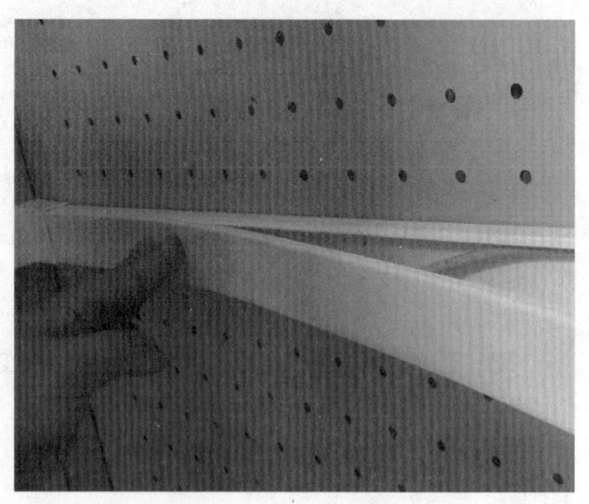

图 3-2-27　安装线槽盖板

（3）网络信息模块端接。网络模块的端接原理是利用机械压力将双绞线的 8 根线芯压接到模块的 8 个刀口中，在压接的过程中刀面会划破线芯的绝缘层，然后与铜芯紧密接触，利用刀片的弹性实现刀片与线芯的长期电器连接，这 8 个刀片通过电路板与 RJ-45 口的 8 个弹簧连接（图 3-2-28）。生产网络信息模块的厂家很多，不同的生产厂家生产的网络模块的类型都有所不同，端接方式也存在一定的差异，网络信息模块端接完成后还需安装到配套的信息插座中才能使用，所以，采购员在采购网络信息模块时应尽量选择跟插座面板同一品牌的网络信息模块。

①剥线。将双绞线从插座底盒中拉出，使用剥线钳在端头上剥开适量的绝缘护套（20mm 左右），在剥开护套的过程中注意不能损伤线芯绝缘层，更不能损伤任何一根铜线芯，如图 3-2-29 所示。

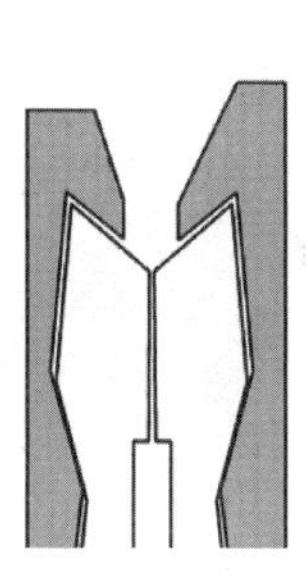

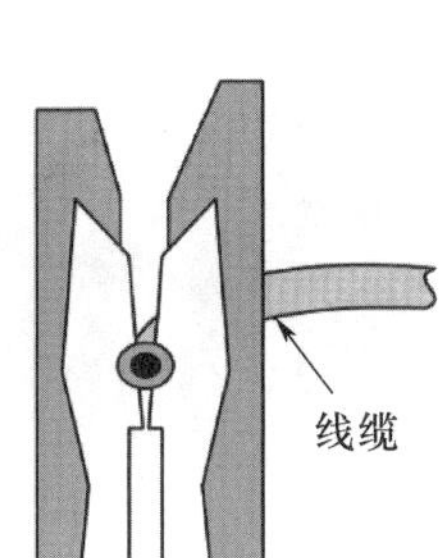

图 3-2-28　网络模块刀口

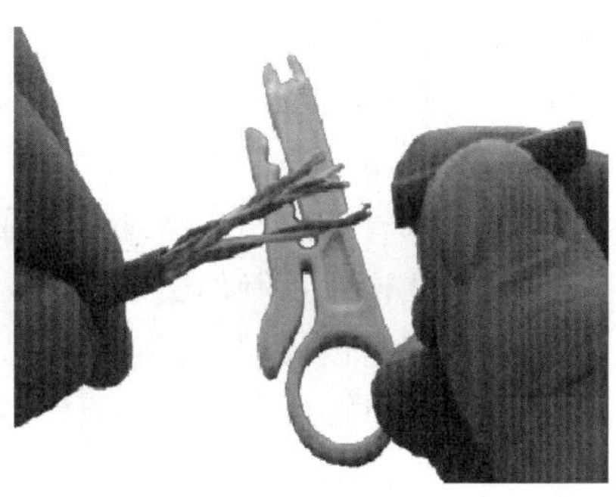

图 3-2-29　剥线钳

②理线。将 4 对双绞线拆开，并按照线序安装到网络模块线序标签盖板的卡槽中。线序一般有两种：T568A 和 T568B，这两种线序在网络模块的线序标签盖板上都会有颜色标记，端接网络模块时只需按照 T568B 线序进行理线就可以了，如图 3-2-30 所示。

③剪线和压接。用压线钳将多余的线芯整齐剪断，将理好的线芯连同网络模块线序标签盖板一起压接到网络模块上，注意一定要压实压牢，在压接过程中，还可以使用老虎钳适当用力将线序标签盖板和网络模块压接牢固，使网络模块的 8 个刀口正常划破芯线绝缘层，实现网络模块的牢固端接，如图 3-2-31 所示。

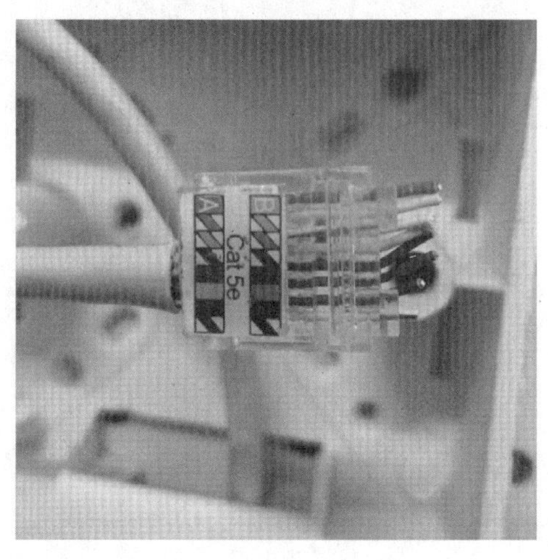

图 3-2-30　理线

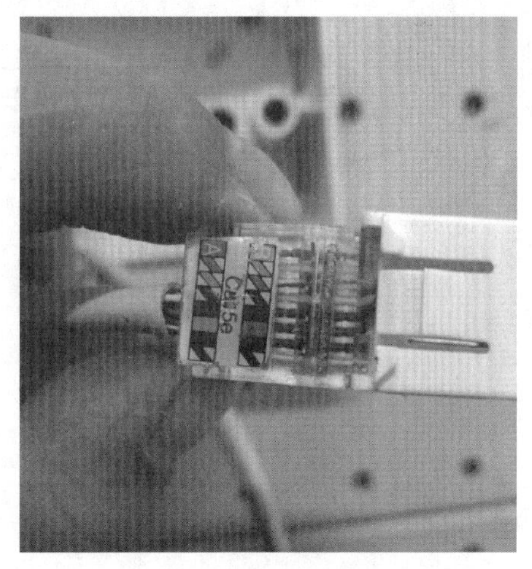

图 3-2-31　端接

④网络模块安装。将端接好的网络模块通过信息插座面板的卡扣安装到信息插座面板上，安装成功时网络模块将发出一声清脆的响声，然后将面板安装到底盒上。

【任务小结】

本任务主要讲解了管槽弯角的制作、管槽的安装、网络模块端接和信息插座安装等知识点。在管槽安装中需注意尺寸的测量，端接信息模块时需注意线序的整理和压线。信息插座安装时需要注意信息插座的进线口方向，网络模块和信息插座面板的配套。

【扩展练习】

按照图 3-2-32 进行 PVC 管槽安装。

要求：(1) 管槽安装准确无误且美观。

(2) 测量误差小于 5%。

(3) 线管弯角制作美观，无褶皱和裂纹。

(4) 线槽弯角制作美观。

(5) 网络模块端接正确且牢固。

(6) 信息插座安装美观且牢固。

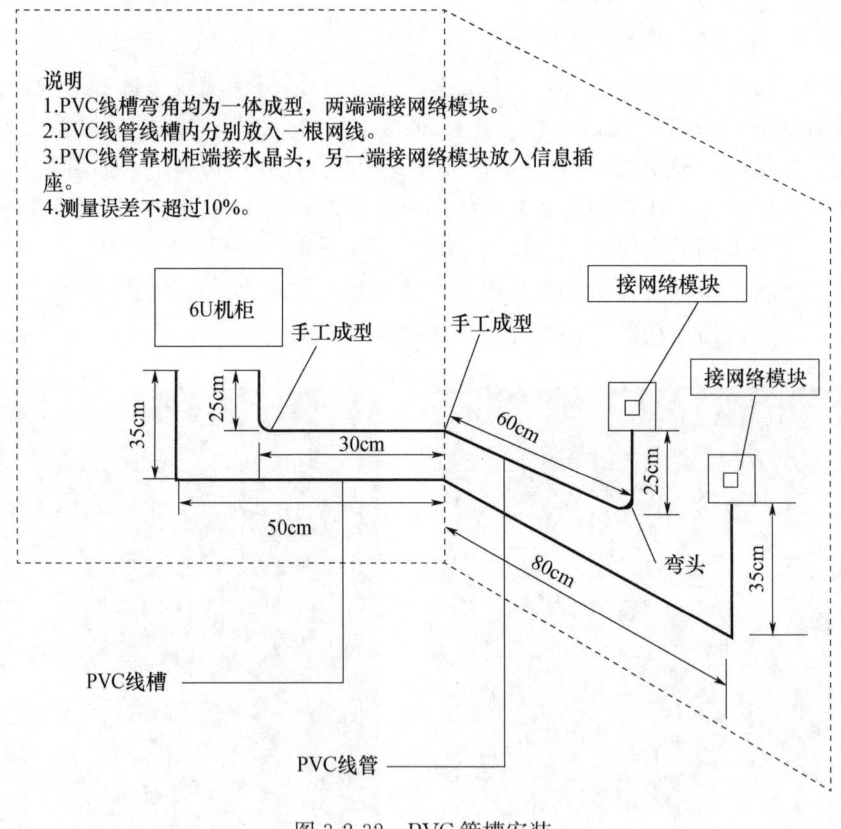

图 3-2-32　PVC 管槽安装

【能力评价】

能力评价表

任务名称	布线施工		
开始时间		完成时间	
评价内容			
任务准备：		是	否
1. 收集任务相关信息		□	□
2. 明确训练目标		□	□
3. 学习任务相关知识		□	□
任务计划：		是	否
1. 明确任务内容		□	□
2. 明确时间安排		□	□
3. 明确任务流程		□	□
任务实施：	分值	自评分	教师评分
1. 根据管材标识识读 PVC 管材	5		
2. 熟悉各种 PVC 管材连接器件	5		
3. 熟练使用布线施工工程中的常用工具	5		
4. 制作手工阴角、手工阳角和手工水平直角	20		
5. 制作美观的线管弯角	10		
6. 熟练铺设 PVC 管槽	20		
7. 标识识读各种类型的信息插座	5		
8. 正确端接网络信息模块	15		
9. 合理安装信息插座	15		
合计：	100		
总结与提高：			
1. 本次任务有哪些收获？ 2. 在任务中遇到了哪些问题？有何解决方法？			

任务三　安装网络操作系统、驱动程序

【任务描述】

网络操作系统是构建计算机网络的核心与基础，本任务以在虚拟机中模拟一台全新的 PC，并在上面安装网络操作系统的形式，介绍操作系统和驱动程序的安装及其基本原理。

【能力要求】

（1）了解虚拟机及网络操作系统。

（2）能够区分虚拟机软件和虚拟机。

（3）能够使用虚拟机软件 VMware 创建虚拟机。

（4）能够使用虚拟机软件 VMware 安装网络操作系统及其他操作系统。

（5）能够根据当前的操作系统下载相应的网络驱动并且正确安装。

（6）能够使用智能驱动程序安装网卡驱动。

（7）通过自主探究，能够使用启动盘在物理机上进行网络操作系统安装。

【知识准备】

网络操作系统

本项目以 Windows Server 2008 为例讲解网络操作系统的安装。Windows Server 2008 是微软（Microsoft）公司发布的一款网络服务器操作系统，继承了 Windows Server 2003 R2 的性能，正式发布时间为 2008 年 2 月 27 日，代号为“Windows Server Longhorn”。为了满足不同规模的企业对网络服务器操作系统的需求，Windows Server 2008 前后发布了 5 个不同的版本，分别为 Windows Web Server 2008 、Windows Server 2008 Standard、Windows Server 2008 Enterprise、Windows Server 2008 Datacenter、Windows Server 2008 for Itanium-Based Systems。

Windows Server 2008 在继承了 Windows Server 2003 R2 的性能的基础上，进行了很多优化，使该网络操作系统拥有更多优点，如控制力好、系统保护性强、灵活性好、关机速度快等。

【任务实施】

一、安装网络操作系统

安装网络操作系统一般有两种方式：一种是将网络操作系统安装到物理机上，这种方式需要制作启动 U 盘，通过启动 U 盘来安装网络操作系统；另一种是将网络操作系统安装成虚拟机，这种方式需要用到 VMware Workstation、VirtualBox 等虚拟机软件或者 vSphere ESXi 作为支撑。本任务以在 VMware Workstation 虚拟机软件中安装网络操作系统为例。

（1）双击打开虚拟机软件，单击“文件”，单击“新建虚拟机”（或在主页选项卡中单击“新建虚拟机”）即可创建虚拟机，如图 3-3-1 所示。

（2）在图 3-3-1 所示的界面中选择“典型”选项，单击“下一步”即可出现如图 3-3-2所示的界面，在此界面中选择“稍后安装操作系统”，并单击“下一步”。

（3）选择客户机操作系统。在如图 3-3-3 所示的窗口中选择“Microsoft Windows（W）”，单击“下一步”。

(4) 修改虚拟机名称和选择虚拟机安装位置。在如图 3-3-4 所示的窗口中修改虚拟机名称，并选择虚拟机安装位置，然后单击“下一步”。

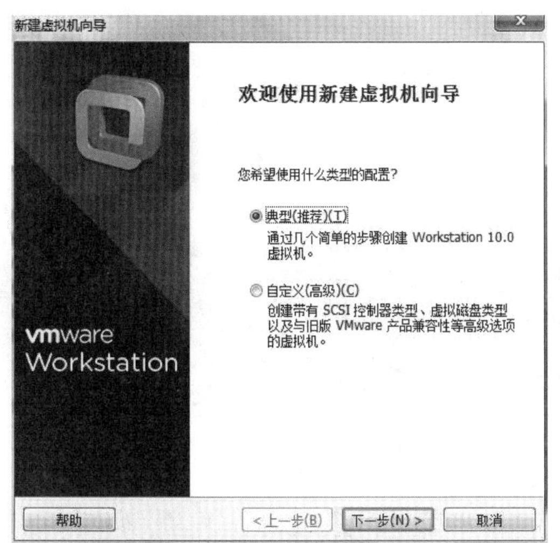

图 3-3-1　新建虚拟机

图 3-3-2　选择安装来源

图 3-3-3　选择操作系统

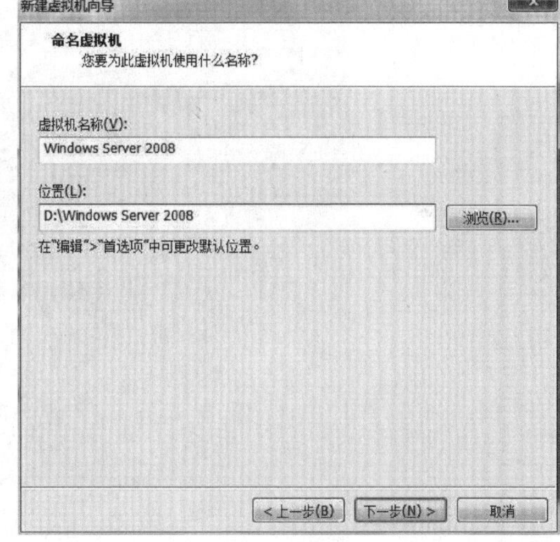

图 3-3-4　命名虚拟机及安装位置

(5) 指定磁盘容量。在如图 3-3-5 所示的窗口中单击上三角符号或下三角符号调节磁盘容量，选择“将虚拟磁盘拆分成多个文件 (M)”，单击“下一步”即可查看到该虚拟机的配置信息，再单击“完成”即可。

(6) 选择网络操作系统镜像文件。在“库”中选择新建的虚拟机，右击，并在快捷菜单中选择“设置”选项。在弹出的图 3-3-6 所示的窗口中选择“CD/DVD (SATA)”，在右侧选择“使用 ISO 镜像文件 (M)”，单击“确定”即可。

(7) 开机。在“库”中选择新建完成的虚拟机，右击，并在快捷菜单中选择“电源”；在弹出的选项中单击“开机”即可开始安装网络操作系统。

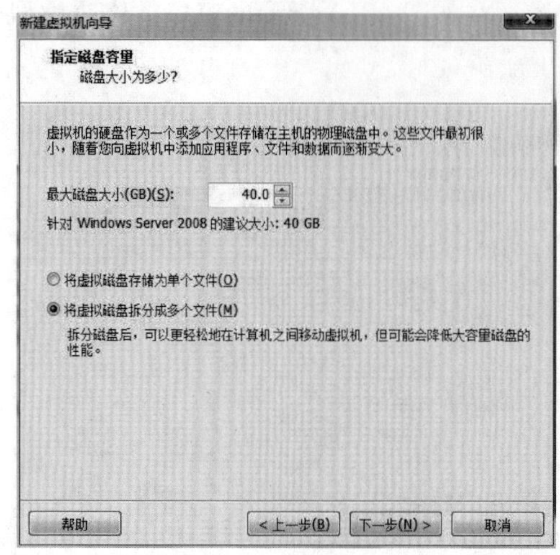

图 3-3-5　指定磁盘容量

图 3-3-6　选择镜像文件

（8）选择语言。在系统开始安装后弹出的第一个窗口中需要选择语言，如图 3-3-7 所示，然后单击“下一步”，在弹出的窗口中单击“现在安装”。

图 3-3-7　选择语言

（9）选择安装操作系统。在如图 3-3-8 所示的窗口中选择需要安装的操作系统。这里可根据需求自行选择，本次安装选择“Windows Server 2008 Standard（完全安装）”，然后单击“下一步”，在弹出的窗口中选择“我接受许可条款（A）”，单击“下一步”，再在新窗口中选择“自定义（高级）”。

（10）选择 Windows 网络操作系统安装磁盘。在如图 3-3-9 所示的窗口中选择需要安装的磁盘，单击“下一步”，系统开始自动安装。

（11）首次登录。首次登录之前必须设置密码，所以当安装完网络操作系统之后，系统将提示设置密码，如图 3-3-10 所示，并且密码的长度不能小于 6 个字符，复杂程度为数字、字母和符号的组合。如果密码的长度不够或者复杂程度不够都不允许设置。

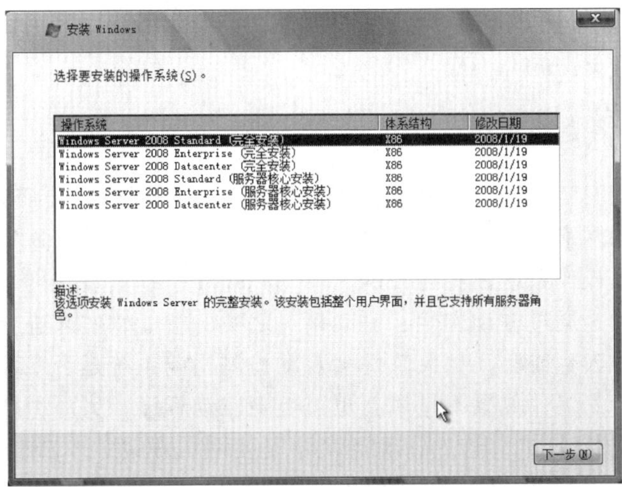

图 3-3-8　选择安装的操作系统

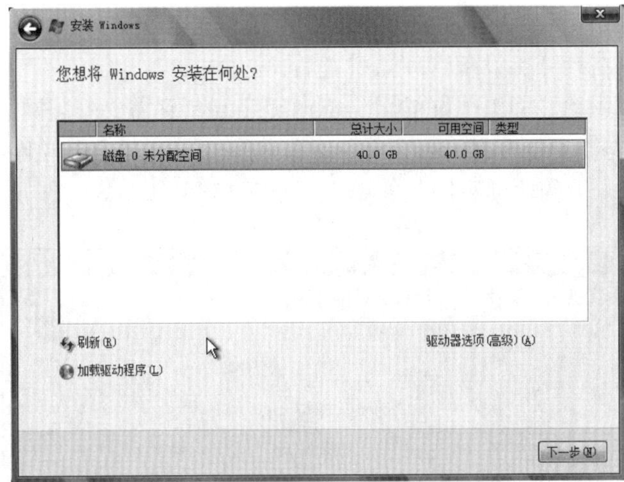

图 3-3-9　选择安装磁盘

图 3-3-10　首次登录设置密码

（12）进入 Windows Server 2012 用户界面，设置好密码之后系统自动进入用户界面，网络操作系统安装完成。

二、安装网络驱动程序

网络操作系统安装完成以后一般都需要联网，要联网就需要安装网络驱动程序，也就是大家所说的网卡驱动。有的网络操作系统自带网卡驱动，这类操作系统安装完成即可联网，如果操作系统没有自带网卡驱动则需要手动安装。网卡驱动的安装方式通常有两种：一种是通过驱动人生、驱动精灵之类的智能软件来进行安装，安装时需要插入网线，驱动人生或驱动精灵软件会自动检测当前系统是否安装了网卡驱动，如果没有安装则进行安装，如果不是最新也可更新驱动程序；另一种是直接找到网卡驱动程序的安装包进行安装。建议用智能软件安装网卡驱动，本项目以网卡驱动安装为例。

（1）驱动程序的选择。在安装网卡驱动前，需要根据自己的网卡型号下载对应的网卡驱动程序，如果是 Intel 公司的网卡则可以到 https：//downloadcenter. intel. com 进行下载，型号可以在计算机设备管理器中查看。

（2）安装网卡驱动。将下载好的网卡驱动程序复制到需要安装网卡驱动的计算机中（如果是虚拟机则需要安装 VMware Tools 才能和宿主机之间复制粘贴文件），然后双击打开后缀名为“. exe”的驱动程序，并单击“下一步”，如图 3-3-11 所示。

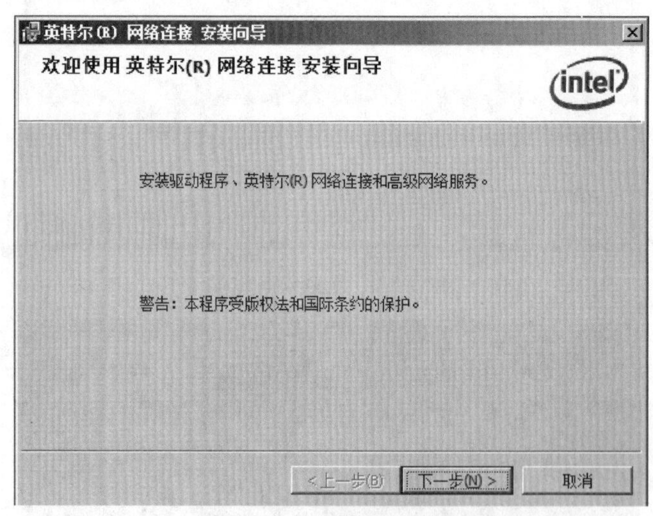

图 3-3-11　安装网卡驱动

（3）接受许可证协议。在如图 3-3-12 所示的窗口中选择“我接受该许可证协议中的条款”，单击“下一步”。

（4）选择安装选项。在如图 3-3-13 所示的窗口中选择需要安装的程序。这里可以保持默认选项，单击“下一步”，在弹出的窗口中单击“安装”即可开始安装。安装完成后单击“完成”，关闭安装窗口即可。

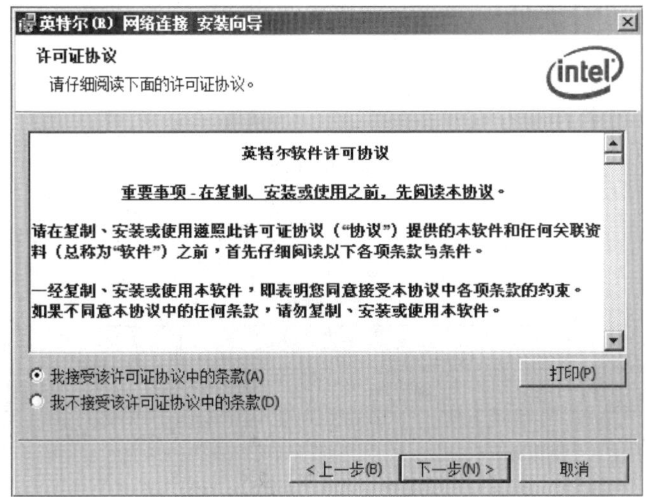

图 3-3-12　接受许可证协议

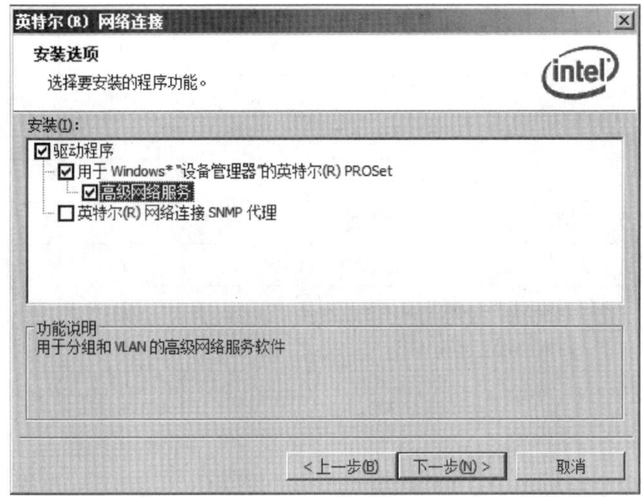

图 3-3-13　安装选项

【任务小结】

本任务讲解了网络操作系统的安装和网络驱动程序的安装，并详细阐述了安装方法，但是在实际工作中进行操作时可能会有一定的差别，如操作系统的版本不一样，安装方式可能会有一定的变化，所以在实际运用时应按照实际的情况进行操作。

【扩展练习】

（1）准备一个 U 盘，将其制作成为大白菜启动盘。

（2）准备好 Windows Server 2008 镜像文件和驱动人生、PC 一台。

（3）使用启动盘在 PC 上安装 Windows Server 2008 网络操作系统并保证其能正常运行。

（4）在 Windows Server 2008 操作系统中使用驱动人生安装网卡驱动保证 PC 正常联网。

【能力评价】

能力评价表

<table>
<tr><td>任务名称</td><td colspan="4">安装网络操作系统、驱动程序</td></tr>
<tr><td>开始时间</td><td></td><td>完成时间</td><td colspan="2"></td></tr>
<tr><td colspan="5">评价内容</td></tr>
<tr><td colspan="3">任务准备：</td><td>是</td><td>否</td></tr>
<tr><td colspan="3">1. 收集任务相关信息</td><td>□</td><td>□</td></tr>
<tr><td colspan="3">2. 明确训练目标</td><td>□</td><td>□</td></tr>
<tr><td colspan="3">3. 学习任务相关知识</td><td>□</td><td>□</td></tr>
<tr><td colspan="3">任务计划：</td><td>是</td><td>否</td></tr>
<tr><td colspan="3">1. 明确任务内容</td><td>□</td><td>□</td></tr>
<tr><td colspan="3">2. 明确时间安排</td><td>□</td><td>□</td></tr>
<tr><td colspan="3">3. 明确任务流程</td><td>□</td><td>□</td></tr>
<tr><td colspan="2">任务实施：</td><td>分值</td><td>自评分</td><td>教师评分</td></tr>
<tr><td colspan="2">1. 认识虚拟机软件和虚拟机</td><td>10</td><td></td><td></td></tr>
<tr><td colspan="2">2. 使用虚拟机软件 VMware 创建虚拟机</td><td>15</td><td></td><td></td></tr>
<tr><td colspan="2">3. 安装网络操作系统及熟悉网络操作系统的基本操作</td><td>20</td><td></td><td></td></tr>
<tr><td colspan="2">4. 根据当前的操作系统下载相应的网络驱动并且正确安装</td><td>15</td><td></td><td></td></tr>
<tr><td colspan="2">5. 使用智能驱动程序安装网卡驱动</td><td>15</td><td></td><td></td></tr>
<tr><td colspan="2">6. 使用启动盘在物理机上进行网络操作系统安装</td><td>25</td><td></td><td></td></tr>
<tr><td colspan="2">合计：</td><td>100</td><td></td><td></td></tr>
<tr><td colspan="5">总结与提高：</td></tr>
<tr><td colspan="5">1. 本次任务有哪些收获？
2. 在任务中遇到了哪些问题？有何解决方法？</td></tr>
</table>

任务四　IP 地址的设置

【任务描述】

IP 地址是指互联网协议地址（Internet Protocol Address），是 IP Address 的缩写。IP 地址是 IP 协议提供的一种统一的地址格式，它为互联网上的每一个网络和每一台主机分配一个逻辑地址，以此来屏蔽物理地址的差异。本任务要求学生学会为已经进行物理链接的小型局域网设置 IP 地址，使局域网能正常通信和资源共享。

【能力要求】

（1）能够根据实际情况划分 IP 地址。

（2）能够根据 IP 地址判断其类别。

（3）能够在 Windows 7 中正确设置静态 IP 地址。

（4）能够在 Windows 7 中正确设置动态 IP 地址。

【知识准备】

IP 是英文 Internet Protocol 的缩写，意思是“互联网之间互联的协议”，也就是为计算机网络相互连接进行通信而设计的协议。因特网协议是因特网中所有计算机及网络设备实现网络互通的一套规则，所有计算机及网络设备在因特网上进行通信时都必须遵守这套规则。同时，任何厂家生产的计算机及网络设备，也要按照 IP 协议生产才可以与因特网互通。

众所周知，在电话通信中，电话用户是通过电话号码来标识用户的，而电话号码在使用当中是不能存在两个相同的电话号码的，也就是说，电话号码是唯一的。同理，在计算机网络中，一台主机要实现网络通信，就必须拥有一个唯一的识别号——IP 地址。

IP 地址是一个 32 位的二进制数，分为 4 段，每段都由 8 位的二进制数组成，使用时用点分十进制数表示，每段数字范围为 0～255，例如 192.168.1.100。最初设计互联网络时，为了寻址及层次化构造网络，每个 IP 地址被分成了两个部分，网络地址和主机地址，同一个物理网络都使用相同的网络地址，该网络中的每个主机有自己唯一的主机地址。

IP 地址编址方案：IP 地址编址方案将 IP 地址空间划分为 A、B、C、D、E 五类，其中 A、B、C 是基本类，D、E 类作为多播和保留使用，如图 3-4-1 所示。

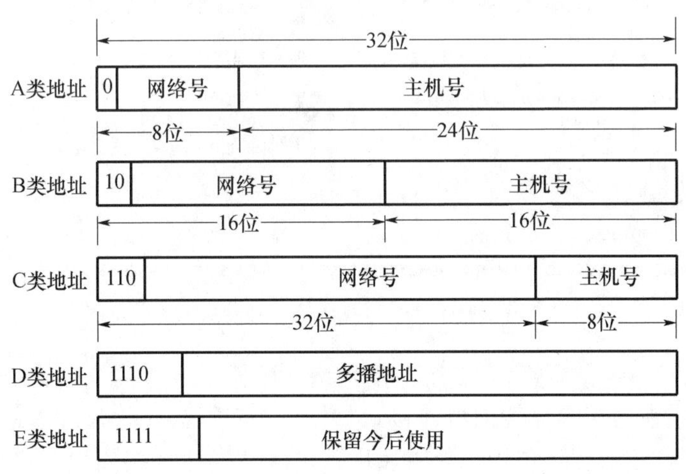

图 3-4-1　IP 地址分类

在 IP 地址编制中，A、B、C 三类由 Inter NIC 在全球范围内统一分配，D、E 类为特殊地址，如表 3-4-1 所示。

表 3-4-1　IP 地址编制

网络类别	IP 地址范围	子网掩码	最大主机数
A	1.0.0.1～126.255.255.254	255.0.0.0	$256^3-2=16777214$ 台
B	128.0.0.1～191.255.255.254	255.255.0.0	$256^2-2=65534$ 台
C	192.0.0.1～223.255.255.254	255.255.255.0	$256-2=254$ 台

【任务实施】

IP 地址的设置有两种方式，一种是动态获取 IP 地址（自动获取 IP 地址），另一种是静态 IP 地址（手动获取 IP 地址）。因办公网络中常用的操作系统为 Windows 7，所以本节内容中 IP 地址的设置以 Windows 7 为例。

一、动态 IP 地址设置

（1）根据需求用网线将计算机连接到交换机或路由器，网卡上一般有两个指示灯，一个是插线指示灯，另一个是数据指示灯。当网卡插线指示灯亮起说明连接到交换机，如果数据指示灯闪烁说明此时已经联网，有数据传输。

（2）在需要配置 IP 地址的计算机中单击“开始”菜单，选择“控制面板”，在控制面板中选择“网络和共享中心”，在左侧导航栏选择“更改适配器配置”，进入适配器（网卡）选择窗口，如图 3-4-2 所示。

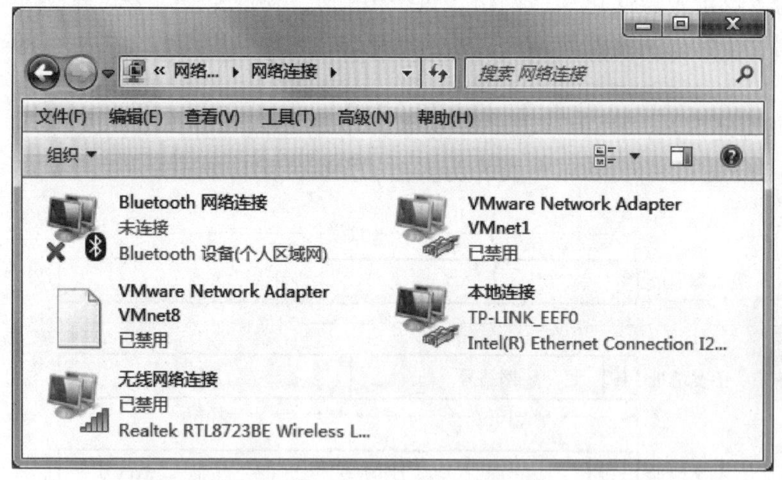

图 3-4-2　网络适配器选择

（3）如今的计算机中通常安装了两个网络适配器，有线网络适配器和无线网络适配器，也就是本地连接和无线网络连接，如图 3-4-2 所示。此处以本地连接为例，右击“本地连接”，在快捷菜单中选择“属性”进入“本地连接属性”窗口，如图 3-4-3 所示。

（4）在图 3-4-3 中选择“Internet 协议版本 4（TCP/IPv4）”，单击“属性”进入“Internet 协议版本 4（TCP/IPv4）属性”窗口便可设置 IP 地址，如图 3-4-4 所示。

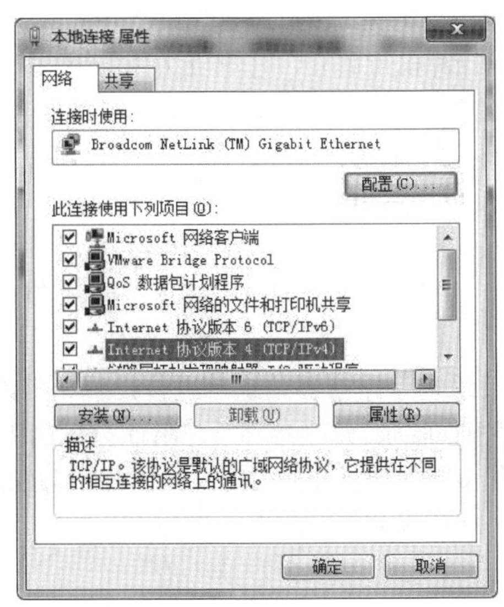

图 3-4-3　本地连接属性

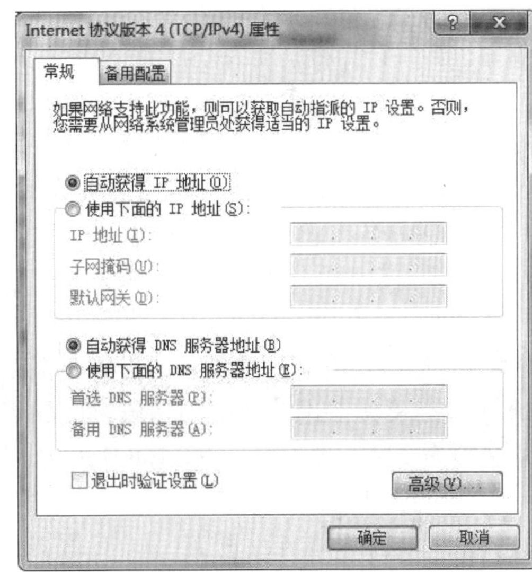

图 3-4-4　设置动态 IP

（5）在图 3-4-4 中选择“自动获得 IP 地址”和“自动获得 DNS 服务器地址”，单击“确定”。此时，当前计算机便可从路由器的 DHCP 中自动获取 IP 地址和 DNS 服务器地址，动态 IP 地址设置成功。

（6）验证网络连通性。首先，打开网页，如果能够正常浏览网页，证明网络连接正常；其次，查看屏幕右下角的网络连接图标，如果图标上没有红叉标记和感叹号标记，证明网络连接正常；最后，可以在命令提示符窗口中使用 ipconfig 命令查看网络连接状态及信息，如图 3-4-5 所示，同时使用 Ping 命令验证与外网的连通性。

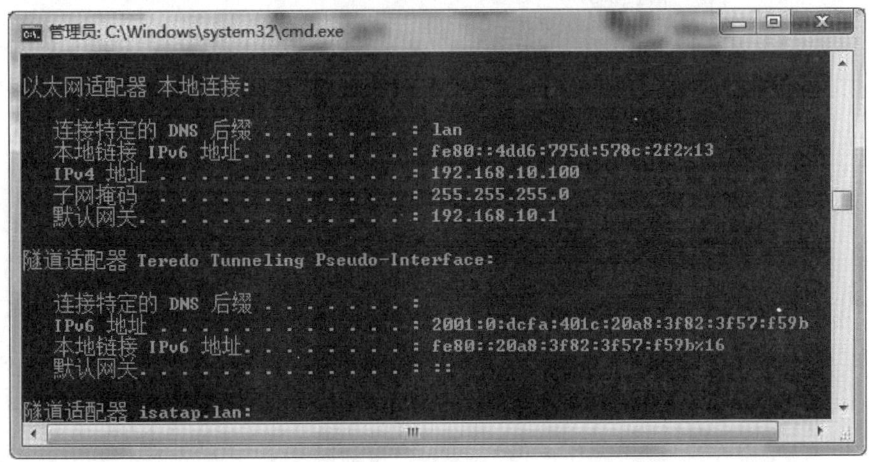

图 3-4-5　查询 IP 地址

二、静态 IP 地址设置

所有计算机在路由器获取到的 IP 地址都是计算机向路由器租用的 IP 地址，租期范围为 1～2880 分钟，当租期结束，而计算机还在使用，路由器则将当前的 IP 地址重新租给当前的计算机，只是租期结束和路由器重新租赁 IP 地址的时间间隔很短，人们无法感知。如果计算机是动态获得 IP 地址方式，当计算机重启后，计算机租用的 IP 地址可能就会变成另一个 IP 地址。此时，如果当前的计算机要为别的网络设备提供服务，当 IP 地址发生改变后，别的网络设备就获取不到当前计算机所提供的服务了，所以这种情况下网络管理员或者计算机使用人员一般会设置静态 IP 地址。

（1）根据动态 IP 地址设置经验进入“Internet 协议版本 4（TCP/IPv4）属性”窗口，如图 3-4-6 所示，并在该窗口中选择“使用下面的 IP 地址”和“使用下面的 DNS 服务器地址”。

（2）设置 IP 地址。IP 地址的设置要根据网关地址（路由器地址）进行设置，即设置的 IP 地址必须跟网关地址同网段。例如，网关地址为 192.168.1.1，则计算机的 IP 地址必须为 192.168.1.2～192.168.1.254。因为小型办公网络中主机数量一般不超过 254 台，所以子网掩码一般使用 255.255.255.0。默认网关就是路由器地址。

（3）DNS 服务器地址配置。DNS 服务器地址可以配置两个，其中有一个是备用 DNS 服务器地址。DNS 服务器地址是以区域限定的，可以从百度上查到当前区域内运营商所使用的 DNS 服务器地址。例如计算机当前所在的区域为贵阳市，使用的宽带服务是移动公司，那么，就可以在百度查询贵阳移动的 DNS 服务器地址，将此地址填入相应的文本框，选中“退出时验证设置”复选框，单击“确定”即可，如图 3-4-6 所示。

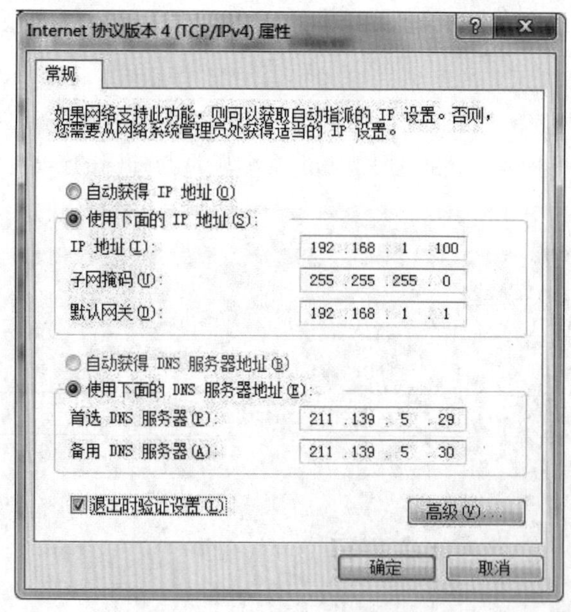

图 3-4-6　设置静态 IP 地址

（4）连通性验证。可以打开网页或者查看屏幕右下角的网络连接图标验证网络的连通性，也可以在命令提示符窗口中 Ping 外网地址验证网络的连通性。

注意：为了避免 IP 地址冲突，可以先设置为自动获得 IP 地址和自动获得 DNS 服务器地址，然后将查询出来的网卡信息填入图 3-4-6 相关的文本框中，包括 IP 地址、子网掩码、默认网关和 DNS 服务器地址。

三、无线网络连接 IP 地址设置

无线网络连接方式的 IP 地址设置参照本地连接即可。

【任务小结】

本任务中讲解了 IP 地址的概念、意义、发展及划分方式、静态 IP 和动态 IP 的区别及用途、静态 IP 和动态 IP 的配置。在 IP 地址配置时需注意使用场合，在什么样的情况下使用什么样的 IP 地址。

【扩展练习】

使用相关设备搭建一个包含 5 台主机的小型办公网络，并为其设置适当的静态 IP 地址，并保证每台主机能正常联网。

【能力评价】

能力评价表

<table>
<tr><td>任务名称</td><td colspan="4">IP 地址的设置</td></tr>
<tr><td>开始时间</td><td></td><td>完成时间</td><td colspan="2"></td></tr>
<tr><td colspan="5">评价内容</td></tr>
<tr><td colspan="3">任务准备：</td><td>是</td><td>否</td></tr>
<tr><td colspan="3">1. 收集任务相关信息</td><td>□</td><td>□</td></tr>
<tr><td colspan="3">2. 明确训练目标</td><td>□</td><td>□</td></tr>
<tr><td colspan="3">3. 学习任务相关知识</td><td>□</td><td>□</td></tr>
<tr><td colspan="3">任务计划：</td><td>是</td><td>否</td></tr>
<tr><td colspan="3">1. 明确任务内容</td><td>□</td><td>□</td></tr>
<tr><td colspan="3">2. 明确时间安排</td><td>□</td><td>□</td></tr>
<tr><td colspan="3">3. 明确任务流程</td><td>□</td><td>□</td></tr>
<tr><td colspan="2">任务实施：</td><td>分值</td><td>自评分</td><td>教师评分</td></tr>
<tr><td colspan="2">1. 掌握 IP 地址的划分规则</td><td>20</td><td></td><td></td></tr>
<tr><td colspan="2">2. 根据 IP 地址判断其类别</td><td>10</td><td></td><td></td></tr>
<tr><td colspan="2">3. 根据实际情况划分 IP 地址</td><td>20</td><td></td><td></td></tr>
<tr><td colspan="2">4. 在 Windows 7 中设置静态 IP 地址</td><td>20</td><td></td><td></td></tr>
<tr><td colspan="2">5. 在 Windows 7 中设置动态 IP 地址</td><td>20</td><td></td><td></td></tr>
<tr><td colspan="2">6. 查看 IP 地址信息</td><td>10</td><td></td><td></td></tr>
<tr><td colspan="2">合计：</td><td>100</td><td></td><td></td></tr>
<tr><td colspan="5">总结与提高：</td></tr>
<tr><td colspan="5">1. 本次任务有哪些收获？
2. 在任务中遇到了哪些问题？有何解决方法？</td></tr>
</table>

任务五　文件、打印机共享

【任务描述】

在计算机上设置共享文件，用局域网内的其他计算机去查看这个共享文件。设置共享打印机，并在工作组上的其他计算机上添加打印机。

【能力要求】

（1）能够正确创建工作组。
（2）能够正确添加工作组。
（3）能够正确设置文件的访问权限。
（4）能够设置文件共享并且在工作组中的其他计算机上查看被共享的文件。
（5）能够设置打印机共享并且在工作组中的其他计算机上添加打印机。

【知识准备】

一、工作组

工作组（Work Group）是最常见、最简单、最普通的资源管理模式，就是将不同的计算机按功能分别列入不同的组中，以方便管理。比如在一个网络内，可能有成百上千台工作计算机，如果这些计算机不进行分组，都列在“网上邻居”内，可想而知会有多么乱。为了解决这一问题，Windows 9x/NT/2000 引用了“工作组”这个概念。比如一所高校，会分为数学系、中文系之类的，然后数学系的计算机全都列入数学系的工作组中，中文系的计算机全部都列入中文系的工作组中。如果你要访问某个系别的资源，就在“网络”里找到那个系的工作组名，双击就可以看到那个系别的计算机了。

工作组是一个由许多在同一物理地点，而且被相同的局域网连接起来的用户组成的小组。相应地，一个工作组也可以是遍布一个机构的，但却被同一网络连接的用户构成的逻辑小组。在以上两种情况下，在工作组中的用户都可以以预定义的方式，共享文档、应用程序、电子函件和系统资源。一个工作组可以是用同一名字的简单的用户小组，例如在电子函件中的地址“Managers”或“Temps”等指明的小组。另一方面，这个工作组可以在这个网络上具有一些特权，例如对文件服务器或一些特殊应用的访问等。

二、资源共享

资源共享是计算机网络中提出来的一个概念，是指计算机用户主动地在网络上共享自己的计算机资源，包括文件、部分计算机软件、外部设备等。一般资源共享使用 P2P 模式，文件本身存在用户本人的个人电脑上。大多数参加文件共享的人也同时下载其他用户提供的共享资源。有时这两个行动是连在一起的。

【任务实施】

一、创建工作组

（1）右击“计算机”，在快捷菜单中选择“计算机管理”，打开计算机管理窗口，在计算机管理窗口左侧导航栏单击“本地用户和组”打开子选项，右击“组”，在弹出的快捷菜单中选择“新建组”弹出添加窗口，填写组名等相关信息，并且可以直接添加成员，添加完成之后单击“创建”按钮即可（图 3-5-1），也可以在创建好之后让别的用户自己加入该工作组。

图 3-5-1　创建工作组

（2）加入工作组。右击“计算机”，在快捷菜单中选择“系统属性”，在“计算机名称、域和工作组设置”区域单击“更改设置”打开系统属性窗口（图 3-5-2），在该窗口中单击“更改”，在弹出的窗口中选择“工作组”选项，并在文本框中输入需要加入的工作组名称，单击“确定”即可。添加成功会有“欢迎加入×××工作组”的提示，重启计算机之后生效。

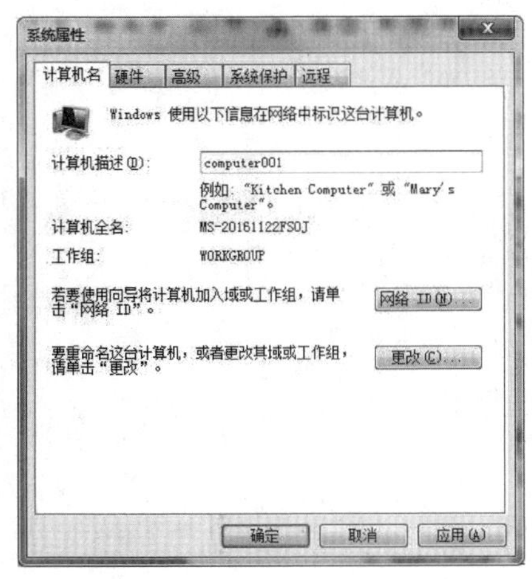

图 3-5-2　系统属性

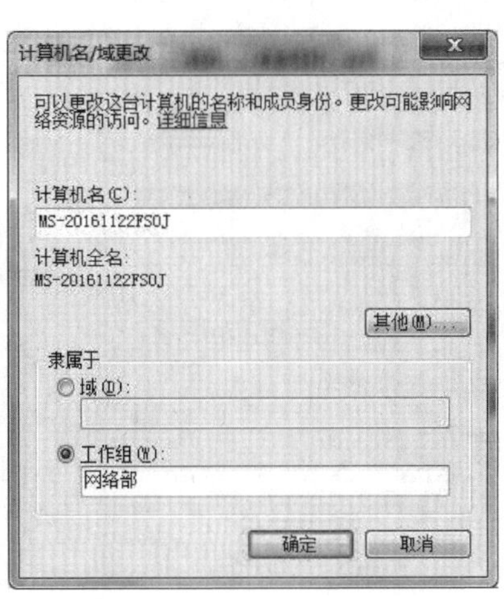

图 3-5-3　加入工作组

二、设置文件共享

（1）新建一个文件夹，用于共享文件。

（2）设置文件共享。在需要共享的文件夹上右击，在快捷菜单中选择“局域网组建属性”打开文件夹属性窗口，如图 3-5-4 所示，在属性窗口中选择“共享”选项卡，如图 3-5-5 所示，单击“共享”按钮，在弹出的窗口中选择要与其共享的用户为“Everyone”，然后单击“共享”，再单击“确定”。

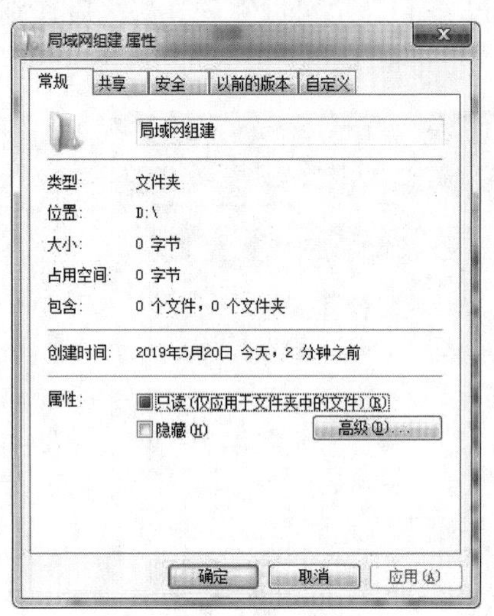

图 3-5-4　文件属性

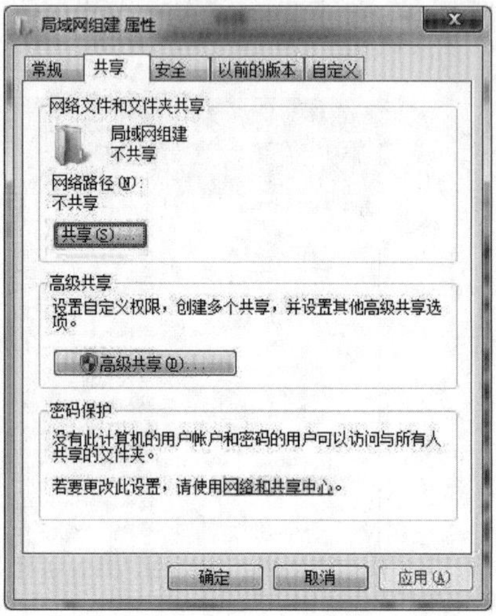

图 3-5-5　共享选项卡

（3）修改文件夹权限。设置完文件夹共享之后，还需修改文件夹的权限。在文件夹的属性窗口中，选择“安全”选项卡，单击“编辑”按钮打开编辑窗口，如图 3-5-6 所示。在编辑窗口中，如果有用户“Everyone”，则选择“Everyone”，然后将其权限全部选中为“允许”。如果没有则单击“添加”按钮，弹出添加用户窗口，如图 3-5-7 所示，在该窗口中输入用户名称“Everyone”，单击“检查名称”，然后选择“Everyone”，单击“确定”，再将其权限全部选中为“允许”，单击“应用”，再单击“确定”即可。

图 3-5-6　权限设置

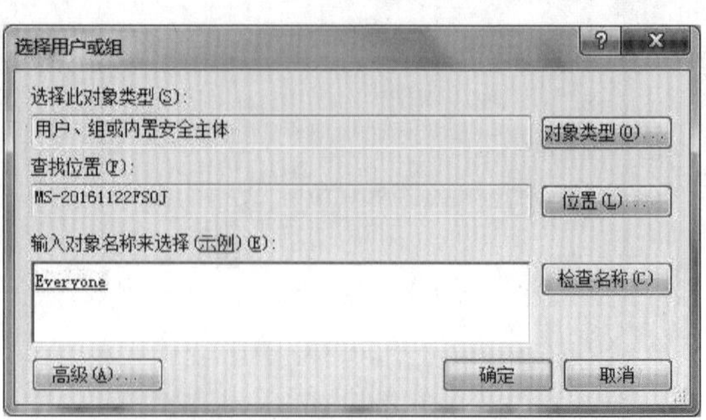

图 3-5-7　添加 Everyone 用户

（4）网络共享中心设置。在“开始”菜单中选择“控制面板”，单击“网络和共享中心”，在左侧导航栏选择“高级共享设置”，在弹出的窗口中可以看到两个选项，“公用”和“家庭或工作”，并在两个选项中都选择“启用文件和打印机共享”“关闭密码保护共享”“启用共享以便于可以访问网络的用户、可以读取和写入公用文件夹中的文件”，如图 3-5-8 所示。

（5）查看共享文件或文件夹。在同一局域网内同一工作组中的任意一台计算机上，打开“资源管理器”，在左侧树形结构中选择“网络”，此时在右侧会显示同一个局域网或工作组中的计算机（图 3-5-9）。选择共享文件夹所在的计算机并双击便可以看到共享文件夹，双击共享文件夹将其打开以查看共享文件。

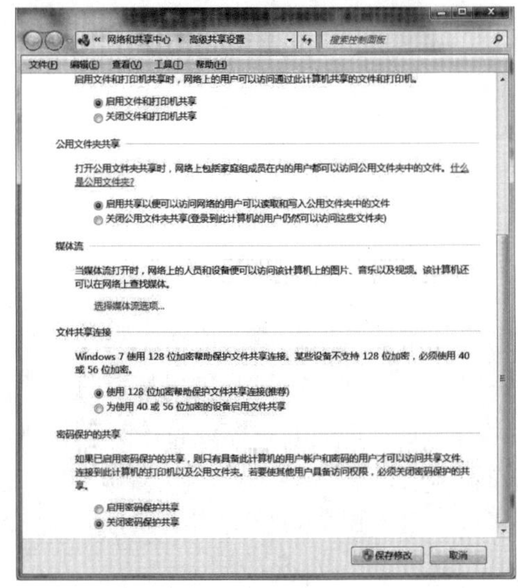

图 3-5-8　网络共享中心

图 3-5-9　查看共享文件

三、设置打印机共享

在人们的工作中，通常很多办公室都只有一台打印机或少量的打印机，而同时办公的人员较多，每个人都会用到打印机，所以打印机不足以分配每人一台，就算是每人一台，也不会所有打印机同时都在打印。为了节省成本，提高资源利用率，通常将办公室内仅有的打印机在局域网内做硬件资源共享，这样，所有跟打印机在同一局域网内的计算机就都可以连接到打印机上了。

（1）打印机硬件连接。用打印机线缆将打印机连接到计算机，并按照打印机型号安装好相应的打印机驱动程序。

（2）共享打印机。在“开始”菜单中单击“设备和打印机”，其弹出的窗口中会显示当前与此计算机连接的打印机，右击需要共享的打印机，在快捷菜单中选择“打印机属性”打开打印机属性窗口，在该窗口中选择“共享”选项卡。选中“共享这台打印机”和“在客户端计算机上呈现打印作业”即可（图 3-5-10）。

设置打印机共享之后，在同一局域网内同一工作组中的计算机就可以连接这台打印机了（注意：与打印机相连的主机需要保持开机）。

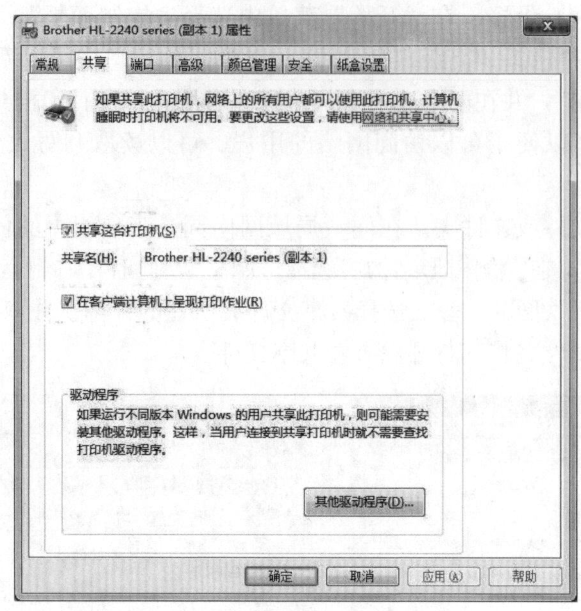

图 3-5-10 打印机共享设置

（3）添加打印机。添加打印机有多种方式，第一，可以按照局域网内或工作组内的打印机名称添加；第二，可以按照打印机连接的主机名称添加；第三，可以按照打印机连接的主机的 IP 地址添加。本项目将以按照打印机所连接的主机名称进行添加的方式为例进行讲解，因为打印机所连接的主机名称是固定不变的。

①在需要连接打印机的计算机上打开“设备和打印机”窗口，单击“添加打印机”，在弹出的窗口中选择“添加网络、无线或 Bluetooth 打印机”，如图 3-5-11 所示。

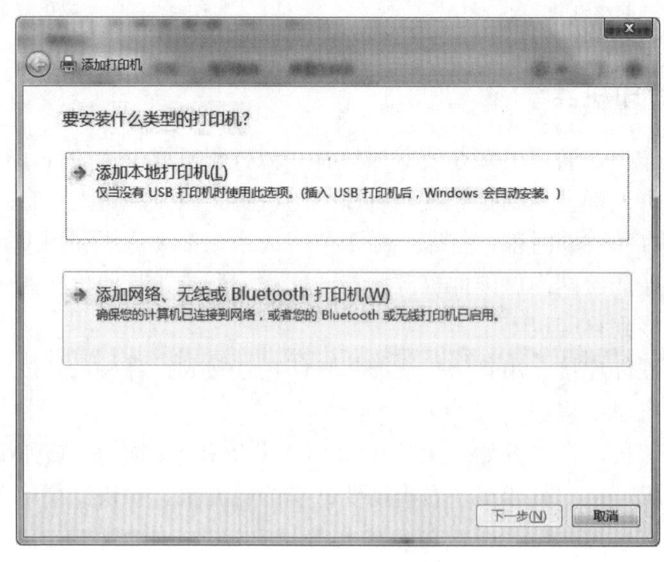

图 3-5-11 添加打印机

②在如图 3-5-12 所示的窗口中一般会出现当前区域网或工作组中的打印机名称，可

以直接选择打印机名称按照向导完成连接。如果该窗口中没有搜索到打印机，则选择“我需要的打印机不在列表中”。

图 3-5-12　选择打印机

③在图 3-5-13 所示的窗口中，可以按照打印机所连接的主机 IP 地址添加打印机，也可以添加蓝牙打印机，选中“浏览打印机”单选按钮，单击“下一步”。

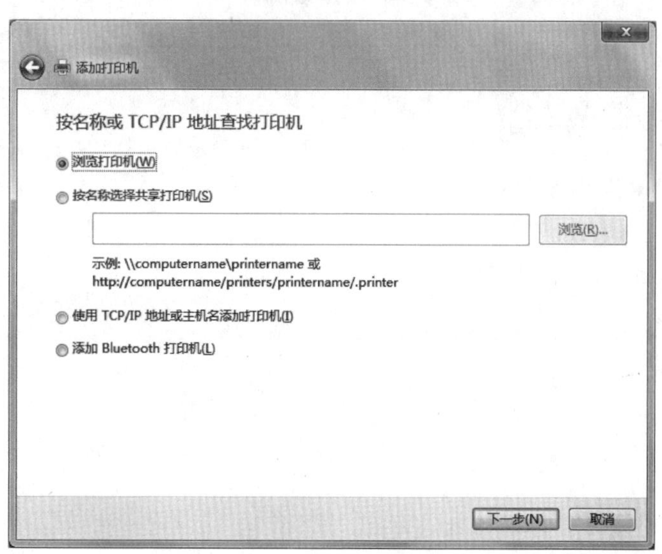

图 3-5-13　添加打印机方式

④在如图 3-5-14 所示的窗口中会显示同一局域网内同一工作组中的计算机，此时双击连接有打印机的主机便可显示该主机下的打印机。

⑤在图 3-5-15 所示的窗口中，双击需要连接的打印机即可开始连接，并从连接打印机的主机获取驱动进行安装。连接完成之后单击“下一步”可以测试打印机。如需测试，单击“打印测试页”，否则直接单击“完成”即可。

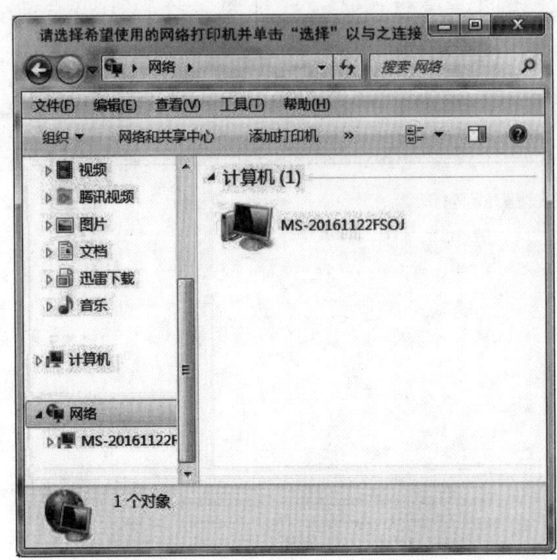

图 3-5-14　连接打印机的计算机

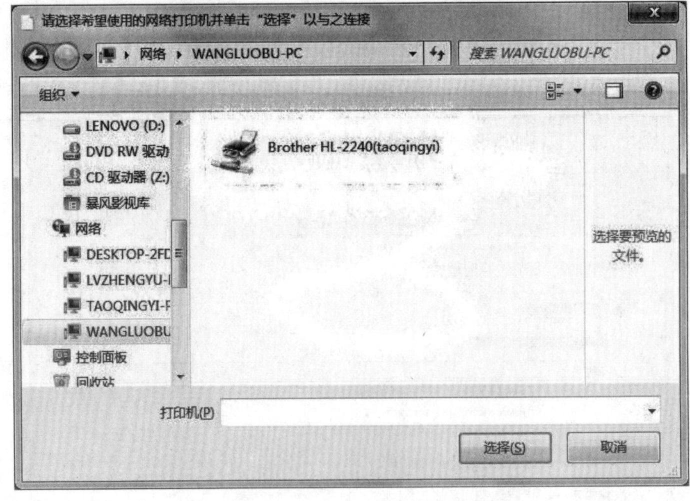

图 3-5-15　选择打印机

【任务小结】

本任务详细阐述了工作组的创建方法、文件共享的设置方法以及打印机共享的设置方法。在工作组创建过程中，不同的 Windows 版本可能有细微的差别，需要注意。在文件共享设置中应注意设置共享权限。设置打印机共享时应注意取消禁用 Guest 用户。

【扩展练习】

（1）在局域网内创建一个工作组。

（2）在工作组内设置文件共享、打印机共享。

【能力评价】

能力评价表

任务名称	文件夹、打印机共享		
开始时间		完成时间	
评价内容			
任务准备：		是	否
1. 收集任务相关信息		□	□
2. 明确训练目标		□	□
3. 学习任务相关知识		□	□
任务计划：		是	否
1. 明确任务内容		□	□
2. 明确时间安排		□	□
3. 明确任务流程		□	□
任务实施：	分值	自评分	教师评分
1. 创建一个工作组	10		
2. 成功添加到工作组中	10		
3. 设置文件的访问权限	10		
4. 设置文件共享	20		
5. 查看工作组中的共享文件	10		
6. 设置打印机共享	20		
7. 添加网络打印机	10		
8. 测试打印效果	10		
合计：	100		
总结与提高：			
1. 本次任务有哪些收获？ 2. 在任务中遇到了哪些问题？有何解决方法？			

习　　题

一、选择题

1. 当一台主机从一个网络移到另一个网络时，以下说法正确的是（　　）。

A. 必须改变它的 IP 地址和 MAC 地址

B. 必须改变它的 IP 地址，但不需改动 MAC 地址

C. 必须改变它的 MAC 地址，但不需改动 IP 地址

D. MAC 地址、IP 地址都不需改动

2. 在 IP 地址方案中，159.226.181.1 是一个（　　）。

A. A 类地址　　B. B 类地址　　C. C 类地址　　D. D 类地址

3. 在计算机网络中，所有的计算都连接到一条通信传输线路上，在线路两端有防止信号反射的装置，这种连接结构被称为（　　）。

A. 总线型结构　　B. 环形结构　　C. 星形结构　　D. 网状结构

4. 在下列拓扑结构中，具有一定集中控制功能的网络类型是（　　）。

A. 总线型结构　　B. 环形结构　　C. 星形结构　　D. 网状结构

5. 环形拓扑结构的网络，采用（　　）传输信息。

A. 随即争用传输媒体方式

B. 令牌环传输方式

C. 类似电话系统的电路交换协议

D. 逻辑环传输方式

6. 下列传输介质中，采用 RJ-45 连接器作为连接器件的是（　　）。

A. 双绞线　　B. 光线　　C. 细缆　　D. 粗缆

7. 工作区子系统设计时，同时也要考虑终端设备的用电需求，下面关于信息插座与电源插座之间的间距描述中，正确的是（　　）。

A. 暗装信息插座与旁边的电源插座应保持 20cm 的距离

B. 暗装信息插座与旁边的电源插座应保持 30cm 的距离

C. 暗装信息插座与旁边的电源插座应保持 40cm 的距离

D. 暗装信息插座与旁边的电源插座应保持 50cm 的距离

8. PVC 线管的弯曲半径应不小于线管外径的（　　）倍。

A. 4　　B. 6　　C. 8　　D. 10

9. 设置文件夹共享时，可以选择的三种访问类型为完全控制、更改和（　　）。

A. 共享　　B. 只读　　C. 不完全　　D. 不共享

10. 在信息课上，小明想将自己的 U 盘内的资料提供给几个同学一起使用，他决定设置 U 盘为共享，下列哪个操作是必需的（　　）。

A. 在“共享”标签下，设置用户数限制

B. 在“共享”标签下，重新命名文件夹在网络上的共享名称

C. 在“共享”标签下，选中“在网络中共享这个文件夹”

D. 在“共享”标签下，选中“允许网络用户更改我的文件”

11. 将计算机中的文件设置共享，供局域网中的其他用户使用，这体现了网络功能中的（　　）。

A. 资源共享　　B. 分布控制　　C. 分布处理　　D. 数据传输

12. 工作组是指（　　）。

A. 有相同工作的一台或多台计算机

B. 拥有相同工作组名称的一台计算机

C. 拥有相同工作组名称的一台或多台计算机

D. 拥有相同工作的多台计算机

二、填空题

1. 信息插座的规格一般有（　　）和（　　）两个系列。

2. UTP 指的是（　　）。

3. 在网络拓扑结构中，单个节点的故障不影响整个网络的正常通信，中心节点故障将导致整个网络瘫痪的是（　　）。

4. 在网络拓扑结构中，沿着一个方向环绕逐站传输，网络中任意一个节点故障或一条传输介质出现故障，网络自动隔离故障点并继续工作的是（　　）。

5. 资源共享包括硬件共享、（　　）和（　　）。

6. 在网络拓扑结构中，同时指允许两台计算机进行通信数据传输，对根节点的依赖性较强。

7. IP 地址的（　　）可分为 5 类，每个 IP 地址有（　　）段，每段由（　　）位（　　）进制数组成。

三、简答题

1. 什么是网络综合布线施工平面图？

2. 简述 PVC 线管弯角制作的要点。

3. 网络模块的线序分为哪几种？需要识记吗？为什么？

4. 简述网络模块端接的原理。

5. 简述打印机共享的步骤。

项目四　企业局域网组建

项目简介

信息化是现代企业必须完成的基础建设，企业信息化不仅可以有效地实现企业内部的资源共享、信息发布、技术交流、生产组织等，也可以将企业连接到互联网，使企业能方便地与外部进行交流。企业要实现信息化，就必须建立企业局域网。本项目将着重介绍如何组建企业局域网。

企业局域网的组建包含两大内容，一是网络设备，二是网络软件。本项目将围绕常用的网络设备和网络软件进行介绍，包括交换机的配置和服务器的配置。目的是让学生对企业局域网的组建有一个整体的认识，为以后的就业及工作打下基础。

任务一　交换机的配置与管理

【任务描述】

局域网组建过程中，使用最广泛的网络设备就是交换机，学会并熟练掌握交换机的配置与管理，是局域网组建必备的基本技能。在交换机配置管理中，首先必须掌握交换机的常用配置模式，进一步掌握交换机的基本配置命令，如交换机名称配置、交换机时间配置、交换机的特权密码配置、交换机的 Telnet 远程管理配置、查看配置、保存配置等，再进一步是交换机的各种复杂配置。

【能力要求】

（1）能够完成交换机与计算机之间的连接。

（2）能够使用配置线正确连接交换机。

（3）能够使用超级终端进入交换机命令行。

（4）能够熟练进入交换机的 5 种常用配置模式。

（5）能够完成不同配置模式之间的切换。

（6）能够完成交换机的基础配置，如名称配置、时间配置、密码配置、远程登录配置。

（7）能够熟练使用 Cisco Packet Tracer 模拟器绘制网络拓扑图并进行设置配置。

【知识准备】

一、交换机

交换机（Switch）意为“开关”，是一种用于电（光）信号转发的网络设备。

图 4-1-1所示是一台 24 口交换机。

交换机工作于 OSI 参考模型的第二层，即数据链路层。交换机内部的 CPU 会在每个端口成功连接时，通过 ARP 协议了解它的 MAC 地址，保存成一张交换表。在今后的通信中，发往该 MAC 地址的数据包将仅送往其对应的端口，而不是所有的端口。

图 4-1-1　交换机

二、交换机配置模式

交换机的配置模式有许多，常用的配置模式主要包括：用户配置模式、特权模式、全局配置模式、端口配置模式和 VLAN 配置模式等。

三、交换机的基础操作命令

交换机的基础操作命令主要有：设备名称配置、时间设置、特权密码设置、VTY 密码及 Telnet 管理、查看当前配置、保存配置等。

四、Cisco Packet Tracer 模拟器

Cisco Packet Tracer 是一个非常好用的网络设备模拟软件，特点是界面直观、操作简单、帮助功能强、容易上手，非常适合初学者或在校生学习网络设备配置与管理。本书以 Cisco Packet Tracer 模拟器为例来完成实训任务。

【任务实施】

一、交换机的配置模式及不同配置模式之间的切换

1. 用户配置模式

当进入交换机的“命令行”界面时，按一下键盘上的回车键就进入了交换机的用户配置模式。在该模式下的提示符为“>”。

2. 特权模式

在用户配置模式下输入“enable”命令进入特权模式。特权模式的提示符为“#”，所以也称为“#”模式。

3. 全局配置模式

在特权模式下输入“config terminal”或者“config t”或者“conf t”就可以进入全局配置模式。全局配置模式也称为“config”模式。

4. 端口配置模式

在全局配置模式下使用 interface 命令进入端口模式，如：interface fastEthernet 0/1。一般交换机都拥有许多端口，可根据需要进入相应的端口对指定端口进行配置。

5. VLAN 配置模式

VLAN 配置模式与端口配置模式类似，在全局配置模式下使用 VLAN 命令进入 VLAN 配置模式，如：VLAN 10。

```
Press RETURN to get started!                  ! 按回车键进入交换机命令行

Switch>                                       ! 用户配置模式
Switch>enable                                 ! 使用 enable 命令进入特权模式
Switch#                                       ! 特权模式
Switch#configure terminal                     ! 使用 configure terminal 命令进入全局配置模式
Switch (config) #                             ! 全局配置模式
Switch (config) #exit                         ! 使用 exit 命令返回特权模式
Switch#

Switch# configure terminal

Switch (config) #interface fastEthernet 0/1   ! 使用 interface 命令进入端口模式
Switch (config-if) #                          ! 端口模式
Switch (config-if) #exit                      ! 使用 exit 命令返回全局配置模式
Switch (config) #
Switch (config) #vlan 10                      ! 使用 vlan 命令进入 vlan 配置模式
Switch (config-vlan) #                        ! vlan 配置模式
Switch (config-vlan) #name vlan10             ! vlan 模式下配置 vlan 名称
Switch (config-vlan) #end                     ! 使用 end 命令直接返回特权模式
Switch#
```

二、交换机的基础操作命令

（1）设置交换机的名称为 SA。

```
Switch>
Switch>enable
Switch#configure terminal
Enter configuration commands, one per line. End with CNTL/Z.
Switch (config) #
Switch (config) #hostname SA
SA (config) #
```

（2）设置交换机的系统时间为 2018 年 5 月 1 日上午 8 时整。

```
SA>
SA>enable
SA#
SA# clock set 08:00:00 1 may 2018
SA#show clock
*8:0:16.194 UTC Tue May 1 2018
SA#
```

（3）设置交换机的特权密码为123456，并设置成密文存储。

```
SA>
SA>enable
SA#configure terminal
Enter configuration commands, one per line.   End with CNTL/Z.
SA (config) #
SA (config) #enable password 123456
SA (config) #
```

配置后密码都是以明文的形式存储，所以很容易查看到。为了避免这种情况，可以对密码进行加密，即以密文的形式存储各种密码。

```
SA (config) #enable password 123456
SA (config) #service password-encryption
SA (config) #
```

（4）设置交换机的Telnet远程管理，管理密码为654321。

默认情况下，交换机已经开启了Telnet管理方式，但不允许远程登录，因此还要做一些配置，为Telnet访问设置访问密码。

```
SA>en
SA>enable
SA#conf terminal
SA (config) #line vty 0 4                 ！进入 Telnet 配置模式
SA (config-line) #password 654321         ！设置 Telnet 访问密码
SA (config-line) #login                   ！允许 Telnet 方式登录
SA (config-line) #end                     ！使用 end 命令返回特权模式
SA#
```

（5）查看交换机当前配置。

查看交换机当前所有的配置：

```
SA>en
SA>enable
SA#show running-config                    ！显示当前所有配置
Building configuration...
Current configuration : 918 bytes
!
version 12.1
service password-encryption
!
hostname SA
!
enable password 7 08701E1D5D4C53
!
!
!
```

```
interface FastEthernet0/1
!
interface FastEthernet0/2
!
interface FastEthernet0/3
!
interface FastEthernet0/4
!
interface FastEthernet0/5
!
interface FastEthernet0/6
!
interface FastEthernet0/7
!
interface FastEthernet0/8
!
interface FastEthernet0/9
!
interface FastEthernet0/10
!
interface FastEthernet0/11
!
interface FastEthernet0/12
!
interface FastEthernet0/13
!
interface FastEthernet0/14
!
interface FastEthernet0/15
!
interface FastEthernet0/16
!
interface FastEthernet0/17
!
interface FastEthernet0/18
!
interface FastEthernet0/19
!
interface FastEthernet0/20
!
interface FastEthernet0/21
!
interface FastEthernet0/22
!
interface FastEthernet0/23
!
interface FastEthernet0/24
!
interface vlan1
```

```
no ip address
shutdown
!
line con 0
!
line vty 0 4
password 7 0877191A5A4B54
login
line vty 5 15
login
!
!
end
SA#
```

（6）保存交换机当前配置。

保存交换机当前所有的配置：

```
SA>en
SA>enable
SA#write                          ! 保存配置
Building configuration...
[OK]
SA#
```

三、交换机配置过程中常用的辅助方法

（1）“?”帮助的三种用法。

直接输入“?”，显示出该模式下的所有命令。

在某个配置模式下，输入 i?，显示出所有以 i 开头的命令。

在全局配置模式下，输入 interface ?，显示出该命令的后续参数。

（2）Tab 功能键的使用：自动补全命令。

IOS 在有歧义的情况下，Tab 键将没有任何的作用。

如：在全局配置模式下，i 字母开头的有 ip、inteface 两个命令，如果输入 i，然后按 Tab 键是没有任何反应的，如果输入了 in 并按下 Tab 键，此时系统将该命令没有歧义地自动补全为 interface。

（3）命令简写输入：为了方便记忆和便于输入，IOS 支持命令的简写输入，通常仅需输入配置命令的前几个字母即可。

在用户模式输入 enable 与输入 ena 效果是一样的。

在全局模式输入 configure terminal 与输入 conf t 是一样的。

在命令行“interface fastEthernet 0/1”可以简写为“int f 0/1”，效果是一样的。

【任务小结】

Packet Tracer 是一个免费的共享软件，不需要注册和破解；安装过程跟其他的应

用软件一样。

【扩展练习】

在思科模拟器中，添加一台2950-24型号的交换机，完成以下操作。

（1）配置交换机的名称为SW1。

（2）配置交换机的时间为2018年10月1日18：30：30。

（3）配置交换机的特权密码为000000，并加密保存。

（4）配置交换机允许远程登录，登录密码为111111。

（5）保存交换机的配置。

（6）查看交换机当前的全部配置。

【能力评价】

能力评价表

任务名称	交换机的配置与管理			
开始时间		完成时间		
评价内容				
任务准备：			是	否
1. 收集任务相关信息			□	□
2. 明确训练目标			□	□
3. 学习任务相关知识			□	□
任务计划：			是	否
1. 明确任务内容			□	□
2. 明确时间安排			□	□
3. 明确任务流程			□	□
任务实施：		分值	自评分	教师评分
1. 能识别交换机的各个端口		10		
2. 能使用配置线正确连接交换机		10		
3. 能正确切换交换机的配置模式		20		
4. 能正确配置交换机的名称、时间、特权密码等		20		
5. 能正确配置交换机远程登录		15		
6. 能保存交换机的配置信息		15		
7. 能查看交换机的配置信息		10		
合计：		100		
总结与提高：				
1. 本次任务有哪些收获？ 2. 在任务中遇到了哪些问题？有何解决方法？				

任务二　交换机 VLAN 的划分，端口分配

【任务描述】

在局域网中，如果同一网络中计算机的数量过多，会产生非常多的广播数据，占用大量网络带宽，严重者甚至导致正常业务不能运行。网络中划分 VLAN 能有效地控制网络广播风暴，提高网络的安全可靠性，还能实现不同地理位置的部门之间的局域网通信，有效地节省构建网络时所需网络设备的费用。

【能力要求】

（1）能够知道 VLAN 的使用场景。

（2）能够在交换机中完成 VLAN 的划分。

（3）能够将端口分配到 VLAN 中。

【知识准备】

一、VLAN

VLAN（Virtual Local Area Network）的中文名为“虚拟局域网”。虚拟局域网（VLAN）是一组逻辑上的设备和用户，这些设备和用户并不受物理位置的限制，可以根据功能、部门及应用等因素将它们组织起来，相互之间的通信就好像它们在同一个网段中一样。VLAN 是一种比较新的技术，工作在 OSI 参考模型的第 2 层和第 3 层。VLAN 之间的通信是通过第 3 层的路由器来完成的。

二、VLAN 的优点

与传统的局域网技术相比较，VLAN 技术更加灵活，它具有以下优点：

（1）网络设备的移动、添加和修改的管理开销减少；

（2）可以控制广播活动；

（3）可提高网络的安全性。

【任务实施】

一、根据图 4-2-1 使用思科模拟器完成拓扑图。

二、创建 VLAN 10 和 VLAN 20

```
Switch>
Switch>enable
Switch#conf t
Enter configuration commands, one per line.    End with CNTL/Z.
```

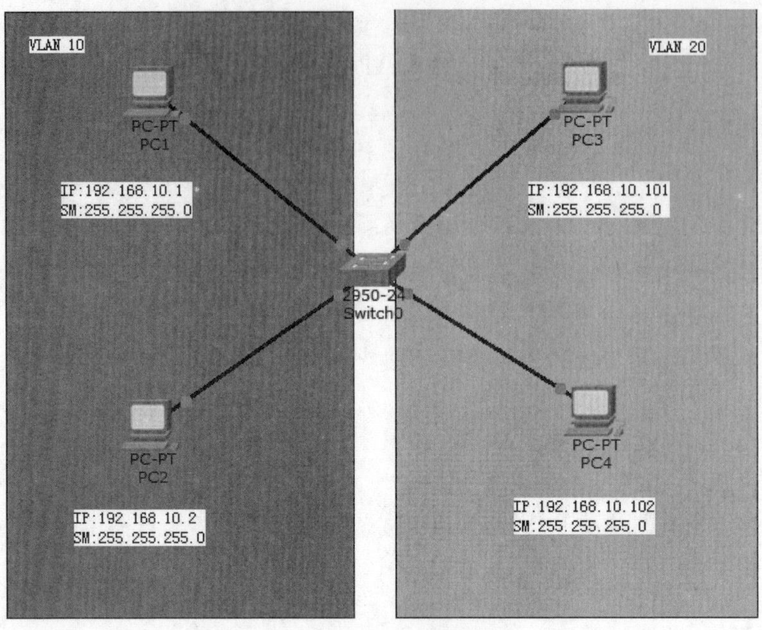

图 4-2-1　网络拓扑图

```
Switch (config) #vlan 10                                        ! 创建 vlan 10
Switch (config-vlan) #exit
Switch (config) #vlan 20                                        ! 创建 vlan 20
Switch (config-vlan) #exit
Switch (config) #int vlan 10
Switch (config-if) #
%LINK-5-CHANGED: Interface Vlan10, changed state to up
%LINEPROTO-5-UPDOWN: Line protocol on Interface Vlan10, changed state to up
Switch (config-if) #ip address 192.168.10.254 255.255.255.0     ! 创建 vlan 10
Switch (config-if) #exit
Switch (config) #int vlan 20
Switch (config-if) #
%LINK-5-CHANGED: Interface Vlan20, changed state to up
%LINEPROTO-5-UPDOWN: Line protocol on Interface Vlan20, changed state to up
Switch (config-if) #ip address 192.168.20.254 255.255.255.0
Switch (config-if) #exit
Switch (config) #
```

三、将端口 f0/1、f0/2 分配到 VLAN 10，将端口 f0/5、f0/6 分配到 VLAN 20

```
Switch (config) #int fastEthernet 0/1
Switch (config-if) #switchport access vlan 10          ! 将端口分配到 vlan 10
Switch (config-if) #exit
Switch (config) #int fastEthernet 0/2
Switch (config-if) #switchport access vlan 10          ! 将端口分配到 vlan 10
Switch (config-if) #exit
```

```
Switch (config) #interface range fastEthernet 0/5-6          ! 批量操作端口
Switch (config-if-range) #switchport access vlan 20          ! 将端口分配到 vlan 20
Switch (config-if-range) #exit
Switch (config) #
```

四、根据拓扑图，配置 PC1、PC2、PC3、PC4 的 IP 地址

(1) 配置 PC1 的 IP 地址。

①单击 PC1，打开 PC1 配置窗口，如图 4-2-2 所示。

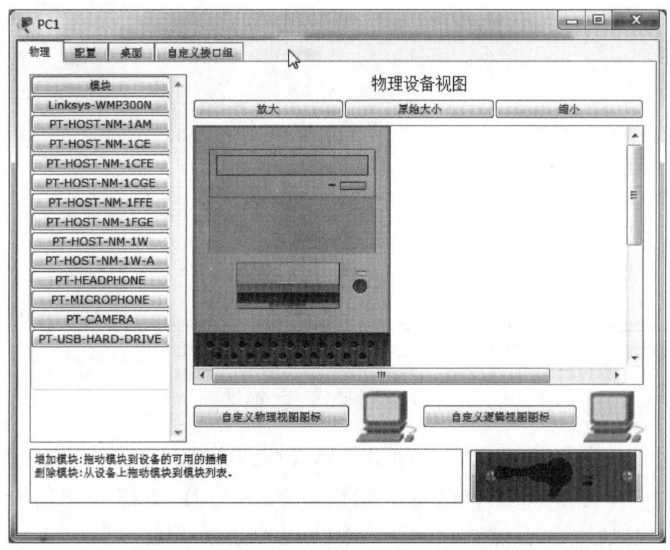

图 4-2-2　PC1 配置窗口

②在 PC1 页面中，选择“桌面”选项卡，如图 4-2-3 所示。

图 4-2-3　选择“桌面”选项卡

③单击“配置 IP 地址”，打开 IP 地址配置窗口并输入相应的 IP 地址，如图 4-2-4 所示。

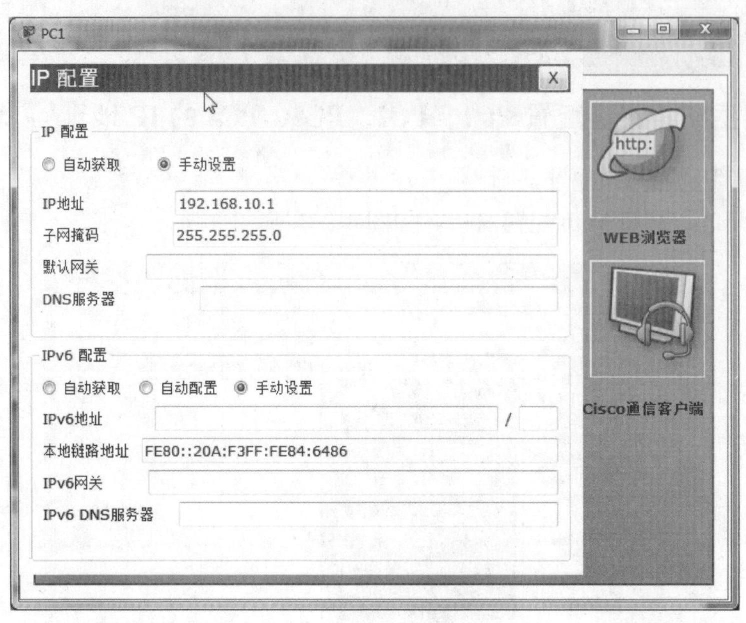

图 4-2-4　配置 IP 地址

（2）用相同的方法，配置 PC2、PC3、PC4 的 IP 地址。配置完成后，在拓扑图中可以查看各计算机的 IP 地址配置信息。如查看 PC1 的 IP 地址，把鼠标悬停在 PC1 上，PC1 的 IP 地址配置信息就会显示出来，如图 4-2-5 所示。

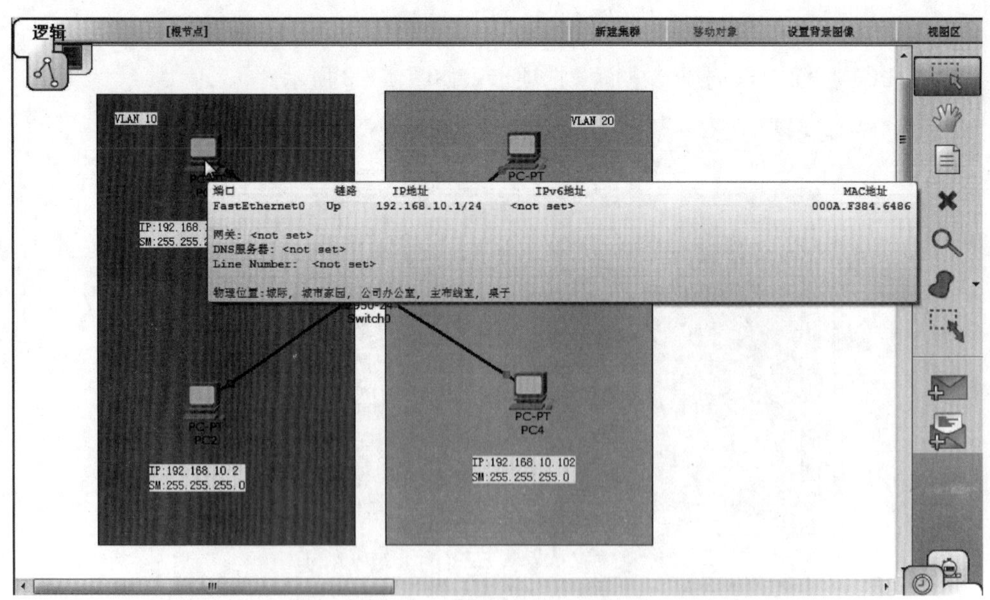

图 4-2-5　查看 PC1 的 IP 地址

五、测试各计算机间的连通性

（1）使用 Ping 命令测试 PC1 与 PC2、PC3、PC4 之间的连通性，如图 4-2-6 所示。

（2）使用 Ping 命令测试 PC3 与 PC4、PC1、PC2 之间的连通性，如图 4-2-7 所示。

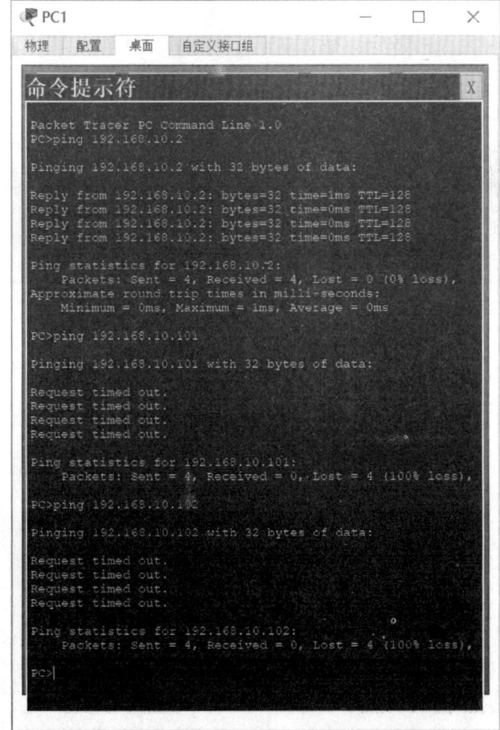

图 4-2-6　使用 Ping 命令测试 PC1 与 PC2、PC3、PC4 之间的连通性

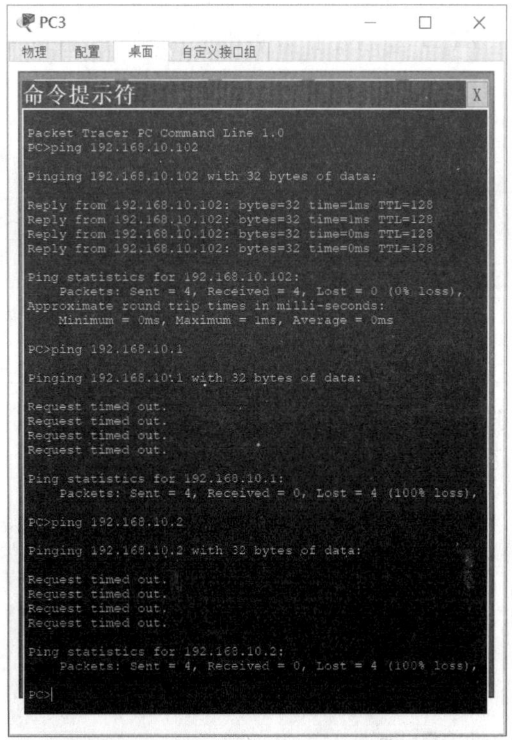

图 4-2-7　使用 Ping 命令测试 PC3 与 PC4、PC1、PC2 之间的连通性

（3）通过第 1、第 2 步的测试可以看到 PC1 与 PC2 可以通信，与 PC3、PC4 不能通信；PC3 与 PC4 可以通信，与 PC1、PC2 不能通信。同样的方法可以测试得到 PC2 与 PC1 可以通信，与 PC3、PC4 不能通信；PC4 与 PC3 可以通信，与 PC1、PC2 不能通信；这样就把同一台交换机连接的 4 台计算机逻辑上划分成了两个不同的网络，即两个虚拟局域网。

【任务小结】

在一个交换机中，划分了 VLAN 后，所有计算机设置了同一个网段的 IP 地址，只有相同 VLAN 的 PC 间可以相互通信，不同 VLAN 的 PC 间不能通信。通过 VLAN 的划分，将同一物理区域的计算机逻辑上进行隔离。

【扩展练习】

在思科模拟器中，添加 2 台 2950-24 型号的交换机，完成以下操作。

（1）用交叉线将 2 台交换机的 24 号端口连接起来。

（2）配置交换机的名称分别为 SW1、SW2。

（3）在交换机 SW1 上创建 2 个 VLAN，分别为 VLAN 10、VLAN 20，并将 1-2 号端口分配到 VLAN 10，将 3-4 号端口分配到 VLAN 20。

（4）在交换机 SW2 上创建 2 个 VLAN，分别为 VLAN 10、VLAN 30，并将 1-2 号端口分配到 VLAN 10，将 3-4 号端口分配到 VLAN 30。

（5）自行添加计算机连接 SW1、SW2 的 1-4 号端口，分别测试各计算机的连通性。

【能力评价】

能力评价表

任务名称	交换机 VLAN 的划分、端口分配		
开始时间		完成时间	
评价内容			
任务准备：		是	否
1. 收集任务相关信息		□	□
2. 明确训练目标		□	□
3. 学习任务相关知识		□	□
任务计划：		是	否
1. 明确任务内容		□	□
2. 明确时间安排		□	□
3. 明确任务流程		□	□
任务实施：	分值	自评分	教师评分
1. 能正确绘制网络拓扑图	10		
2. 能根据实际需要创建 VLAN	20		
3. 能正确地将端口分配到 VLAN	30		
4. 能正确配置计算机的 IP 地址	20		
5. 能正确查看计算机的配置信息	10		
6. 能正确地测试电脑的连通性	10		
合计：	100		
总结与提高：			
1. 本次任务有哪些收获？ 2. 在任务中遇到了哪些问题？有何解决方法？			

任务三　交换机间相同 VLAN 的通信

【任务描述】

在网络组建过程中，不仅需要将同一区域的计算机划分为不同的网络，也可能需要把不同区域的计算机划分为同一网络。这就需要在不同的交换机上划分相同的 VALN，并通过配置让不同交换机上相同 VLAN 进行通信。

【能力要求】

（1）能够熟练完成 VLAN 的划分。

（2）能够熟练完成端口模式的切换。

（3）能够理解不同端口模式的使用场景。

【知识准备】

交换机的端口模式主要分为 Access 类型、Trunk 类型。默认情况下交换机的端口均为 Access 类型，这种类型的端口只能隶属于一个 VLAN 中，通常用来连接计算机。而 Trunk 类型的端口可以允许多个 VLAN 通信，一般用于交换机互联。

【任务实施】

一、根据图 4-3-1 使用思科模拟器完成拓扑图。

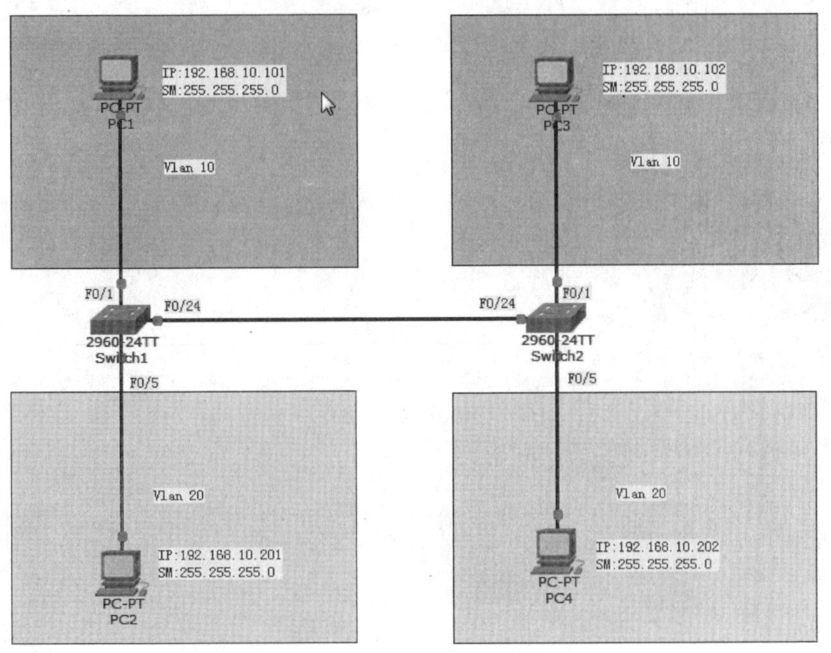

图 4-3-1　网络拓扑图

二、配置 Switch1，创建 VLAN 10 和 VLAN 20

```
Switch1>
Switch1>enable
Switch1#conf t
Enter configuration commands, one per line.   End with CNTL/Z.
Switch1 (config) #vlan 10
Switch1 (config-vlan) #exit
Switch1 (config) #vlan 20
Switch1 (config-vlan) #exit
Switch1 (config) #int vlan 10
Switch1 (config-if) #
%LINK-5-CHANGED: Interface Vlan10, changed state to up
%LINEPROTO-5-UPDOWN: Line protocol on Interface Vlan10, changed state to up
```

三、配置 Switch1，将端口 f0/1、f0/2 分配到 VLAN 10，将端口 f0/5、f0/6 分配到 VLAN 20

```
Switch1 (config) #int fastEthernet 0/1
Switch1 (config-if) #switchport access vlan 10
Switch1 (config-if) #exit
Switch1 (config) #int fastEthernet 0/2
Switch1 (config-if) #switchport access vlan 10
Switch1 (config-if) #exit
Switch1 (config) #interface range fastEthernet 0/5-6
Switch1 (config-if-range) #switchport access vlan 20
Switch1 (config-if-range) #exit
Switch1 (config) #
```

四、配置 Switch1，将端口 f0/24 配置工作模式为 Trunk，并允许所有 vlan 通过

```
Switch1#
Switch1#configure terminal
Enter configuration commands, one per line.   End with CNTL/Z.
Switch1 (config) #interface FastEthernet0/24
Switch1 (config-if) #exit
Switch1 (config) #interface FastEthernet0/24
Switch1 (config-if) #
Switch1 (config-if) #switchport mode trunk
Switch1 (config-if) #
%LINEPROTO-5-UPDOWN: Line protocol on Interface FastEthernet0/24, changed state to down
%LINEPROTO-5-UPDOWN: Line protocol on Interface FastEthernet0/24, changed state to up
Switch1 (config-if) #switchport trunk allowed vlan all
Switch1 (config-if) #end
Switch1#
```

五、用配置 Switch1 相同的方法配置 Switch2

```
Switch2>
Switch2>en
Switch2#
Switch2#conf t
Enter configuration commands, one per line.   End with CNTL/Z.
Switch2 (config) #vl
Switch2 (config) #vlan 10
Switch2 (config-vlan) #exit
Switch2 (config) #vla
Switch2 (config) #vlan 20
Switch2 (config-vlan) #exit
Switch2 (config) #int range fastEthernet 0/1-2
Switch2 (config-if-range) #switchport access vlan 10
Switch2 (config-if-range) #exit
Switch2 (config) #int range fastEthernet 0/5-6
Switch2 (config-if-range) #switchport access vlan 20
Switch2 (config-if-range) #exit
Switch2 (config) #int fastEthernet 0/24
Switch2 (config-if) #switchport mode trunk
Switch2 (config-if) #switchport trunk allowed vlan all
Switch2 (config-if) #end
Switch2#
%SYS-5-CONFIG_I: Configured from console by console
```

六、配置完成之后，查看两台交换机的端口状态如图 4-3-2 和图 4-3-3 所示。

端口	链路	VLAN	IP地址	MAC地址
FastEthernet0/1	Up	10	--	0001.4226.E401
FastEthernet0/2	Down	10	--	0001.4226.E402
FastEthernet0/3	Down	1	--	0001.4226.E403
FastEthernet0/4	Down	1	--	0001.4226.E404
FastEthernet0/5	Up	20	--	0001.4226.E405
FastEthernet0/6	Down	20	--	0001.4226.E406
FastEthernet0/7	Down	1	--	0001.4226.E407
FastEthernet0/8	Down	1	--	0001.4226.E408
FastEthernet0/9	Down	1	--	0001.4226.E409
FastEthernet0/10	Down	1	--	0001.4226.E40A
FastEthernet0/11	Down	1	--	0001.4226.E40B
FastEthernet0/12	Down	1	--	0001.4226.E40C
FastEthernet0/13	Down	1	--	0001.4226.E40D
FastEthernet0/14	Down	1	--	0001.4226.E40E
FastEthernet0/15	Down	1	--	0001.4226.E40F
FastEthernet0/16	Down	1	--	0001.4226.E410
FastEthernet0/17	Down	1	--	0001.4226.E411
FastEthernet0/18	Down	1	--	0001.4226.E412
FastEthernet0/19	Down	1	--	0001.4226.E413
FastEthernet0/20	Down	1	--	0001.4226.E414
FastEthernet0/21	Down	1	--	0001.4226.E415
FastEthernet0/22	Down	1	--	0001.4226.E416
FastEthernet0/23	Down	1	--	0001.4226.E417
FastEthernet0/24	Up	--	--	0001.4226.E418
GigabitEthernet1/1	Down	1	--	0001.64A7.D101
GigabitEthernet1/2	Down	1	--	0001.64A7.D102
Vlan1	Down	1	<not set>	00E0.F942.2A68
Vlan10	Up	10	<not set>	00E0.F942.2A68
Vlan20	Up	20	<not set>	00E0.F942.2A68

主机名称:Switch1

物理位置:城市间，城市家园，公司办公室，主要的工作棚，机柜

图 4-3-2　Switch1 交换机的端口状态

端口	链路	VLAN	IP地址	MAC地址
FastEthernet0/1	Up	10	--	0060.47C0.AE01
FastEthernet0/2	Down	10	--	0060.47C0.AE02
FastEthernet0/3	Down	1	--	0060.47C0.AE03
FastEthernet0/4	Down	1	--	0060.47C0.AE04
FastEthernet0/5	Up	20	--	0060.47C0.AE05
FastEthernet0/6	Down	20	--	0060.47C0.AE06
FastEthernet0/7	Down	1	--	0060.47C0.AE07
FastEthernet0/8	Down	1	--	0060.47C0.AE08
FastEthernet0/9	Down	1	--	0060.47C0.AE09
FastEthernet0/10	Down	1	--	0060.47C0.AE0A
FastEthernet0/11	Down	1	--	0060.47C0.AE0B
FastEthernet0/12	Down	1	--	0060.47C0.AE0C
FastEthernet0/13	Down	1	--	0060.47C0.AE0D
FastEthernet0/14	Down	1	--	0060.47C0.AE0E
FastEthernet0/15	Down	1	--	0060.47C0.AE0F
FastEthernet0/16	Down	1	--	0060.47C0.AE10
FastEthernet0/17	Down	1	--	0060.47C0.AE11
FastEthernet0/18	Down	1	--	0060.47C0.AE12
FastEthernet0/19	Down	1	--	0060.47C0.AE13
FastEthernet0/20	Down	1	--	0060.47C0.AE14
FastEthernet0/21	Down	1	--	0060.47C0.AE15
FastEthernet0/22	Down	1	--	0060.47C0.AE16
FastEthernet0/23	Down	1	--	0060.47C0.AE17
FastEthernet0/24	Up	--	--	0060.47C0.AE18
GigabitEthernet1/1	Down	1	--	00E0.8F03.7601
GigabitEthernet1/2	Down	1	--	00E0.8F03.7602
Vlan1	Down	1	<not set>	0001.6363.ECCA
Vlan10	Up	10	<not set>	0001.6363.ECCA
Vlan20	Up	20	<not set>	0001.6363.ECCA

主机名称：Switch2

物理位置：城市间，城市家园，公司办公室，主要的工作橱，机柜

图 4-3-3　Switch2 交换机的端口状态

七、配置各 PC 的 IP 地址，以 PC1 为例，其他 PC 根据拓扑图以相同方法配置。

（1）单击 PC1 打开 PC1 设置窗口，选择“桌面”选项卡，如图 4-3-4 所示。

图 4-3-4　PC1 设置窗口

（2）单击“配置 IP 地址”，打开 IP 配置并输入对应 IP，如图 4-3-5 所示。

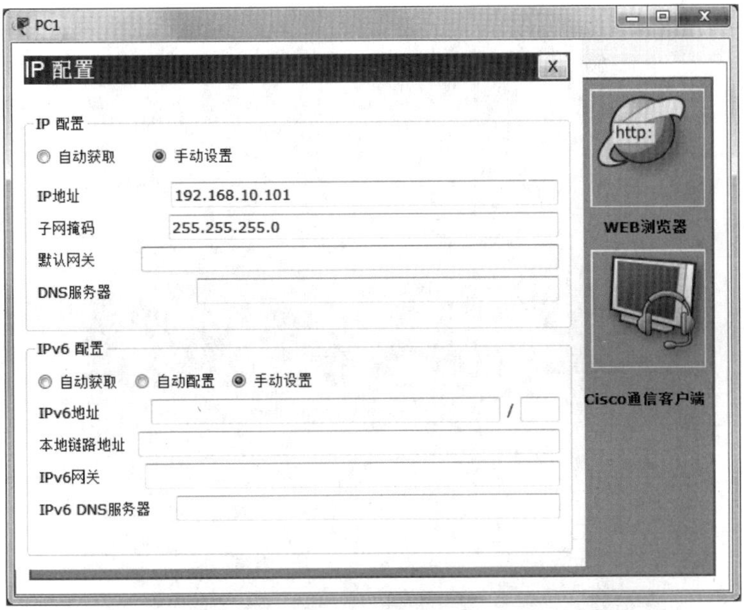

图 4-3-5　配置 IP 地址

（3）IP 地址配置完成，可以在拓扑图中查看配置信息。把鼠标悬停在 PC1 上，就可以看到 PC1 的 IP 地址配置信息，如图 4-3-6 所示。

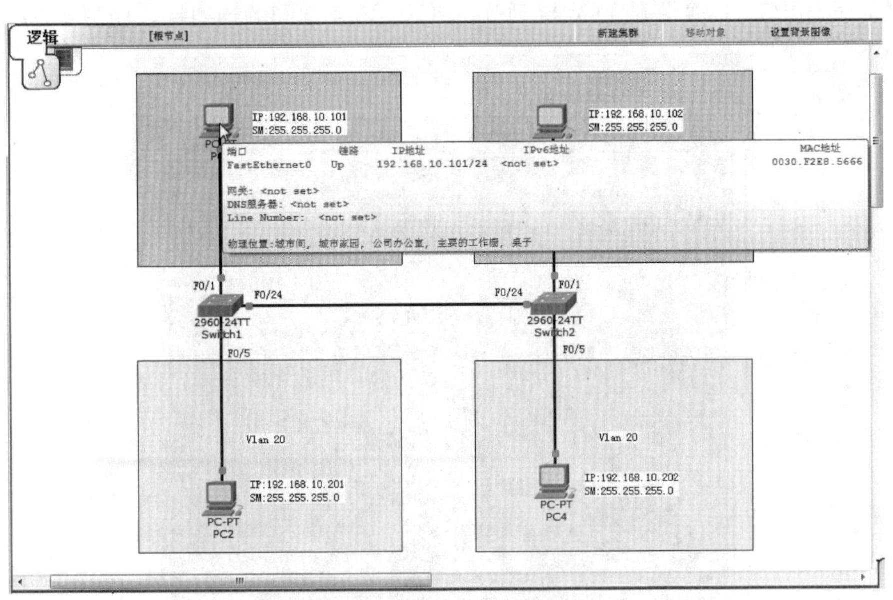

图 4-3-6　PC1 的 IP 地址配置信息

八、测试各 PC 之间的连通性

（1）使用 Ping 命令测试 PC1 与 PC2、PC3、PC4 之间的连通性，如图 4-3-7 所示。

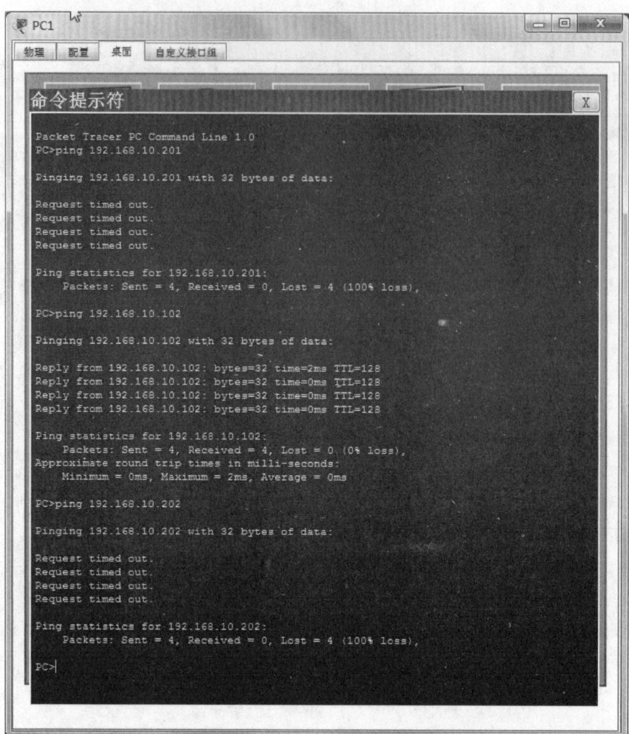

图 4-3-7　使用 Ping 命令测试 PC1 与 PC2、PC3、PC4 之间的连通性

（2）使用 Ping 命令测试 PC2 与 PC1、PC3、PC4 之间的连通性，如图 4-3-8 所示。

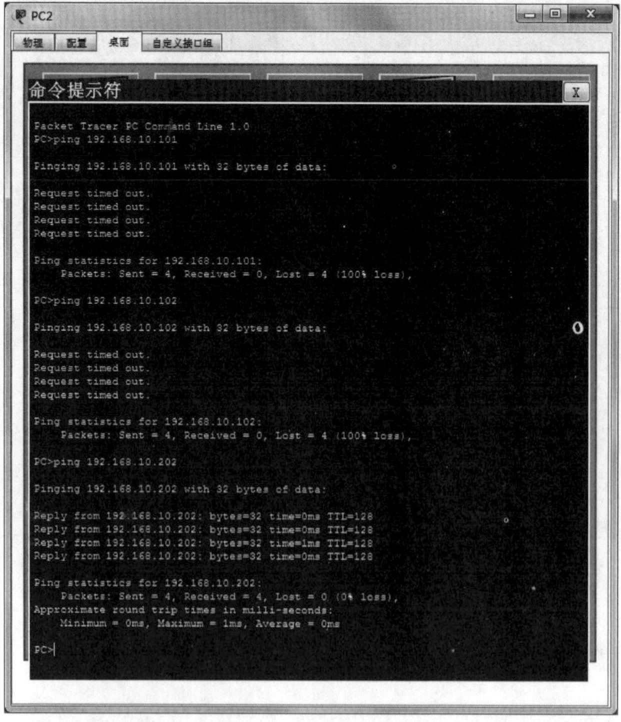

图 4-3-8　使用 Ping 命令测试 PC2 与 PC1、PC3、PC4 之间的连通性

（3）通过第 1、第 2 步的测试可以看到 PC1 与 PC3 可以通信，与 PC2、PC4 不能通信；PC2 与 PC4 可以通信，与 PC1、PC3 不能通信。同样的方法可以测试得到 PC3 与 PC1 可以通信，与 PC2、PC4 不能通信；PC4 与 PC2 可以通信，与 PC1、PC3 不能通信；这样把两台交换机连接的计算机 PC1 和 PC3 组合为一个虚拟网络，PC2 和 PC4 组合为一个虚拟网络。

【任务小结】

在一个网络上存在两个或两个以上的交换机互联，且交换机都进行了相同的 VLAN 配置时，设置交换机相连的端口为 Trunk 类型，并允许相应的 VLAN 通过，可以实现交换机之间相同 VLAN 上的计算机相互通信。

【扩展练习】

在思科模拟器中，添加 2 台 2950-24 型号的交换机，完成以下操作。

（1）用交叉线将 2 台交换机的 24 号端口连接起来。

（2）配置交换机的名称分别为 SW1、SW2。

（3）在交换机 SW1 上创建 2 个 VLAN，分别为 VLAN 10、VLAN 20，并将 1 号端口分配到 VLAN 10，将 3 号端口分配到 VLAN 20。

（4）在交换机 SW2 上创建 2 个 VLAN，分别为 VLAN 10、VLAN 20，并将 1 号端口分配到 VLAN 10，将 3 号端口分配到 VLAN 20。

（5）配置 2 台交换机的 24 号端口工作模式为 Truck 模式，并允许所有 VLAN 通过。

（6）自行添加计算机连接 SW1、SW2 的 1、3 号端口，分别测试各计算机的连通性。

【能力评价】

能力评价表

任务名称	交换机间相同 VLAN 的通信		
开始时间		完成时间	
评价内容			
任务准备：		是	否
1. 收集任务相关信息		□	□
2. 明确训练目标		□	□
3. 学习任务相关知识		□	□
任务计划：		是	否
1. 明确任务内容		□	□
2. 明确时间安排		□	□
3. 明确任务流程		□	□

续表

任务实施：	分值	自评分	教师评分
1. 能正确绘制网络拓扑图	10		
2. 能根据实际需要创建 VLAN	15		
3. 能正确地将端口分配到 VLAN	20		
4. 能正确配置交换机间相连的端口的工作模式	25		
5. 能正确配置交换机间相连的端口允许通过的 VLAN	20		
6. 能正确地测试计算机的连通性	10		
合计：	100		
总结与提高：			
1. 本次任务有哪些收获？ 2. 在任务中遇到了哪些问题？有何解决方法？			

任务四　静态路由的配置

【任务描述】

交换机划分 VLAN 后连接多个不同的网络，不同的网络间不能直接通信；同一交换机上多个不同的网络或多个交换机间不同的网络之间，要实现相互通信，需要在网络设备上配置路由协议。这里的网络设备可以是三层交换机或路由器。本任务中选择三层交换机实现。三层交换机提供的路由协议包括静态路由协议、RIP 动态路由、OSPF 动态路由协议等。本任务以静态路由协议进行实验配置。

【能力要求】

（1）能够了解二层交换机与三层交换机的功能与区别。

（2）能够在适合的场景选择合适的交换机。

（3）能够了解静态路由与动态路由的作用。

（4）能够在三层交换机上完成静态路由的配置。

【知识准备】

一、二层交换机与三层交换机

二层交换机工作于 OSI 模型的第二层（数据链路层），故称为二层交换机。二层交换技术发展比较成熟，属数据链路层设备，可以识别数据包中的 MAC 地址信息，根据 MAC 地址进行转发，并将这些 MAC 地址与对应的端口记录在自己内部的一个地址表中。它只需要数据包的 MAC 地址，数据交换是靠硬件来实现的，其速度相当快。

三层交换机是具有部分路由功能的交换机，即二层交换技术+三层交换技术。三层交换技术是相对于传统交换概念而提出的。三层交换技术是在网络模型中的第三层实现了数据包的高速转发。

二层和三层交换机的区别主要体现在以下几个方面。

（1）功能：二层交换机基于 MAC 地址访问，只做数据的转发，并且不能配置 IP 地址；而三层交换机将二层交换技术和三层转发功能结合在一起，可配置不同 VLAN 的 IP 地址。

（2）应用：二层交换机主要用于网络接入层和汇聚层，而三层交换机主要用于网络核心层。

（3）协议：二层交换机支持物理层和数据链路层协议，而三层交换机支持物理层、数据链路层及网络层协议。

（4）场景：二层交换机多用于小型局域网组网，其快速交换功能、多个接入端口为小型网络用户提供了很完善的解决方案；三层交换机则多用于中、大型局域网组网，可以有效加快数据转发。

二、二层和三层交换机的端口

二层交换机的端口只能工作在数据链路层，即只能作为二层端口使用，不能设置 IP 地址；三层交换机的端口既可以作为二层端口使用，也可以作为三层端口使用，默认情况下三层交换机的端口作为二层端口使用，通过配置可以设置为三层端口使用。

三、静态路由

静态路由是指由用户或网络管理员手工配置的路由信息。当网络的拓扑结构或链路的状态发生变化时，网络管理员需要手工去修改路由表中相关的静态路由信息。静态路由信息在默认情况下是私有的，不会传递给其他的路由器。当然，网管员也可以通过对路由器进行设置使之成为共享。静态路由一般适用于比较简单的网络环境，在这样的环境中，网络管理员易于清楚地了解网络的拓扑结构，便于设置正确的路由信息。

四、动态路由

动态路由是与静态路由相对的一个概念，指路由器能够根据路由器之间的交换的特定路由信息自动地建立自己的路由表，并且能够根据链路和节点的变化适时地进行自动调整。当网络中节点或节点间的链路发生故障，或存在其他可用路由时，动态路由可以自行选择最佳的可用路由并继续转发报文。

【任务实施】

一、根据图 4-4-1，使用思科模拟器完成拓扑图。

（1）添加四台计算机，分别更改标签为 PC1 至 PC4。

（2）添加两台三层交换机 3560。

（3）交换机之间通过 F0/24 口相连，PC1、PC2 分别连接 SA 的 F0/1 和 F0/2 口，PC3、PC4 分别连接 SB 的 F0/1 和 F0/2 口。

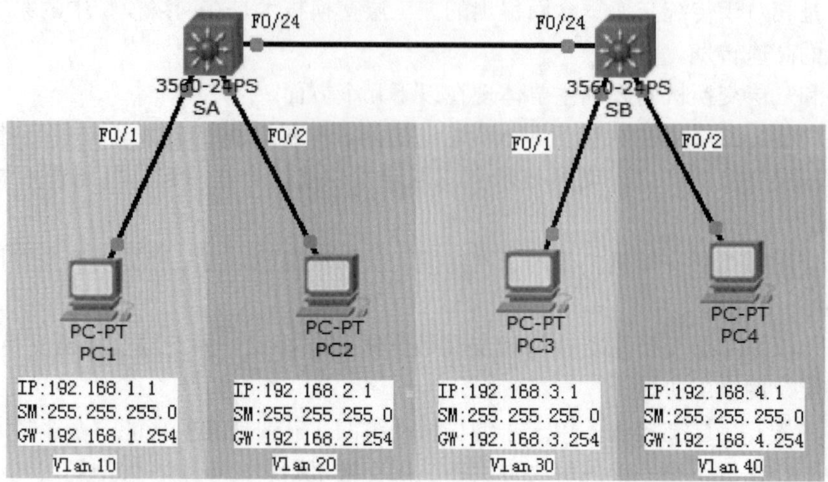

图 4-4-1　网络拓扑图

二、交换机 SA 的配置

```
Switch>
Switch>en
Switch#conf t
Enter configuration commands, one per line. End with CNTL/Z.
Switch (config) #hostname SA
SA (config) #vlan 10
SA (config-vlan) #exit
SA (config) #vlan 20
SA (config-vlan) #exit
SA (config) #
SA (config) #interface fastEthernet 0/1
SA (config-if) #switchport access vlan 10
SA (config-if) #exit
SA (config) #interface fastEthernet 0/2
SA (config-if) #switchport access vlan 20
SA (config-if) #exit
SA (config) #interface fastEthernet 0/24
SA (config-if) #no switchport
SA (config-if) #ip address 192.168.100.1 255.255.255.0
SA (config-if) #exit

SA (config) #
SA (config) #interface vlan 10
SA (config-if) #
%LINK-5-CHANGED: Interface Vlan10, changed state to up
%LINEPROTO-5-UPDOWN: Line protocol on Interface Vlan10, changed state to up
SA (config-if) #ip address 192.168.1.254 255.255.255.0
```

```
SA (config-if) #no shutdown
SA (config-if) #exit
SA (config) #int vlan 20
SA (config-if) #
%LINK-5-CHANGED: Interface Vlan20, changed state to up

%LINEPROTO-5-UPDOWN: Line protocol on Interface Vlan20, changed state to up

SA (config-if) #ip address 192.168.2.254 255.255.255.0
SA (config-if) #no shutdown
SA (config-if) #exit
SA (config) #
```

三、交换机 SB 的配置

```
Switch>
Switch>en
Switch#conf t
Enter configuration commands, one per line.   End with CNTL/Z.
Switch (config) #hostname SB
SB (config) #vlan 30
SB (config-vlan) #exit
SB (config) #vlan 40
SB (config-vlan) #exit
SB (config) #
SB (config) #interface fastEthernet 0/1
SB (config-if) #switchport access vlan 30
SB (config-if) #exit
SB (config) #interface fastEthernet 0/2
SB (config-if) #switchport access vlan 40
SB (config-if) #exit
SB (config) #interface fastEthernet 0/24
SB (config-if) #no switchport
SB (config-if) #ip address 192.168.100.1 255.255.255.0
SB (config-if) #exit

SB (config) #
SB (config) #interface vlan 30
SB (config-if) #
%LINK-5-CHANGED: Interface Vlan30, changed state to up
%LINEPROTO-5-UPDOWN: Line protocol on Interface Vlan30, changed state to up
SB (config-if) #ip address 192.168.3.254 255.255.255.0
SB (config-if) #no shutdown
SB (config-if) #exit
SB (config) #int vlan 40
SB (config-if) #
%LINK-5-CHANGED: Interface Vlan40, changed state to up
```

```
%LINEPROTO-5-UPDOWN: Line protocol on Interface Vlan40, changed state to up

SB (config-if) #ip address 192.168.4.254 255.255.255.0
SB (config-if) #no shutdown
SB (config-if) #exit
SB (config) #
```

四、配置静态路由实现全网互通

添加静态路由的命令为：ip route [网络号] [子网掩码] [下一跳地址]。删除静态路由直接在此命令前加上 no 即可。例如：

创建静态路由：ip route 192.168.30.0 255.255.255.0 192.168.100.2；

删除静态路由：no ip route 192.168.30.0 255.255.255.0 192.168.100.2。

对于交换机 SA 不能直连的网络都要添加静态路由。从本实验的拓扑图，可以分析得出，交换机 SB 下的 Vlan 30 和 Vlan 40 的网络，都不是 SA 的直连网络，因此，对这两个网络要添加相应的静态路由，其下一跳的地址为交换机相连过去的对端的接口 IP。

对于交换机 SB 不能直连的网络都要添加静态路由。从本实验的拓扑图，可以分析得出，交换机 SA 下的 Vlan 10 和 Vlan 20 的网络，都不是 SB 的直连网络，因此，对这两个网络要添加相应的静态路由，其下一跳的地址为交换机相连过去的对端的接口 IP。

三层交换机默认情况下，路由功能未启用，所以要使用路由功能需要先启用路由功能。启用路由功能是：ip routing。

SA 的静态路由配置

```
SA (config) #ip routing
SA (config) #ip route 192.168.3.0 255.255.255.0 192.168.100.2
SA (config) #ip route 192.168.4.0 255.255.255.0 192.168.100.2
```

SB 的静态路由配置

```
SB (config) #ip routing
SB (config) #ip route 192.168.1.0 255.255.255.0 192.168.100.1
SB (config) #ip route 192.168.2.0 255.255.255.0 192.168.100.1
```

五、根据拓扑图，配置各 PC 的 IP 地址

图 4-4-2 为 PC1 的 IP 配置。

六、测试各 PC 之间的连通情况

（1）PC1 测试与 PC3、PC4 之间的连通情况，如图 4-4-3 所示。

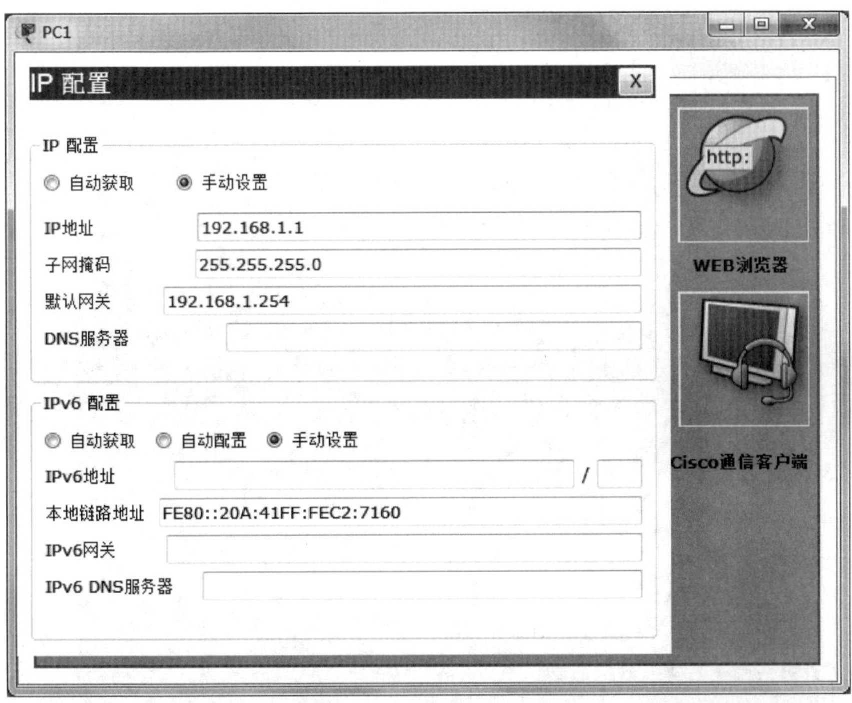

图 4-4-2　PC1 的 IP 配置

图 4-4-3　PC1 与 PC3、PC4 之间的连通情况

（2）PC2 测试与 PC3、PC4 之间的连通情况，如图 4-4-4 所示。

图 4-4-4　PC2 与 PC3、PC4 之间的连通情况

【任务小结】

（1）当一个网络上存在两个或多个交换机，且交换机上划分了多个不同的 VLAN，每个 VLAN 所连的网络都不相同时，要实现全网互通，可以通过添加静态路由的方法来实现。

（2）另外，添加静态路由要注意以下几点：

①目的网络是本交换机不直连的网络；

②下一跳地址为交换机互联的 VLAN 接口 IP。

（3）所有计算机均要配置相应的网关，网关为计算机连接的端口所属的 VLAN 的 IP 地址。

【扩展练习】

在思科模拟器中，添加 2 台 3560 型号的交换机，完成以下操作。

（1）用直通线将 2 台交换机的 24 号端口连接起来。

（2）配置交换机的名称分别为 SW1、SW2。

（3）在交换机 SW1 上创建 VLAN 10，并将 1 号端口分配到 VLAN 10，设置 VLAN 10 的 IP 地址为 192.168.1.1/24。

（4）在交换机 SW2 上创建 VLAN 10，并将 1 号端口分配到 VLAN 10，设置 VLAN 20 的 IP 地址为 192.168.2.1/24。

（5）配置 SW1 的 24 号端口为三层端口，并设置 IP 地址为 192.168.3.1/24。

（6）配置 SW2 的 24 号端口为三层端口，并设置 IP 地址为 192.168.3.2/24。

（7）添加 2 台计算机分别连接 SW1、SW2 的 1 号端口，并配置 IP 地址。

（8）在 2 台交换机上配置静态路由，实现 2 台计算机之间的通信。

【能力评价】

能力评价表

<table>
<tr><td>任务名称</td><td colspan="4">静态路由的配置</td></tr>
<tr><td>开始时间</td><td></td><td>完成时间</td><td colspan="2"></td></tr>
<tr><td colspan="5">评价内容</td></tr>
<tr><td colspan="3">任务准备：</td><td>是</td><td>否</td></tr>
<tr><td colspan="3">1. 收集任务相关信息</td><td>□</td><td>□</td></tr>
<tr><td colspan="3">2. 明确训练目标</td><td>□</td><td>□</td></tr>
<tr><td colspan="3">3. 学习任务相关知识</td><td>□</td><td>□</td></tr>
<tr><td colspan="3">任务计划：</td><td>是</td><td>否</td></tr>
<tr><td colspan="3">1. 明确任务内容</td><td>□</td><td>□</td></tr>
<tr><td colspan="3">2. 明确时间安排</td><td>□</td><td>□</td></tr>
<tr><td colspan="3">3. 明确任务流程</td><td>□</td><td>□</td></tr>
<tr><td colspan="2">任务实施：</td><td>分值</td><td>自评分</td><td>教师评分</td></tr>
<tr><td colspan="2">1. 能正确绘制网络拓扑图</td><td>10</td><td></td><td></td></tr>
<tr><td colspan="2">2. 能根据实际需要创建 VLAN</td><td>10</td><td></td><td></td></tr>
<tr><td colspan="2">3. 能正确地将端口分配到 VLAN</td><td>10</td><td></td><td></td></tr>
<tr><td colspan="2">4. 能正确地将交换机间相连的端口配置为三层端口</td><td>10</td><td></td><td></td></tr>
<tr><td colspan="2">5. 能正确地将交换机间相连的端口配置为三层端口的 IP 地址</td><td>10</td><td></td><td></td></tr>
<tr><td colspan="2">6. 能正确地配置 VLAN 的 IP 地址</td><td>10</td><td></td><td></td></tr>
<tr><td colspan="2">7. 能正确地配置静态路由</td><td>30</td><td></td><td></td></tr>
<tr><td colspan="2">8. 能正确地配置计算机的 IP 地址，并测试计算机的连通性</td><td>10</td><td></td><td></td></tr>
<tr><td colspan="2">合计：</td><td>100</td><td></td><td></td></tr>
<tr><td colspan="5">总结与提高：</td></tr>
<tr><td colspan="5">1. 本次任务有哪些收获？
2. 在任务中遇到了哪些问题？有何解决方法？</td></tr>
</table>

任务五　DNS 服务器

【任务描述】

在日常生活中，访问某个网站都是通过域名进行访问的。比如使用百度搜索信息时，通过 www.baidu.com 这个域名来打开百度的网站，进行信息搜索。这里 www.baidu.com 这个域名就是用来找到百度服务器的一个标识。在网络环境中，识别某台服务器的唯一标识是服务器的 IP 地址。网络中要把域名和 IP 地址进行关联，就需要用 DNS 服务器来实现。DNS 服务器是最重要和最基本的服务器之一，它的作用就是将域名和 IP 地址做一个映射，让我们在访问某个域名时可以找到相应的服务器 IP 地址，以访问相应的资源。DNS 服务器的好坏将直接影响到整个网络的运行。

【能力要求】

（1）能够理解 DNS 的作用，并知道如何使用 DNS。

（2）能够在 Windows Server 2008 中完成 DNS 服务器的安装。

（3）能够在 Windows Server 2008 中完成 DNS 服务器的配置。

【知识准备】

一、DNS

DNS（Domain Name System，域名系统）是万维网上作为域名和 IP 地址相互映射的一个分布式数据库，能够使用户更方便地访问互联网，而不用去记住能够被机器直接读取的 IP 数串。通过域名，最终得到该域名对应的 IP 地址的过程叫作域名解析（或主机名解析）。

二、域名空间结构

（1）根域。位于层次结构最高端的是域名树的根，提供根域名服务，以“.”来表示。

（2）顶级域。顶级域位于根域之下，数目有限且不能轻易变动，如表 4-5-1 所示。

表 4-5-1　顶级域所包含的部分域名称

域名称	说明
Com	商业机构
Edu	教育、学术研究单位
Gov	官方政府单位
Net	网络服务机构
Org	财团法人等非营利机构
Mil	军事部门
其他的国家或地区代码	代表其他国家/地区的代码，如 cn 表示中国，jp 代表日本，hk 代表中国香港地区

（3）在 DNS 域名空间中，除了根域和顶级域之外，其他的域都称为子域。子域是有上级域的域，一个域可以有许多子域。

（4）主机。在域名层次结构中，主机可以存在于根以下各层上。

三、DNS 服务器的类型

1. 主 DNS 服务器

主 DNS 服务器（Primary Name Server）是特定 DNS 域所有信息的权威性信息源。

2. 辅助 DNS 服务器

辅助 DNS 服务器（Secondary Name Server）可以从主 DNS 服务器中复制一整套域信息。

3. 转发 DNS 服务器

转发 DNS 服务器（Forwarder Name Server）可以向其他 DNS 转发解析请求。

4. 唯缓存 DNS 服务

唯缓存 DNS 服务器（Caching-only Name Server）可以提供名称解析服务器，但其没有任何本地数据库文件。

【任务实施】

一、安装 DNS 服务

默认情况下，Windows Server 2008 系统中没有安装 DNS 服务器，因此管理员需要手工进行 DNS 服务器的安装操作。如果希望该 DNS 服务器能够解析 Internet 上的域名，还需保证该 DNS 服务器能正常连接 Internet。安装 DNS 服务器的具体操作步骤如下所述。

（1）在服务器中执行“开始”→“服务器管理器”（或者执行“开始”→“管理工具”→“服务器管理器”命令）命令（图 4-5-1），打开服务器管理器窗口，如图 4-5-2 所示。

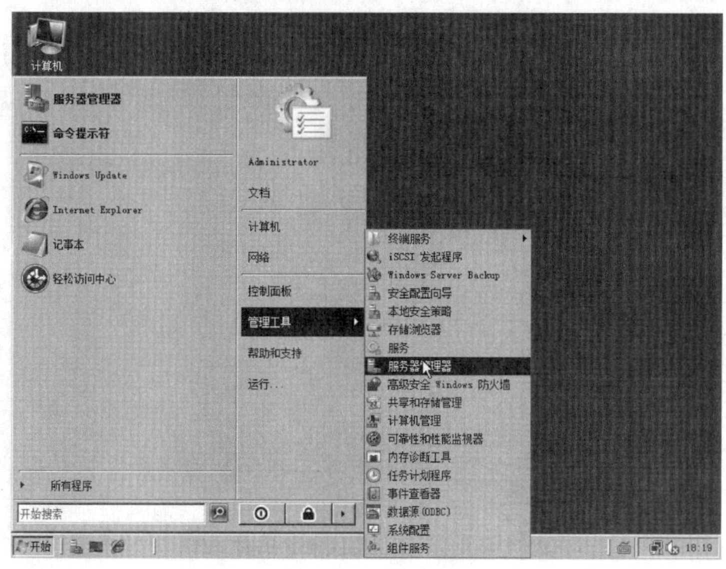

图 4-5-1　打开服务器管理器

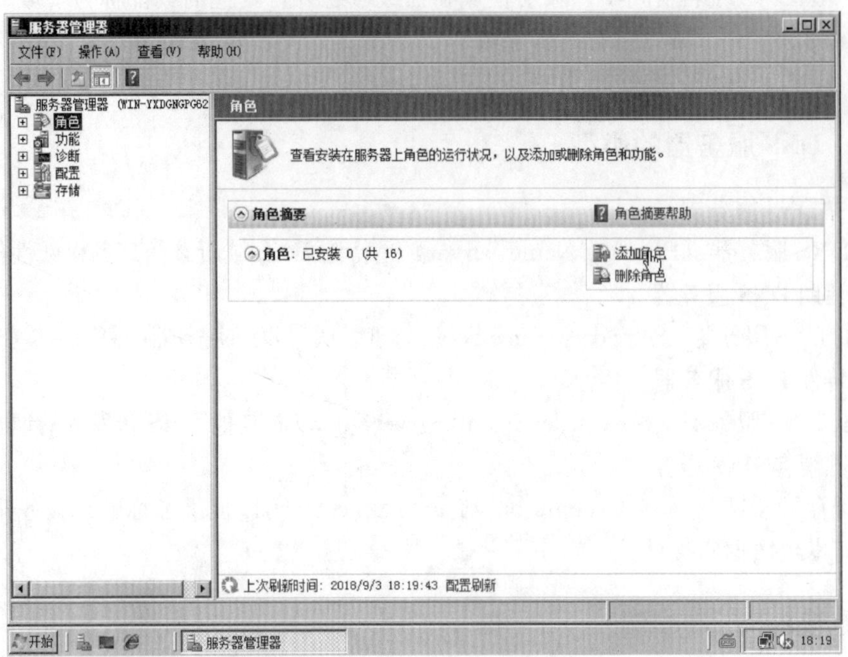

图 4-5-2　“服务器管理器”窗口

（2）选择左侧“角色”项目之后，单击右侧的“添加角色”链接，打开如图 4-5-3 所示的“添加角色向导”对话框。

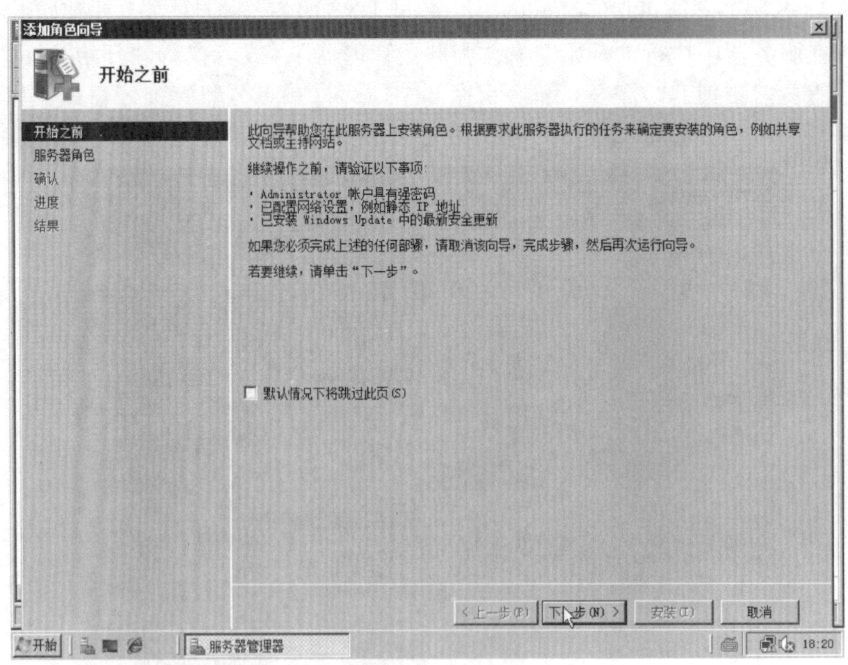

图 4-5-3　“添加角色向导”对话框

（3）单击“下一步”，进入角色选择界面，如图 4-5-4 所示。

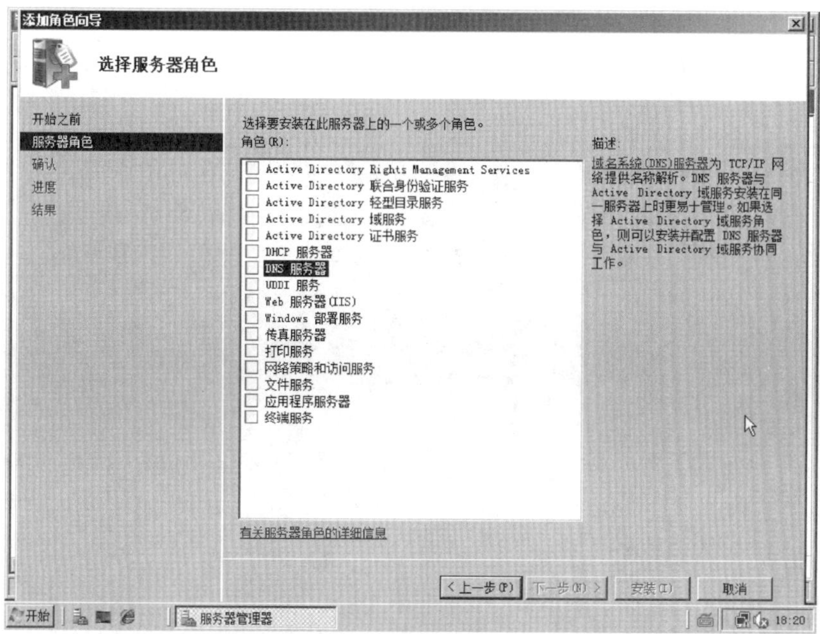

图 4-5-4　选择服务器角色

（4）选中“DNS 服务器”复选框，如图 4-5-5 所示。然后单击“下一步”按钮，进入 DNS 服务安装向导界面。

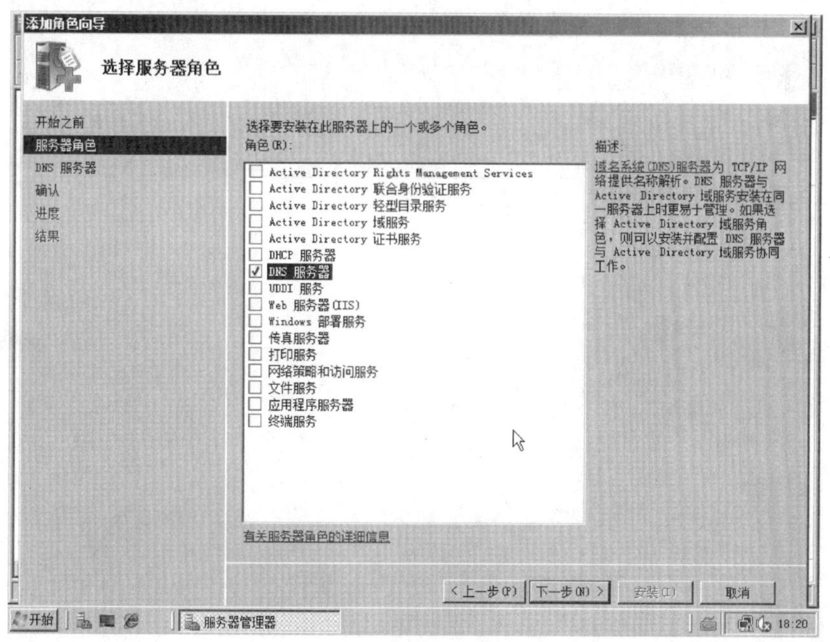

图 4-5-5　选中“DNS 服务器”复选框

（5）在如图 4-5-6 所示的“DNS 服务器”界面中，对 DNS 服务进行了简要介绍，单击“下一步”按钮继续安装。

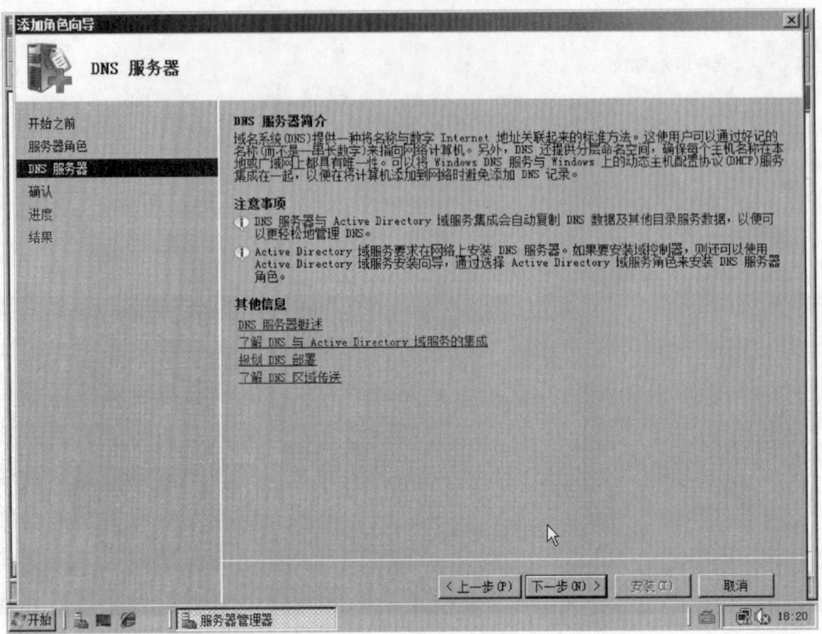

图 4-5-6　DNS 服务器简介

（6）进入如图 4-5-7 所示的“确认安装选择”界面，这里显示了需要安装的服务器角色信息。单击“安装”按钮开始 DNS 服务器的安装。

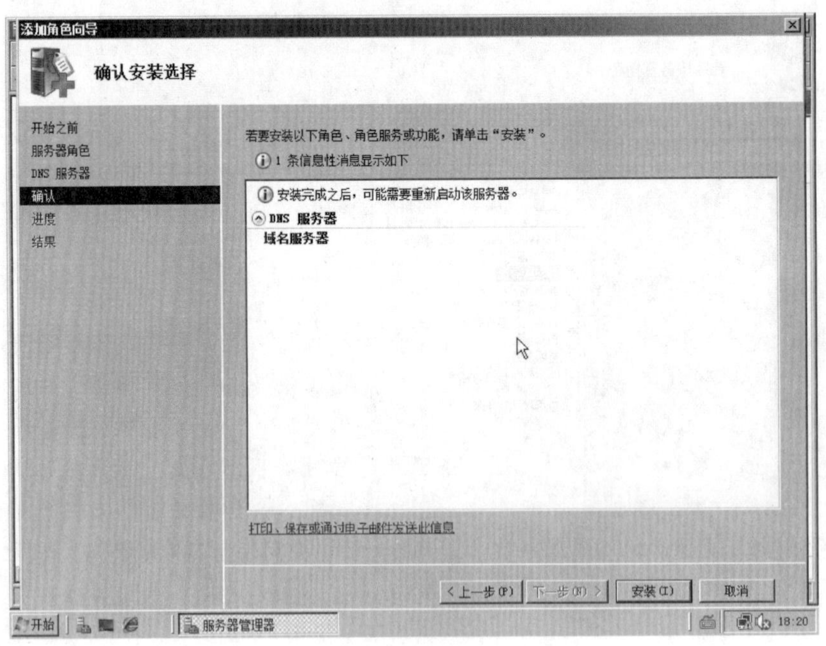

图 4-5-7　确认安装

（7）DNS 服务器安装完成后会自动出现如图 4-5-8 所示的“安装结果”界面。单击“关闭”按钮结束向导操作。

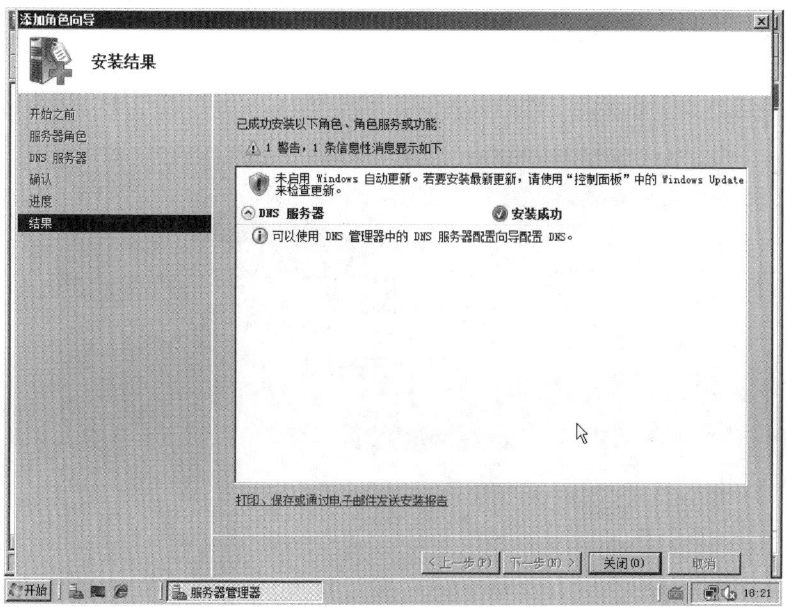

图 4-5-8　安装结果

（8）返回服务器管理器界面之后，可以在“角色”中看到当前服务器中已经安装了DNS 服务器，如图 4-5-9 所示。

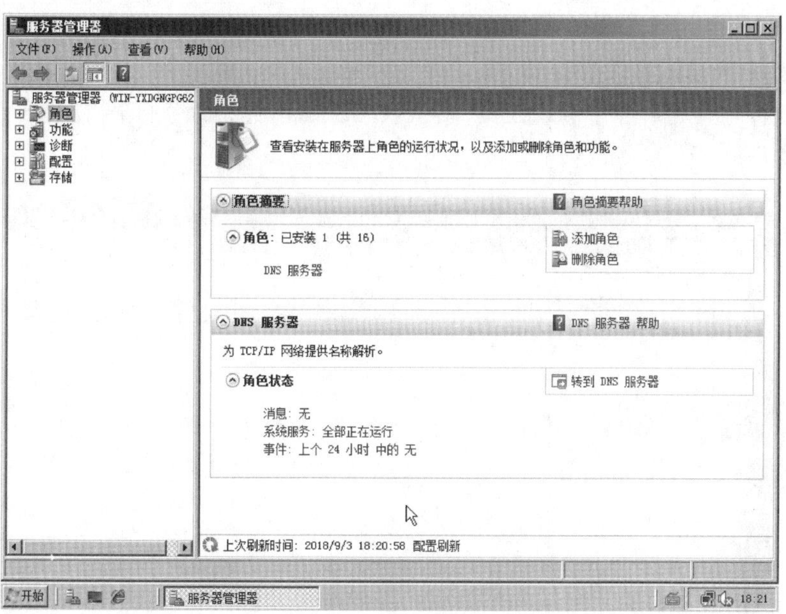

图 4-5-9　服务器管理器中的 DNS 服务器

提示： DNS 服务器安装成功后会自动重启，并且会在系统目录%systemroot%\system32\下生成一个 dns 文件夹，其中默认包含了缓存文件、日志文件、模板文件夹、备份文件夹等与 DNS 相关的文件，如果创建了 DNS 区域，还会生成相应的区域数据库文件。

二、DNS 服务器的管理

完成安装 DNS 服务器的工作后，管理工具会增加一个 DNS 工具菜单（图 4-5-10）。

图 4-5-10　DNS 工具菜单

要对 DNS 进行配置与管理，就是通过该工具完成 DNS 服务器的前期设置与后期的运行管理工作。

DNS 配置的具体操作步骤如下。

（1）执行“开始”→“管理工具”→“DNS 服务器”命令打开“DNS 管理器”窗口，如图 4-5-11 所示。

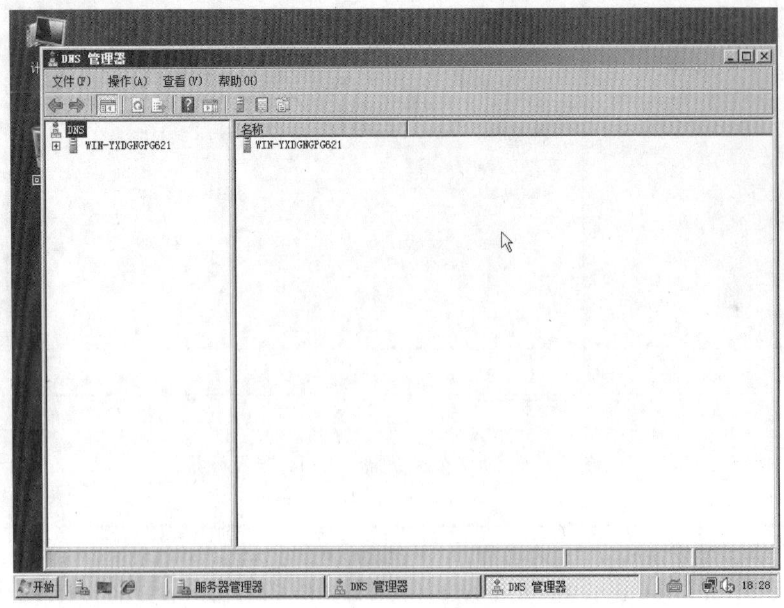

图 4-5-11　“DNS 管理器”窗口

（2）在“DNS 管理器”窗口中右击当前计算机名称，从弹出的快捷菜单中选择“配置 DNS 服务器”命令（图 4-5-12），打开 DNS 服务器配置向导。

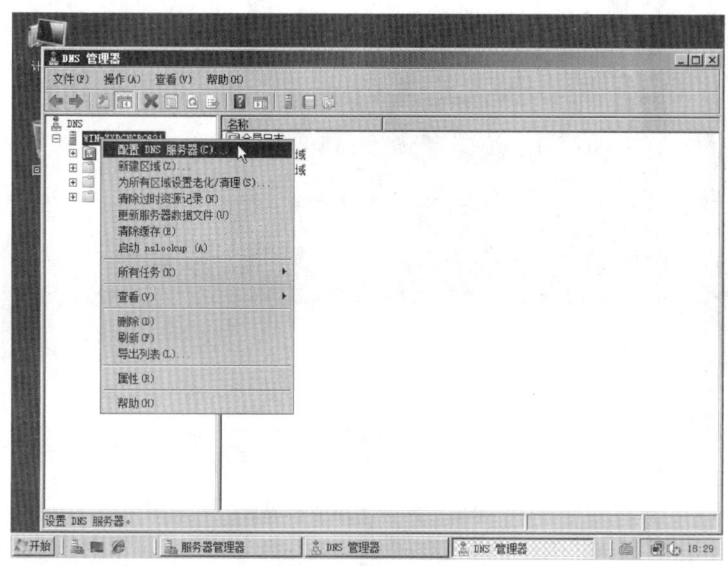

图 4-5-12　配置 DNS 服务器

（3）进入“欢迎使用 DNS 服务器配置向导”界面，说明该向导的配置内容，如图 4-5-13 所示，单击“下一步”按钮。

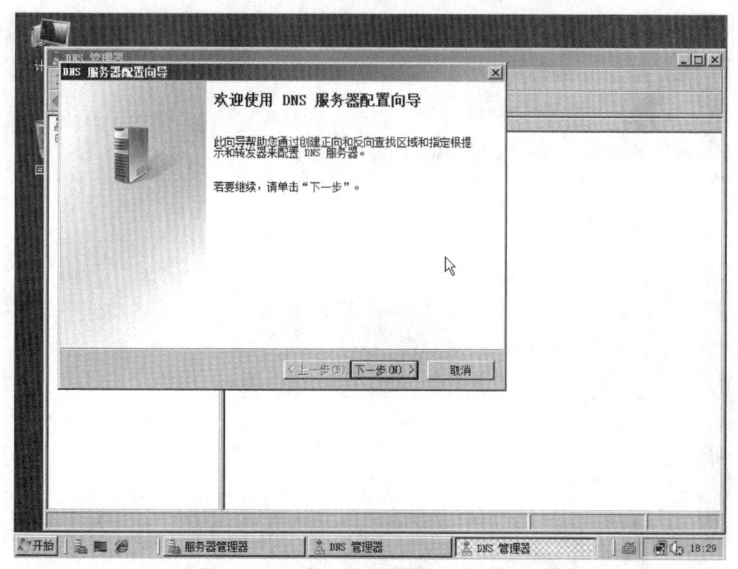

图 4-5-13　“DNS 服务器配置向导”对话框

（4）进入“选择配置操作”界面（图 4-5-14），可以设置网络查找区域的类型。在默认的情况下系统自动选中“创建正向查找区域（适合小型网络使用）(F)”单选按钮，如果用户设置的网络属于小型网络，则可以保持默认选项并单击“下一步”按钮继续操作。

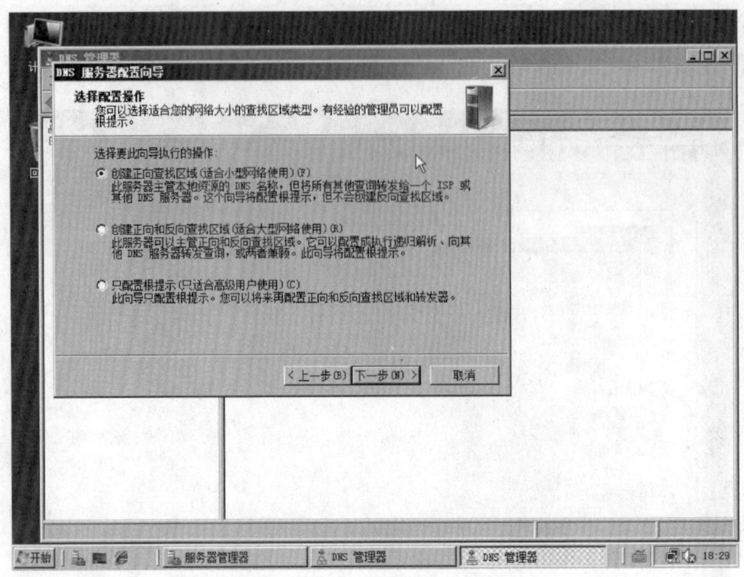

图 4-5-14　选择配置操作

(5) 进入“主服务器位置”对话框，如图 4-5-15 所示。如果当前所设置的 DNS 服务器是网络中的第一台 DNS 服务器，选中“这台服务器维护该区域（T)”单选按钮，将该 DNS 服务器作为主 DNS 服务器使用；否则可以选择“ISP 维护该区域，一份只读的次要副本常驻在这台服务器上”。

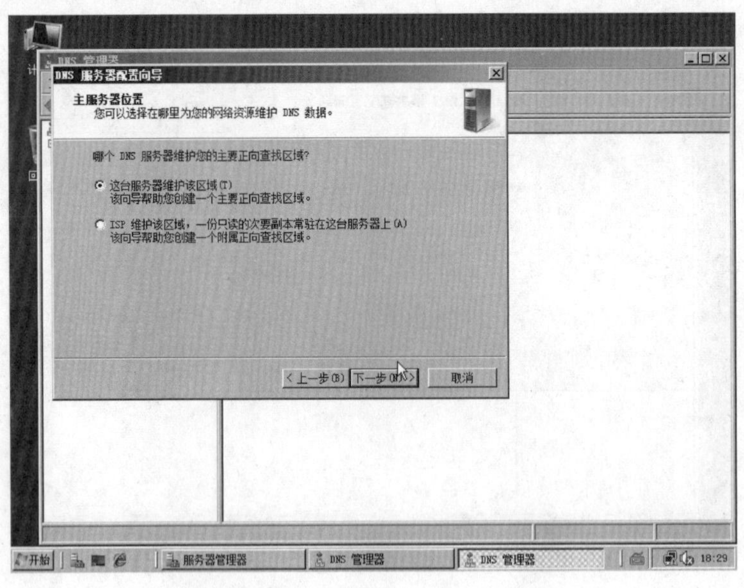

图 4-5-15　“主服务器位置”对话框

(6) 单击“下一步”按钮，进入“区域名称”对话框，如图 4-5-16 所示。在文本框中输入一个区域的名称，此处以 baidu. com 为例。

(7) 单击“下一步”按钮，进入“区域文件”对话框，如图 4-5-17 所示，系统根据区域默认填入了一个文件名。该文件是一个 ASCII 文本文件，其中保存着该区域的信

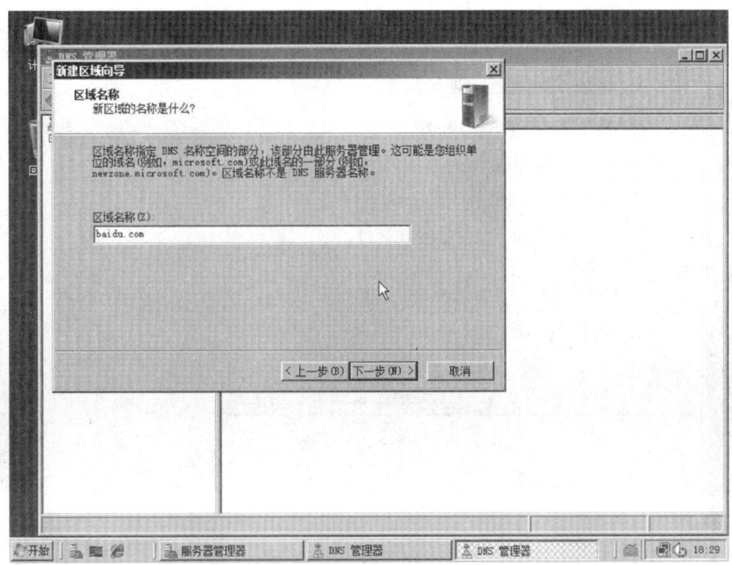

图 4-5-16　“区域名称”对话框

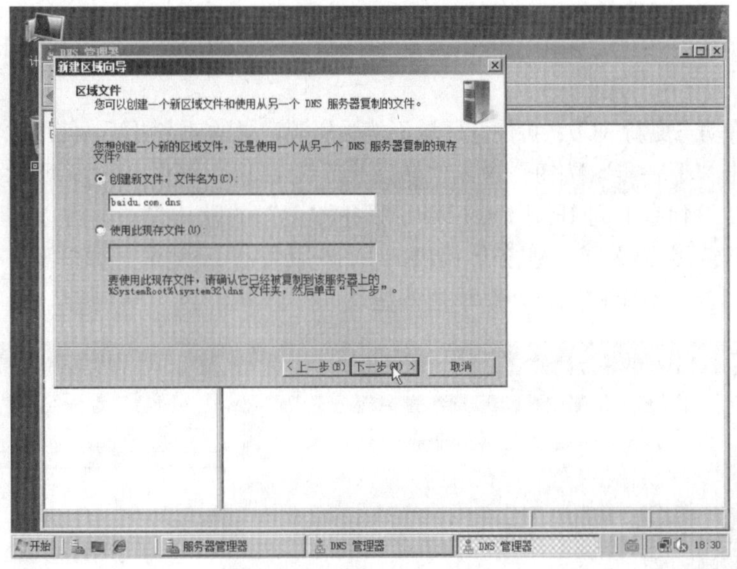

图 4-5-17　“区域文件”对话框

息，默认情况下保存在%systemroot%\system32\dns 文件夹中，通常情况下不需要更改默认值。

(8) 单击“下一步”按钮，进入“动态更新”对话框，如图 4-5-18 所示，选中“不允许动态更新(D)”单选按钮，不接受资源记录的动态更新，以安全的手动方式更新 DNS 记录。

动态更新说明：

①只允许安全的动态更新(适合 Active Directory 使用)：只有在安装了 Active Directory 集成的区域才能使用该项，所以该选项目前是灰色状态，无法选取。

②允许非安全和安全动态更新(A)：如果要使用任何客户端都可接受资源记录的

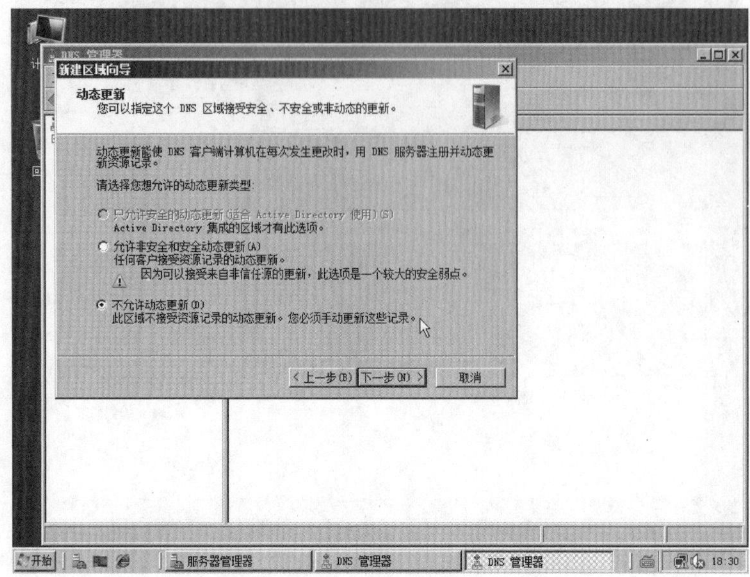

图 4-5-18 “动态更新”对话框

动态更新，可选择该项，但由于可以接受来自非信任源的更新，所以使用此项时可能会不安全。

③不允许动态更新（O）：可使此区域不接受资源记录的动态更新，使用此项比较安全。

（9）单击“下一步”按钮，进入“转发器”对话框，如图 4-5-19 所示，保持“是，应当将查询转发到有下列 IP 地址的 DNS 服务器上”的默认设置，可以在 IP 地址编辑框中输入 ISP 或者上级 DNS 服务器提供的 DNS 服务器 IP 地址，如果没有上级 DNS 器则可以选中“否，不应转发查询”单选按钮。

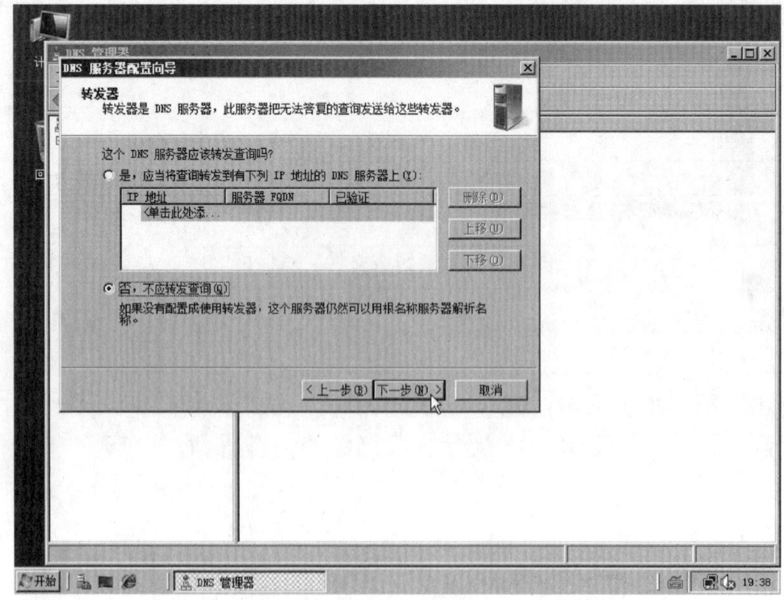

图 4-5-19 “转发器”对话框

(10) 单击“完成”按钮，关闭 DNS 服务器配置向导，完成安装。

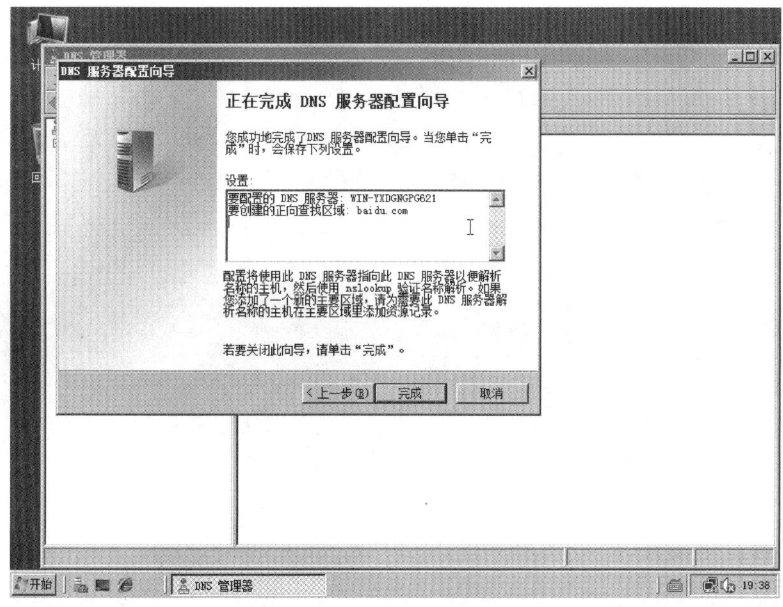

图 4-5-20　完成 DNS 服务器配置

三、DNS 区域解析记录配置

DNS 区域配置完成后，要把域名解析到某一实际服务器 IP，还需要添加主机解析记录。配置过程如下所述。

(1) 在 DNS 服务器的正向查找区下，找到已经配置好的区域 baidu. com，单击选中该区域，如图 4-5-21 所示。

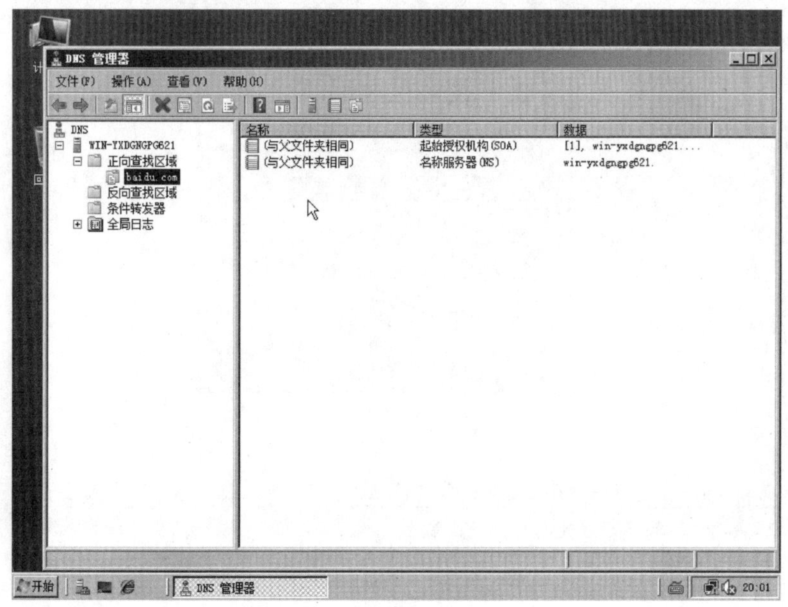

图 4-5-21　查找区域 baidu. com

（2）在右侧空白区域，右击打开右键菜单，如图 4-5-22 所示。

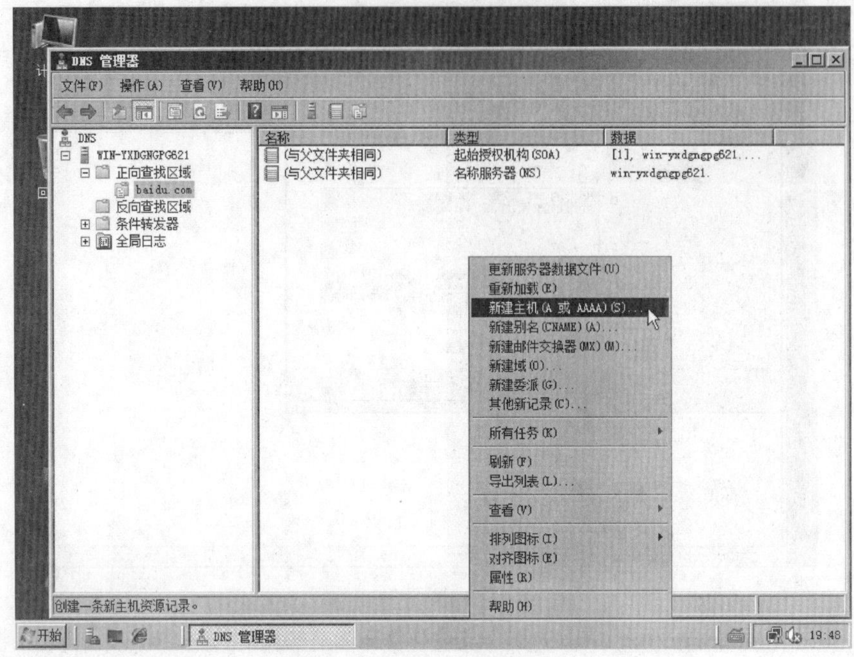

图 4-5-22　打开右键菜单

（3）在右键菜单中单击“新建主机（A 或 AAAA）（S）”命令，添加主机记录。假设添加名为 test 指向 IP 为 192.168.1.1 的主机记录，如图 4-5-23 所示。

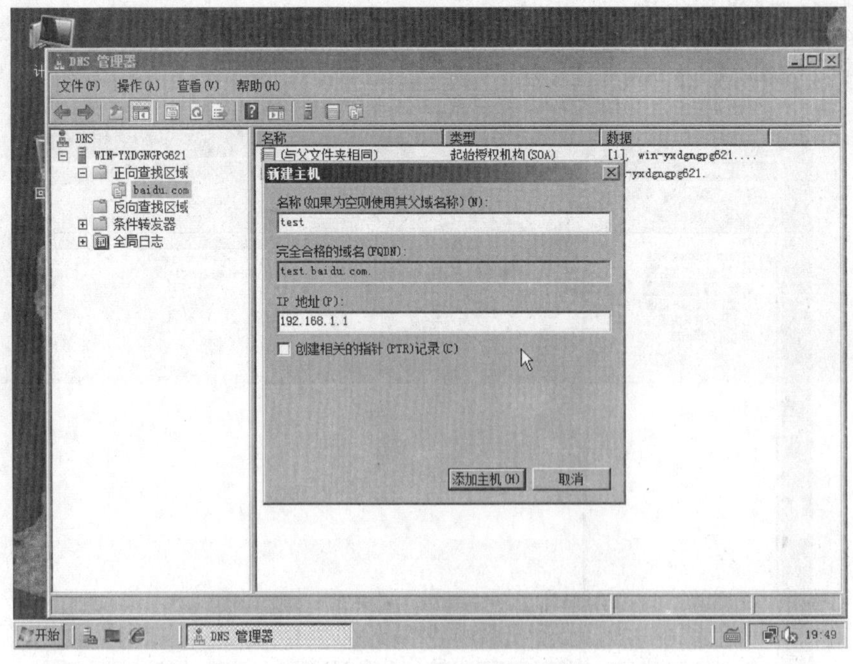

图 4-5-23　添加主机记录

(4) 单击添加主机，完成主机记录的添加。如图 4-5-24 所示，成功添加 test. baidu. com 的主机记录。

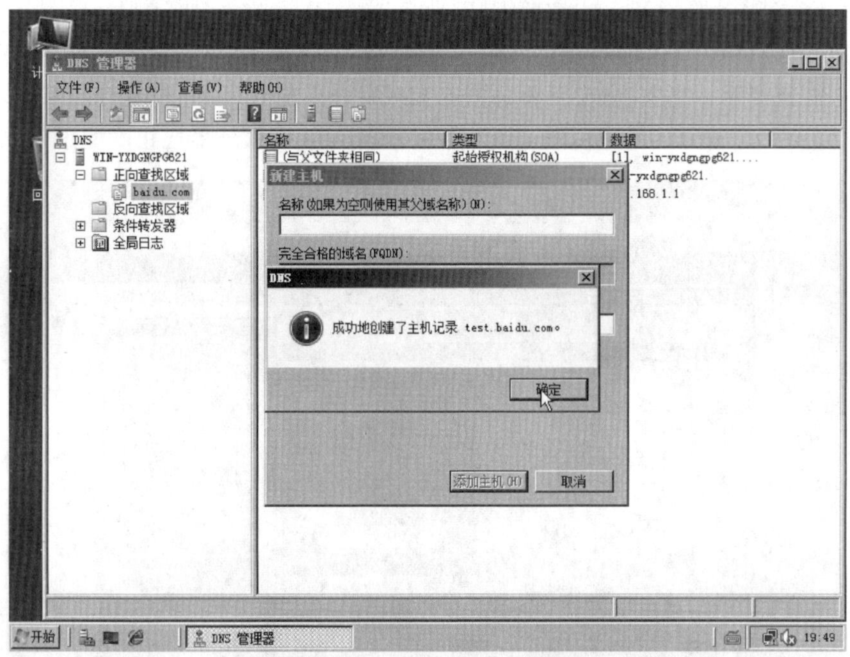

图 4-5-24　成功添加主机记录

(5) 添加完成后，关闭“新建主机”窗口，DNS 服务器的 baidu. com 区域下，可以看到已添加的主机记录列表，如图 4-5-25 所示。

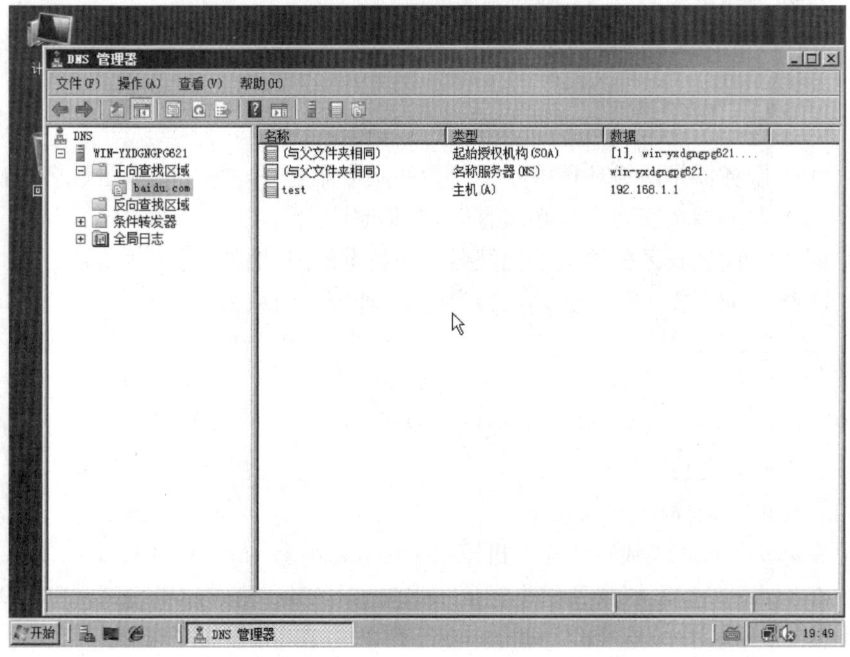

图 4-5-25　主机记录列表

（6）DNS测试。DNS主机记录配置完后，可以对DNS的效果进行测试。在本实验中，将test. baidu. com映射到IP为192. 168. 1. 1的主机，在测试时将IP地址中的DNS配置为该DNS服务器的IP。本实验DNS服务器的IP为192. 168. 1. 1。

测试方法：使用Ping命令或nslookup命令，对test. baidu. com进行测试。如图4-5-26所示，在命令提示中输入命令：ping test. baidu. com或nslookup test. baidu. com，验证DNS的配置是否正确。如果出现图中所示结果，表示DNS服务器已正确配置。

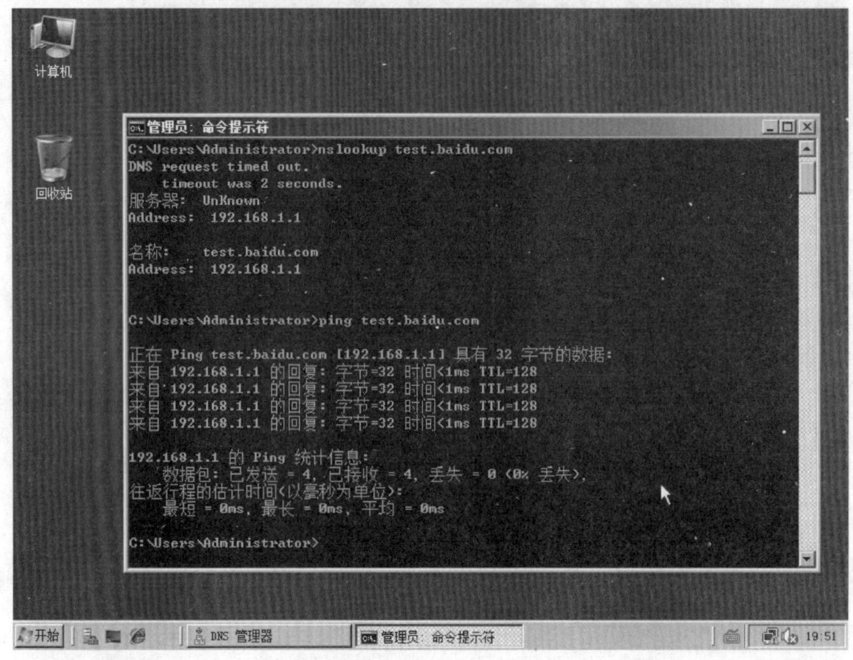

图4-5-26　DNS测试

【任务小结】

（1）DNS服务器是网络环境中必不可少的服务器之一，主要功能是域名解析。

（2）DNS服务器在安装之前必须有静态IP地址。

（3）DNS正向查找区配置就是把域名指向特定的IP地址。

（4）DNS反向查找区配置就是把特定的IP地址指向域名。

【扩展练习】

在Windows Server 2008中，完成以下操作。

（1）安装DNS服务器。

（2）新建正向查找区gzdsxy. cn。

（3）在gzdsxy. cn区域中新建主机记录www. gzdsxy. cn指向192. 168. 100. 100。

（4）在gzdsxy. cn区域中新建主机记录ftp. gzdsxy. cn指向192. 168. 100. 101。

（5）测试www. gzdsxy. cn、ftp. gzdsxy. cn两个域名解析是否正确。

【能力评价】

能力评价表

任务名称	DNS 服务器			
开始时间		完成时间		
评价内容				
任务准备：			是	否
1. 收集任务相关信息			□	□
2. 明确训练目标			□	□
3. 学习任务相关知识			□	□
任务计划：			是	否
1. 明确任务内容			□	□
2. 明确时间安排			□	□
3. 明确任务流程			□	□
任务实施：		分值	自评分	教师评分
1. 能理解 DNS 服务器的作用		10		
2. 能在 Windows Server 2008 中正确安装 DNS 服务器		10		
3. 能根据需要在 DNS 服务器正确配置正向查找区		20		
4. 能根据需要在 DNS 服务器的正向查找区中配置主机记录		20		
5. 能根据需要在 DNS 服务器正确配置反向查找区		15		
6. 能根据需要在 DNS 服务器的反向查找区中配置指针记录		15		
7. 能正确测试 DNS 服务器的配置		10		
合计：		100		
总结与提高：				
1. 本次任务有哪些收获？ 2. 在任务中遇到了哪些问题？有何解决方法？				

任务六　DHCP 服务器

【任务描述】

在 TCP/IP 网络上，每台工作站在要使用网络上的资源之前，都必须进行基本的网络配置，诸如 IP 地址、子网掩码、默认网关、DNS 的配置等。通常采用 DHCP 服务器技术来实现网络的 TCP/IP 动态配置与管理，这是网络管理任务中应用最多、最普通的一项管理技术。

【能力要求】

(1)能够了解 DHCP 的作用，知道 DHCP 的使用场景。

(2)能够在 Windows Server 2008 中完成 DHCP 服务器的安装。

(3)能够在 Windows Server 2008 中配置 DHCP 服务器。

【知识准备】

一、DHCP

DHCP 全称是 Dynamic Host Configuration Protocol（动态主机配置协议），该协议可以自动为局域网中的每一台计算机自动分配 IP 地址，并完成每台计算机的 TCP/IP 协议配置，包括 IP 地址、子网掩码、网关，以及 DNS 服务器等。

DHCP 服务器能够从预先设置的 IP 地址池中自动给主机分配 IP 地址，它不仅能够解决 IP 地址冲突的问题，也能及时回收 IP 地址以提高 IP 地址的利用率。

二、DHCP 的优缺点

DHCP 具有以下优点。

1. 提高效率

DHCP 使计算机自动获得 IP 地址信息并完成配置，减少了由于手工设置而可能出现的错误，并极大地提高了工作效率，降低了劳动强度。利用 TCP/IP 进行通信，仅有 IP 地址是不够的，常常还需要网关、WINS、DNS 等设置，DHCP 服务器除了能动态提供 IP 地址外，还能同时提供 WINS、DNS 主机名、域名等附加信息，完善 IP 地址参数的设置。

2. 便于管理

当网络使用的 IP 地址范围改变时，只需修改 DHCP 服务器的 IP 地址池即可，而不必逐一修改网络内的所有计算机的 IP 地址。

3. 节约 IP 地址资源

在 DHCP 系统中，只有当 DHCP 客户端请求时才由 DHCP 服务器提供 IP 地址，而当计算机关机后，又会自动释放该 IP 地址。通常情况下，网络内的计算机并不都是同时开机，因此，较小数量的 IP 地址，也能够满足较多计算机的需求。

DHCP 服务优点不少，但同时也存在着缺点：DHCP 不能发现网络上非 DHCP 客户端已经使用的 IP 地址；当网络上存在多个 DHCP 服务器时，一个 DHCP 服务器不能查出已被其他服务器租出去的 IP 地址；DHCP 服务器不能跨越子网路由器与客户端进行通信，除非路由器允许 BOOTP 转发。

【任务实施】

一、安装 DHCP 服务

用“添加角色”向导可以安装 DHCP 服务，这个向导可以通过“服务器管理器”

或“初始化配置任务”应用程序打开。安装 DHCP 服务的具体操作步骤如下所述。

(1) 在服务器中选择“开始”→“服务器管理器”(或者选择“开始”→“管理工具”→“服务器管理器”命令)命令(图 4-6-1)，打开“服务器管理器”窗口，如图 4-6-2 所示。

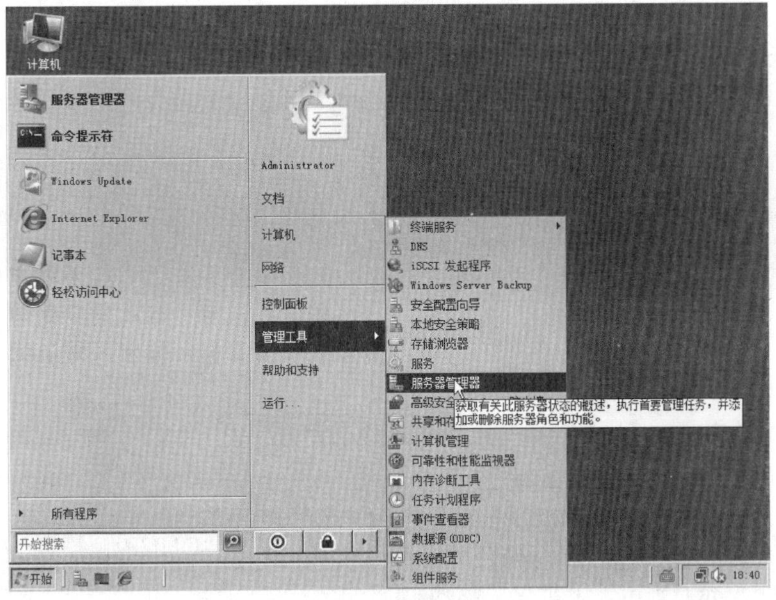

图 4-6-1　“服务器管理器”菜单

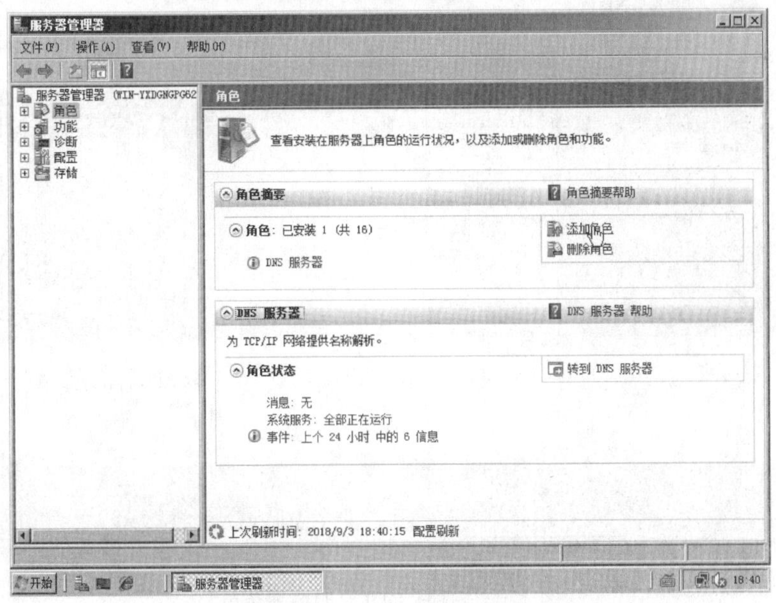

图 4-6-2　“服务器管理器”窗口

(2) 选择左侧“角色”项之后，单击右侧的“添加角色”链接，打开如图 4-6-3 所示的对话框。

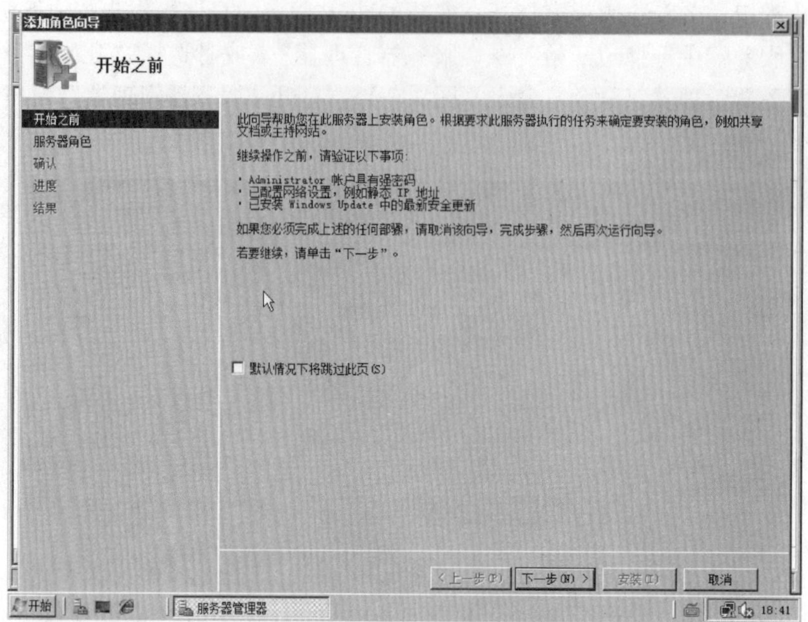

图 4-6-3　“添加角色向导”对话框

（3）单击“下一步”按钮，进入角色选择界面，选中“DHCP 服务器”复选框，如图 4-6-4 所示，然后单击“下一步”按钮。

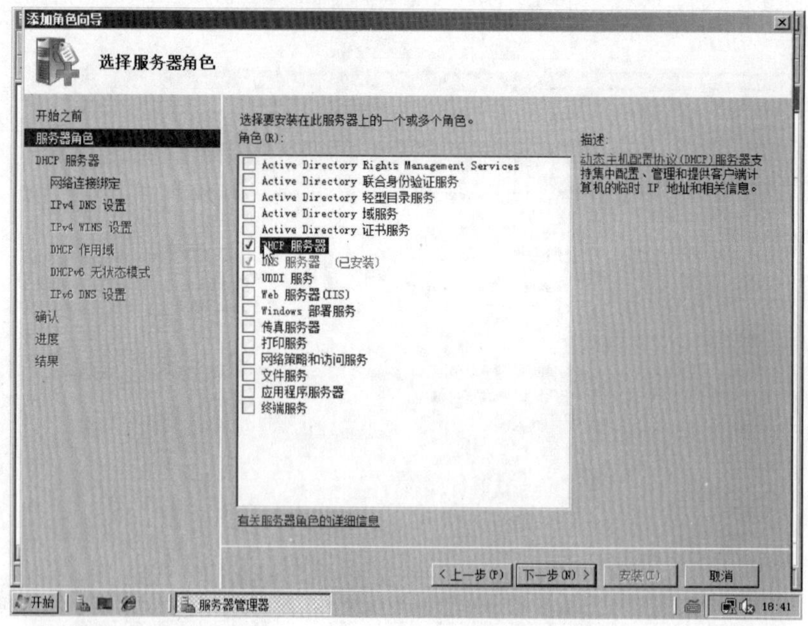

图 4-6-4　选择 DHCP 服务器角色

（4）单击“下一步”按钮，进入“DHCP 服务器”界面，这里对 DHCP 服务器进行了简要介绍，如图 4-6-5 所示。在此单击“下一步”按钮继续操作。

（5）系统会检测当前系统中已经具有静态 IP 地址的网络连接，每个网络连接都可

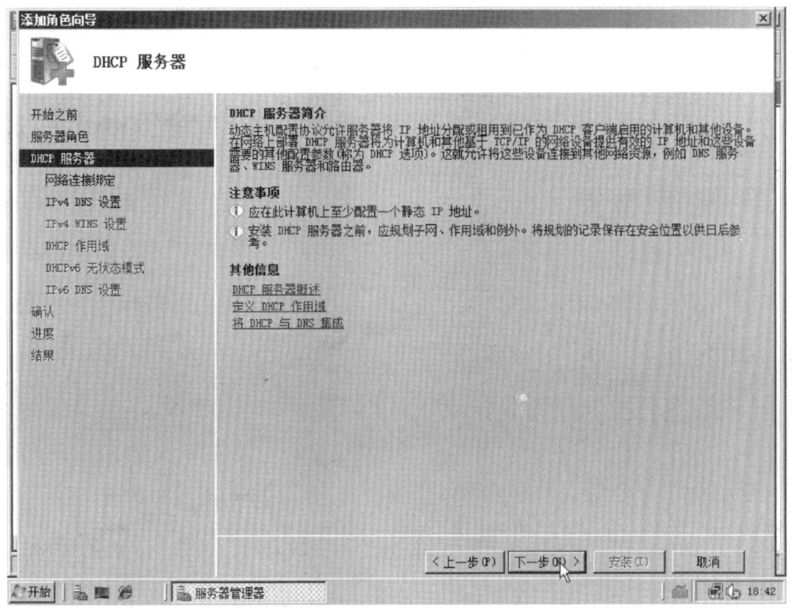

图 4-6-5　DHCP 服务器简介

以用于为单独子网上的 DHCP 客户端计算机提供服务，如图 4-6-6 所示。在此选中需要提供 DHCP 服务的网络连接后，单击“下一步”按钮继续操作。

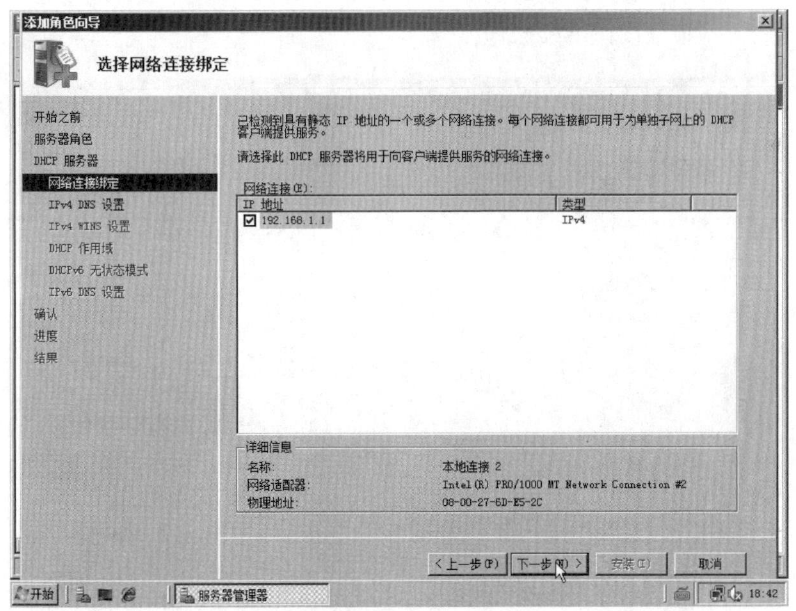

图 4-6-6　选择网络连接绑定

(6) 如果服务器中安装了 DNS 服务，就需要在如图 4-6-7 所示的 DNS 设置界面中设置 IPv4 类型的 DNS 服务器参数，例如输入“baidu.com”作为父域，输入“192.168.1.1”作为 DNS 服务器地址，可以单击“验证”测试设置的 DNS 服务器 IP 是否有效。如果没有 DNS 服务器也可以全部留空。单击“下一步”按钮继续操作。

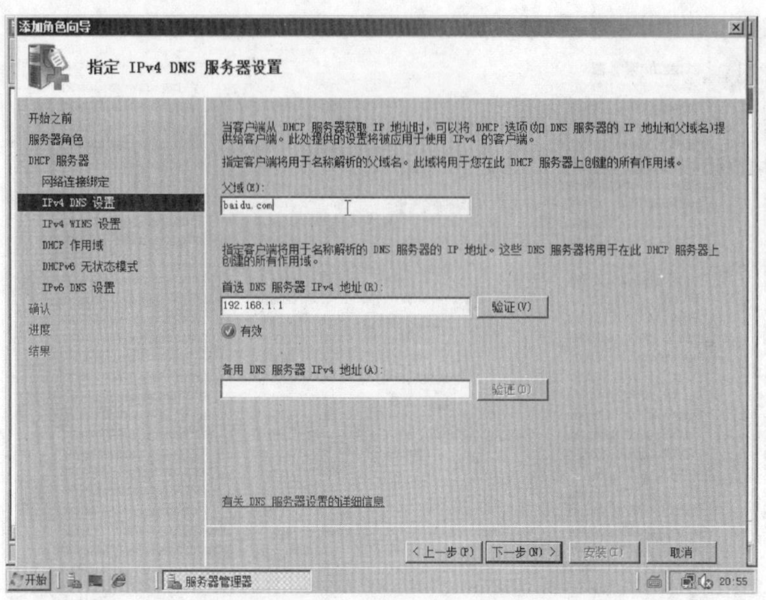

图 4-6-7　DNS 服务器设置

（7）如果当前网络中的应用程序需要 WINS 服务，需要在 WINS 设置界面选中“此网络上的应用程序需要 WINS（S）”单选按钮，并且输入 WINS 服务器的 IP 地址；如果不需要，则选中“此网络上的应用程序不需要 WINS（W）”单选按钮，如图 4-6-8 所示。单击“下一步”按钮继续操作。

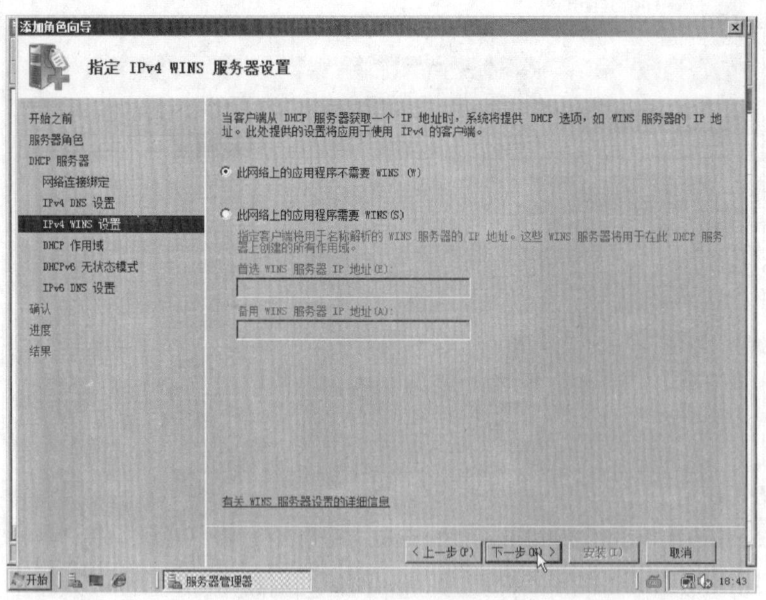

图 4-6-8　WINS 服务设置

（8）在如图 4-6-9 所示的对话框中，单击“添加”按钮来设置 DHCP 作用域。此时将弹出“添加作用域”对话框，如图 4-6-10 所示。

①插入作用域的名称，这是出现在 DHCP 控制台中的作用域名称。

②在“起始 IP 地址”和“结束 IP 地址”文本框中分别输入作用域的起始 IP 地址和结束 IP 地址，例如在此设置起始 IP 和结束 IP 地址分别为 192.168.1.50 和 192.168.1.249。

③根据网络的需要设置子网掩码和默认网关参数。

④在“子网类型”下拉列表中设置租用的持续时间。

⑤复选框“激活作用域”：创建作用域之后必须激活作用域才能提供 DHCP 服务。

设置完毕后，单击“确定”按钮，返回上级对话框，单击“下一步”按钮继续操作。

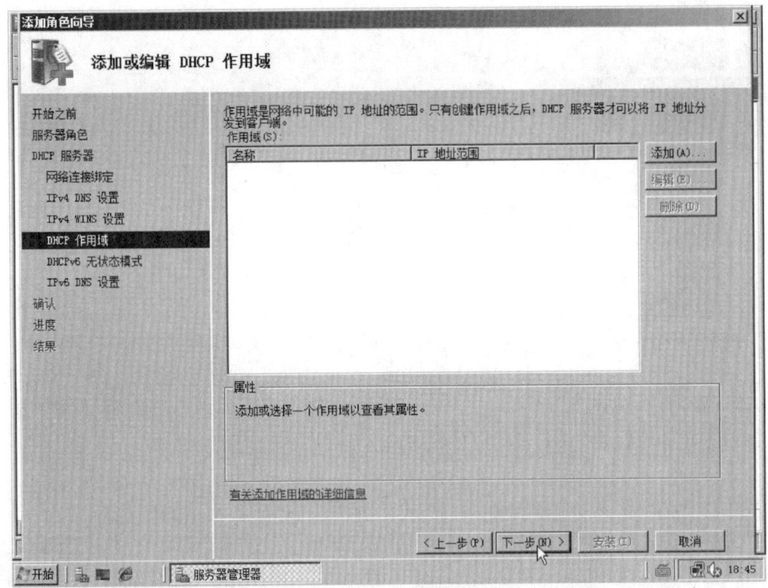

图 4-6-9　DHCP 作用域设置

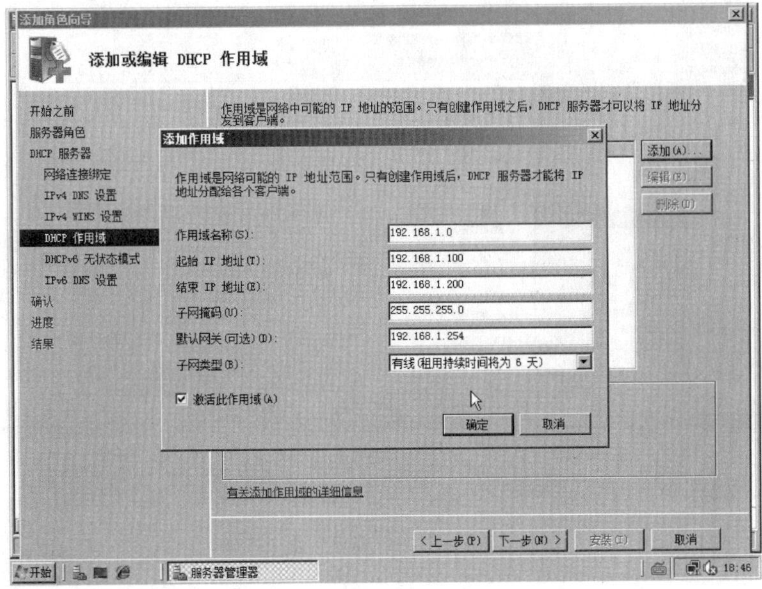

图 4-6-10　添加 DHCP 作用域

（9）Windows Server 2008 的 DHCP 服务器支持用于 IPv6 客户端的 DHCPv6 协议，此时可以根据网络中使用的路由器是否支持该功能进行设置，如图 4-6-11 所示。根据网络的需要将其设置为“对此服务器禁用 DHCPv6 无状态模式”，单击“下一步”按钮继续操作。

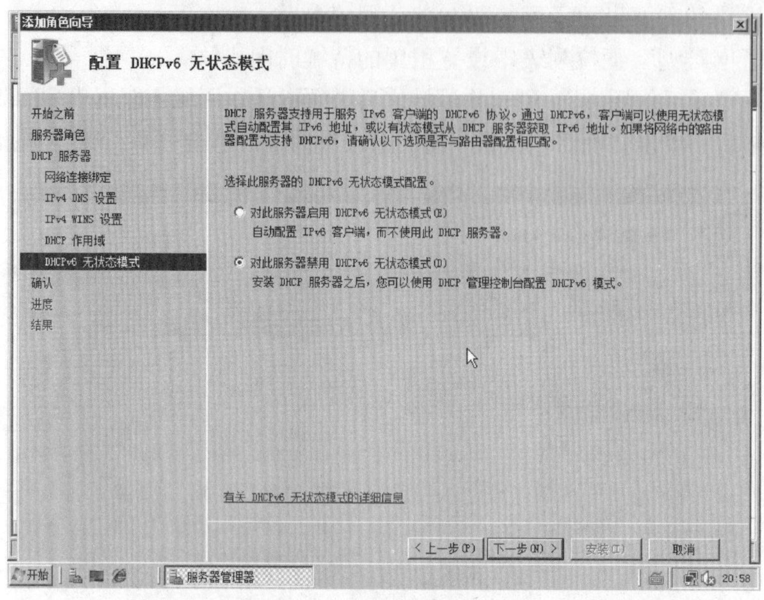

图 4-6-11　配置 DHCPv6 无状态模式

（10）在如图 4-6-12 所示的界面中显示了 DHCP 服务器的相关配置信息，如果确认安装则可以单击“安装”按钮，开始安装。

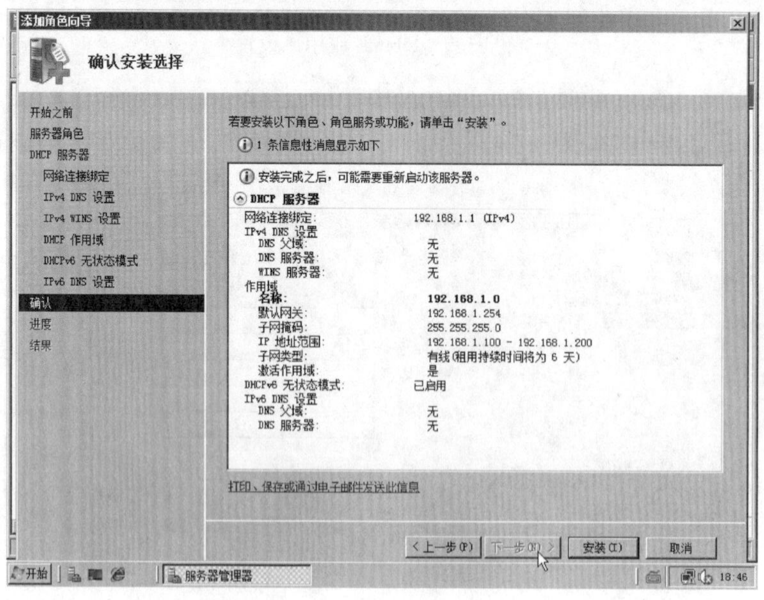

图 4-6-12　确认安装

（11）在 DHCP 服务器安装完成之后，可以看到如图 4-6-13 所示的提示信息，此时可单击“关闭”按钮，结束安装向导。

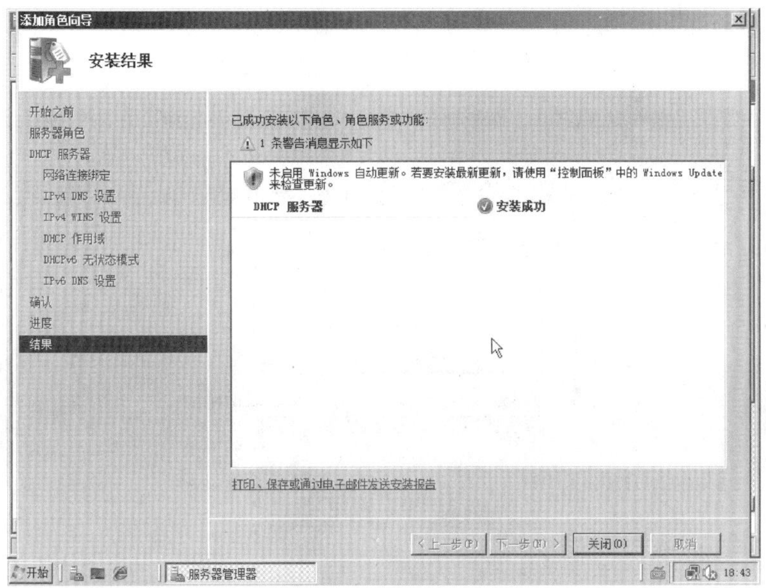

图 4-6-13　安装成功

(12) DHCP 服务器安装完成之后，在服务器管理器窗口中选择左侧的“角色”项，即可在右部区域中看到当前服务器安装的角色类型，如果其中有刚才安装的 DHCP 服务器，则表示 DHCP 服务器已经成功安装，如图 4-6-14 所示。

图 4-6-14　服务器管理器中的 DHCP 服务器

二、DHCP 服务器的管理

1. DHCP 服务器的启动与停止

在安装 DHCP 服务器之后，可以在“服务器管理器”窗口中，选择“角色”下面的“DHCP 服务器”选项，打开如图 4-6-15 所示的 DHCP 服务器摘要界面，在其中启动或停止 DHCP 服务器，查看事件以及相关的资源和支持。

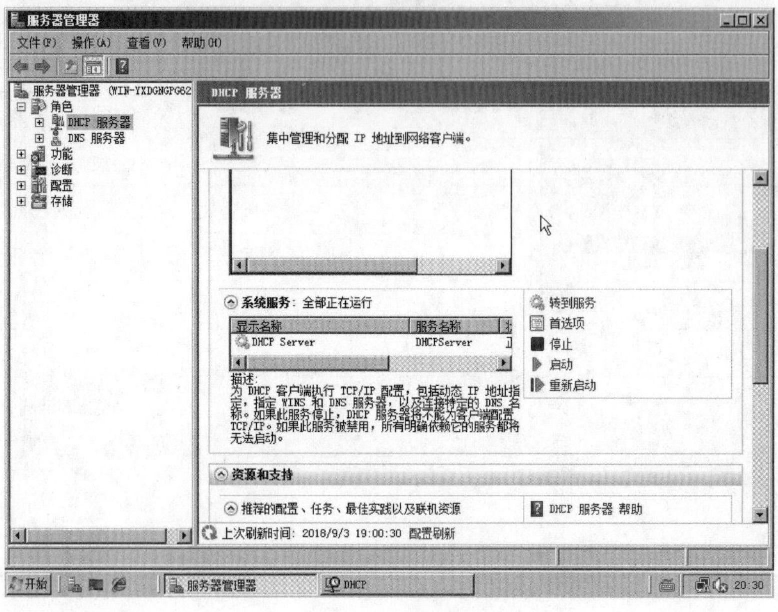

图 4-6-15　DHCP 服务器

2. 作用域的配置

DHCP 服务器安装完成后，在“管理工具”中会有“DHCP”工具。打开“DHCP”管理工具，可以对 DHCP 进行管理配置，如图 4-6-16 所示。对于已经建立好的作用域，可以修改其配置参数。选择某个作用域，下面有四个选项。

图 4-6-16　DHCP 管理工具

(1) 地址池：用于配置该作用域 IP 地址分发范围、不分发的 IP 地址范围，用来确定该作用域可以分配哪些 IP 地址给客户端使用，如图 4-6-17 所示。

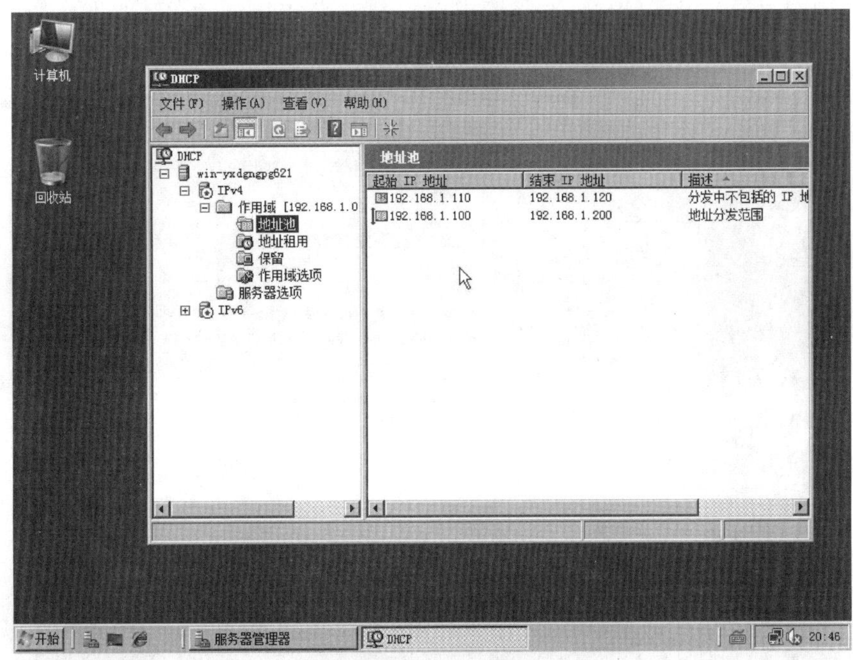

图 4-6-17　地址池

(2) 地址租用：用于显示当前该作用域中客户端正在使用的 IP 地址列表，包含客户端 IP 地址、客户端名称、IP 租用截止时间，如图 4-6-18 所示。

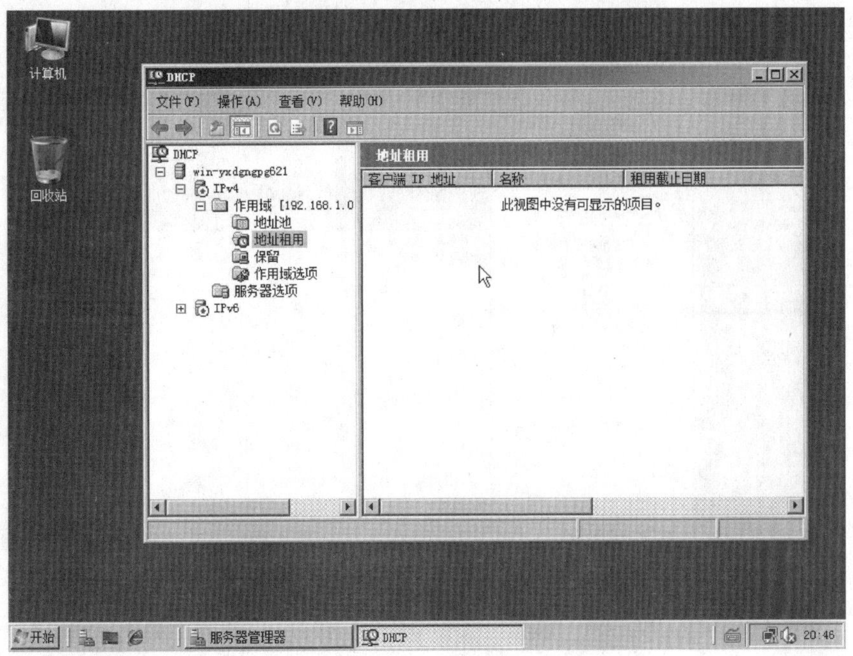

图 4-6-18　地址租用

（3）保留：在网络中，有些特殊计算机需要每次都获得相同的 IP 地址，这时可以利用 DHCP 服务器的“保留”功能，将特定的 IP 地址与客户端计算机进行绑定，使该 DHCP 客户端每次向 DHCP 服务器请求时，都会获得同一个 IP 地址，如图 4-6-19 所示。

图 4-6-19　保留

（4）作用域选项：该选项用于配置 DHCP 作用的额外选项，如 DNS、路由配置等（图 4-6-20）。

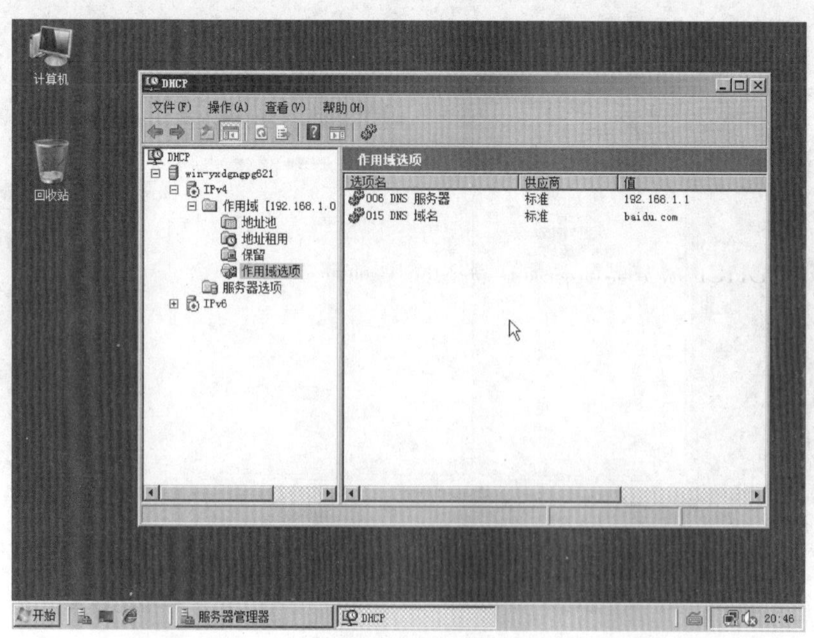

图 4-6-20　作用域选项

三、DHCP 客户端配置

DHCP 客户端的操作系统有很多种，如 Windows 7/10/ 2003 或 Linux 等，在此只讲解 Windows 7 客户端的设置操作步骤。

（1）在客户端计算机执行“控制面板”→“网络共享中心”→“更改适配器设置”命令，找到“本地连接”图标，并右击该图标，在右键菜单中选择“属性”项，弹出“本地连接属性”对话框，如图 4-6-21 所示。

（2）在“此连接使用下列项目”列表框中，选择“Internet 协议版本 4（TCP/IPv4)”，单击“属性”按钮，弹出如图 4-6-22 所示的“Internet 协议版本 4（TCP/IPv4）属性”对话框，分别选中“自动获得 IP 地址”和“自动获得 DNS 服务器地址”单选按钮，然后单击“确定”按钮，保存对设置的修改。

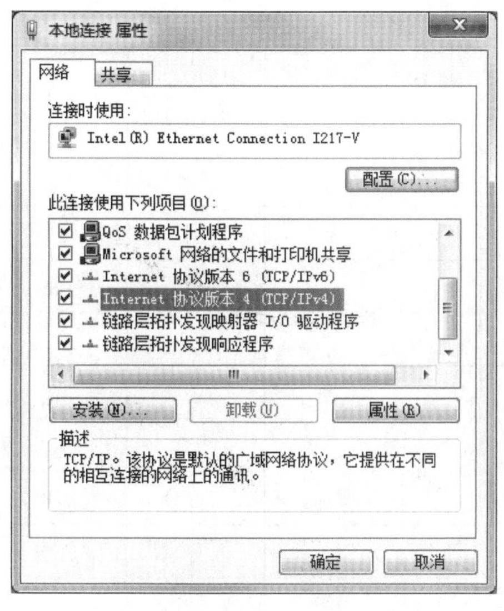

图 4-6-21　“本地连接 属性”对话框

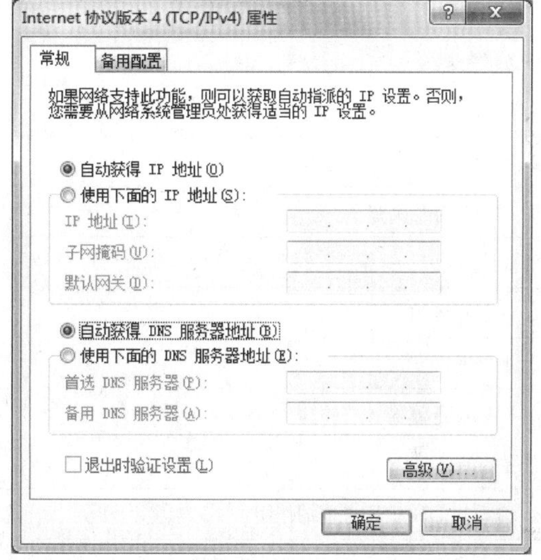

图 4-6-22　“Internet 协议版本 4（TCP/IPv4）属性”对话框

【任务小结】

（1）DHCP 服务器的作用就是为主机动态分配 IP 地址。

（2）安装 DHCP 服务器前必须有静态的 IP 地址。

（3）DHCP 可以设置可分配的 IP 地址范围，也可以为某台计算机分配固定的 IP 地址。

（4）DHCP 可以在为主机分配 IP 地址时，同时分配默认网关、DNS 服务器 IP 等信息。

【扩展练习】

在 Windows Server 2008 中，完成以下操作。

（1）安装 DHCP 服务器。

（2）新建一个 DHCP 作用域，该作用域的可分发的 IP 地址为：192.168.100.1/24-

192.168.100.200/24。

(3) 配置该DHCP作用域的DNS服务器为：192.168.1.1。

(4) 配置该DHCP作用域的IP地址192.168.100.10不可分配。

(5) 配置该DHCP作用域的IP地址192.168.100.100固定分配给Web服务器，该服务器的MAC地址为：A4-34-D9-40-8B-22。

(6) 测试DHCP配置是否正确。

【能力评价】

能力评价表

任务名称	DHCP 服务器			
开始时间		完成时间		
评价内容				
任务准备：			是	否
1. 收集任务相关信息			□	□
2. 明确训练目标			□	□
3. 学习任务相关知识			□	□
任务计划：			是	否
1. 明确任务内容			□	□
2. 明确时间安排			□	□
3. 明确任务流程			□	□
任务实施：		分值	自评分	教师评分
1. 能理解 DHCP 服务器的作用		10		
2. 能在 Windows Server 2008 中正确安装 DHCP 服务器		10		
3. 能根据需要在 DHCP 服务器正确配置作用域		10		
4. 能根据需要在 DHCP 服务器的作用域中配置可分发的 IP 地址		15		
5. 能根据需要在 DHCP 服务器的作用域中配置排除的 IP 地址		15		
6. 能根据需要在 DHCP 服务器的作用域中配置保留的 IP 地址		15		
7. 能根据需要在 DHCP 服务器的作用域中设置 DNS 服务器		15		
8. 能正确测试 DHCP 服务器的配置		10		
合计：		100		
总结与提高：				
1. 本次任务有哪些收获？ 2. 在任务中遇到了哪些问题？有何解决方法？				

任务七　Web 服务器

【任务描述】

随着互联网的不断发展，人们通过网络浏览信息、查询某种商品、了解某家企业信息已经司空见惯。对于企业来说，通过架设 Web 服务建设自己的网站，发布企业信息、产品信息，不但可为用户提供便捷，同时还可以宣传自己。

【能力要求】

（1）能够根据实际情况选择和使用合适的 Web 服务器。
（2）能够在 Windows Server 2008 中完成 Web 服务器的安装。
（3）能够在 Windows Server 2008 中完成 Web 服务器的配置。

【知识准备】

一、Web 服务器

Web 服务器也称 WWW 服务器、HTTP 服务器，其主要功能是提供网上信息浏览服务。Web 服务器可以解析 HTTP 协议。当 Web 服务器接收到一个用户浏览器发送的 HTTP 请求时，服务器端的程序会产生一个 HTML 的响应（response）来让浏览器可以浏览。

UNIX 和 Linux 平台下常用的 Web 服务器有 Apache、Nginx、Lighttpd、Tomcat 等，其中应用最广泛的是 Apache；而 Window 2003/2008 平台下最常用的服务器是微软公司的 IIS。

二、IIS 7

微软 Windows Server 2008 家族的 Internet Information Server（IIS，Internet 信息服务）在 Internet、Intranet 或 Extranet 上提供了集成、可靠、可伸缩、安全和可管理的 Web 服务器功能，为动态网络应用程序创建强大的通信平台的工具。IIS 7 提供了基本服务，包括发布信息、传输文件、支持用户通信和更新这些服务所依赖的数据存储。

三、WWW 服务

WWW 服务，即万维网发布服务，通过将客户端 HTTP 请求连接到在 IIS 中运行的网站上，万维网发布服务向 IIS 最终用户提供 Web 发布。WWW 服务管理 IIS 核心组件，这些组件处理 HTTP 请求并配置管理 Web 应用程序。

【任务实施】

一、安装 IIS 7 Web 服务

安装 IIS 7.0 必须具备条件管理员权限，使用 Administrator 管理员权限登录，这是

Windows Server 2008 新的安全功能，具体的操作步骤如下所述。

（1）在服务器中选择“开始”→“服务器管理器”（或者选择“开始”→“管理工具”→“服务器管理器”命令）命令（图 4-7-1），打开服务器管理器窗口，如图 4-7-2 所示。

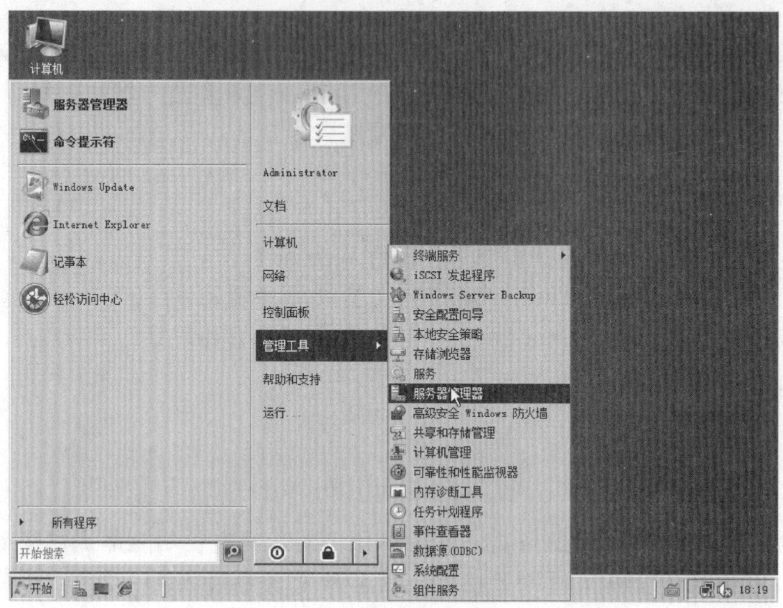

图 4-7-1　“服务器管理器”命令

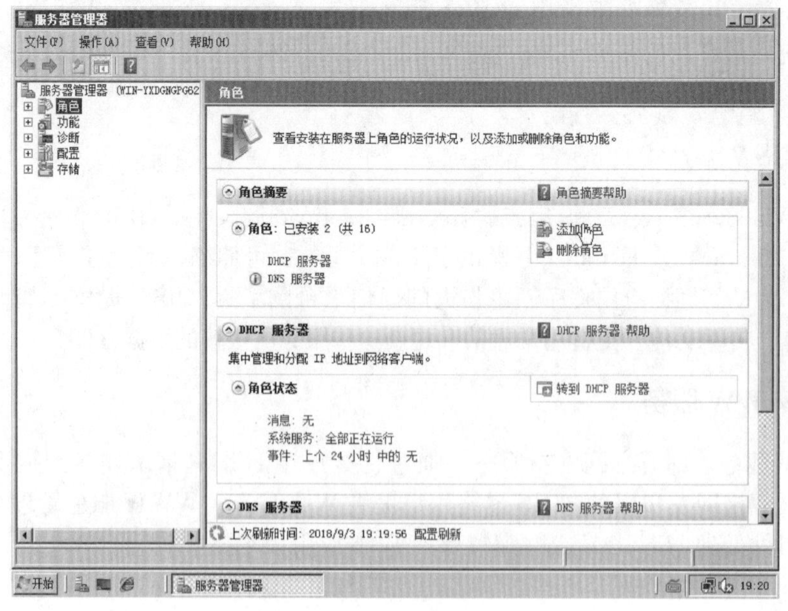

图 4-7-2　“服务器管理器”窗口

（2）选择左侧“角色”项之后，单击右侧的“添加角色”链接，打开“添加角色向导”对话框，如图 4-7-3 所示。

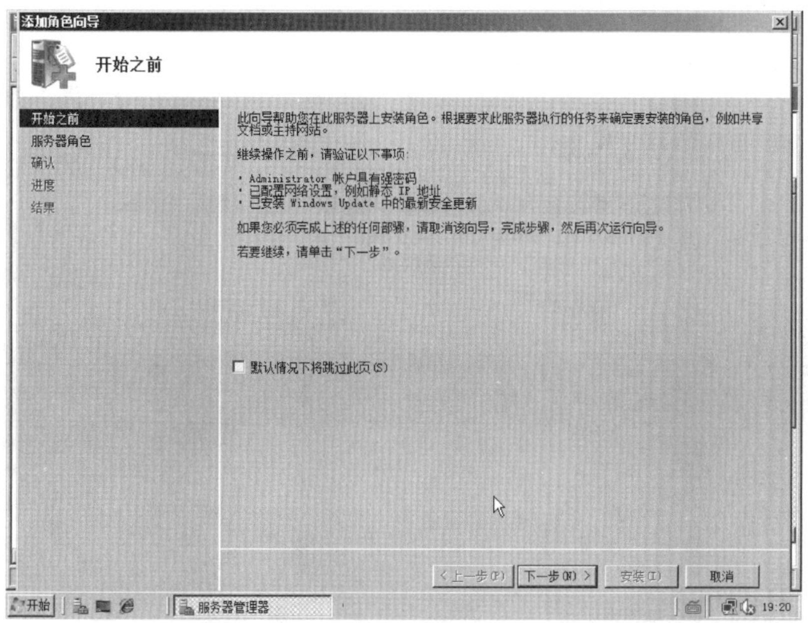

图 4-7-3　“添加角色向导”对话框

(3) 单击“下一步”按钮，进入角色选择界面，如图 4-7-4 所示。

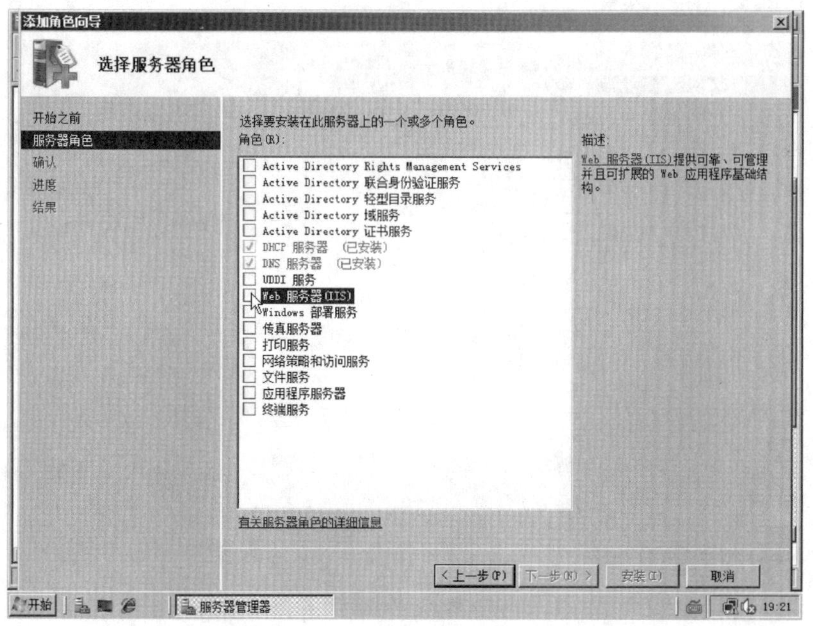

图 4-7-4　选择 Web 服务器角色

(4) 选中“Web 服务器（IIS)”复选框，由于 IIS 依赖 Windows 进程激活服务(WPAS)，因此会出现“进程激活服务”功能的对话框，如图 4-7-5 所示，单击“添加必需的功能”按钮，“Web 服务器（IIS)”复选框成为选中状态（图 4-7-6)，然后在“选择服务器角色”界面中单击“下一步”按钮继续操作。

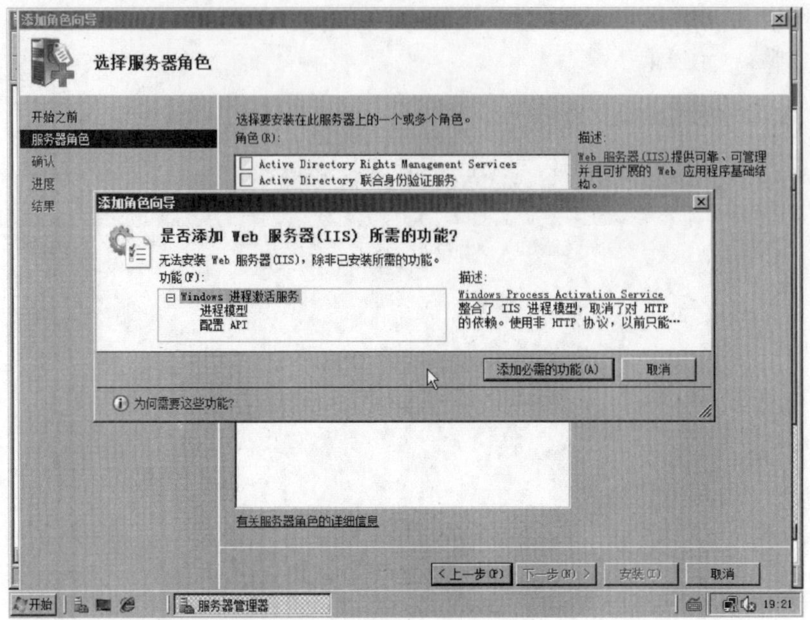

图 4-7-5　添加必需的功能

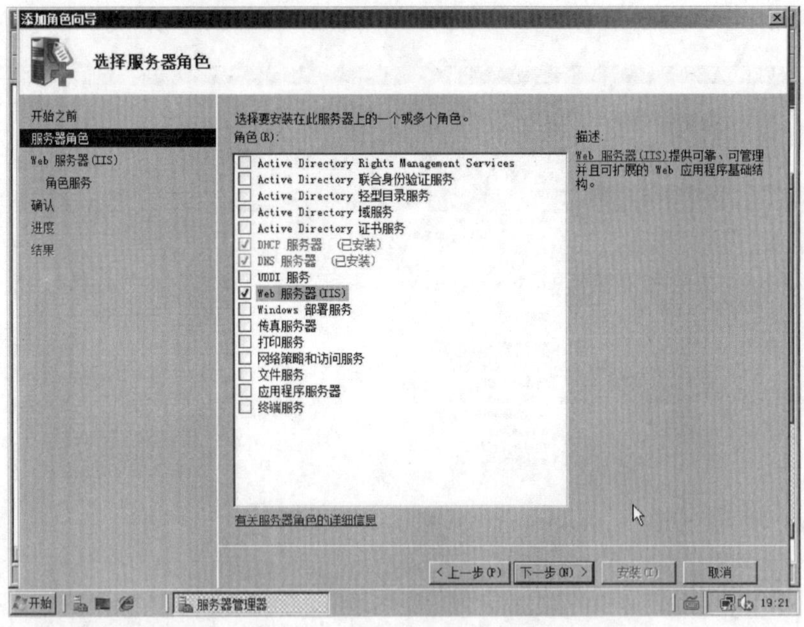

图 4-7-6　选择 Web 服务器角色

（5）在如图 4-7-7 所示的“Web 服务器（IIS）”界面中，对 Web 服务器（IIS）进行了简要介绍，在此单击“下一步”按钮继续操作。

（6）“选择角色服务”界面，如图 4-7-8 所示，单击每一个服务选项右边，会显示该服务相关的详细说明，一般采用默认的选择即可，如果有特殊要求则可以根据实际情况进行选择。

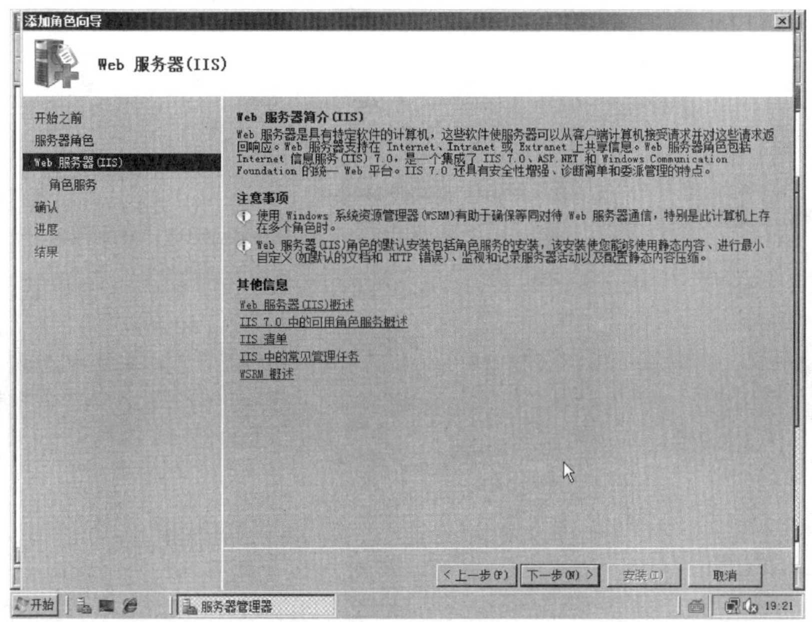

图 4-7-7　Web 服务器简介

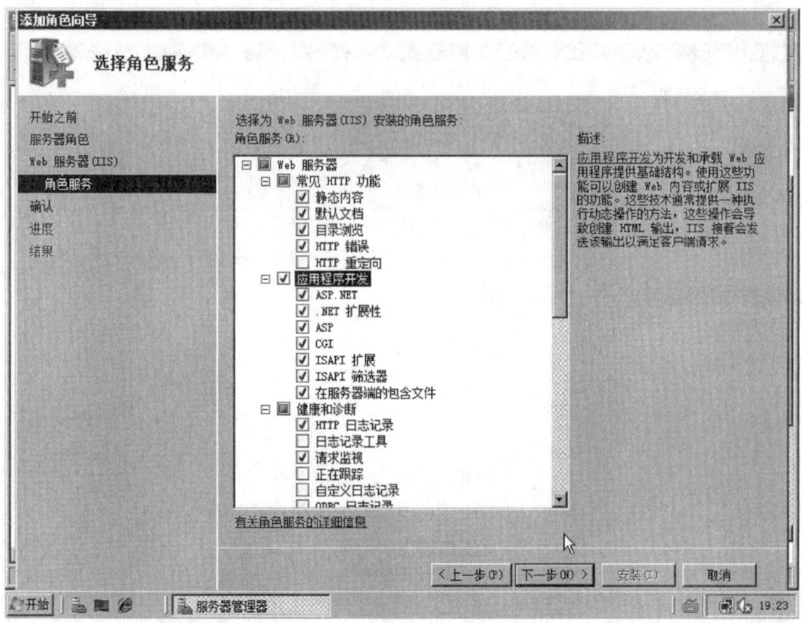

图 4-7-8　“选择角色服务”对话框

（7）单击“下一步”按钮，进入“确认安装选择”界面，如图 4-7-9 所示，显示了 Web 服务器安装的详细信息，确认安装这些信息可以单击“安装”按钮。

（8）Web 服务器安装过程结束后，如图 4-7-10 所示，会显示 Web 服务器安装成功的提示，此时可单击“关闭”按钮退出添加角色向导。

（9）安装完成后，在“服务器管理器”中的“角色”下面会增加一项“Web 服务

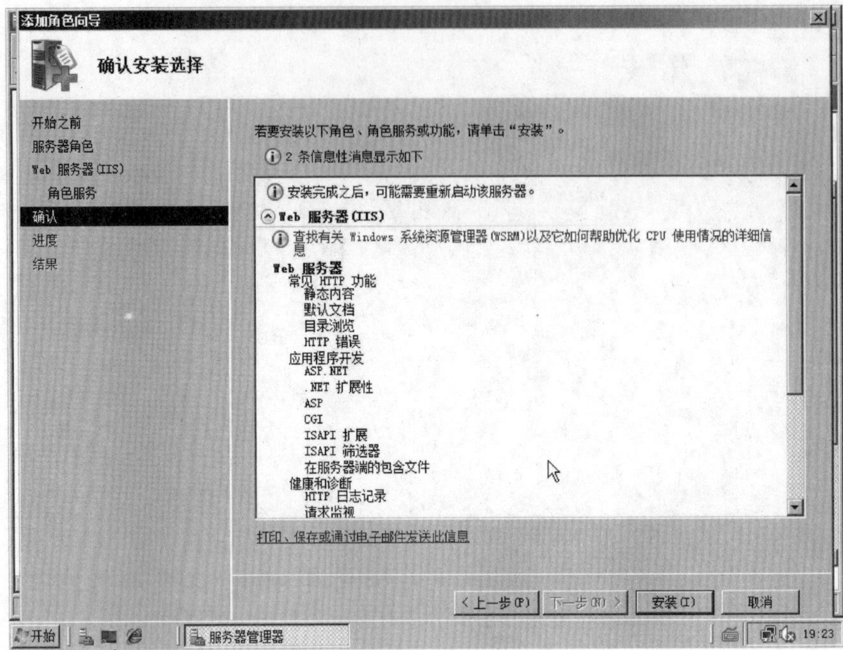

图 4-7-9　确认安装

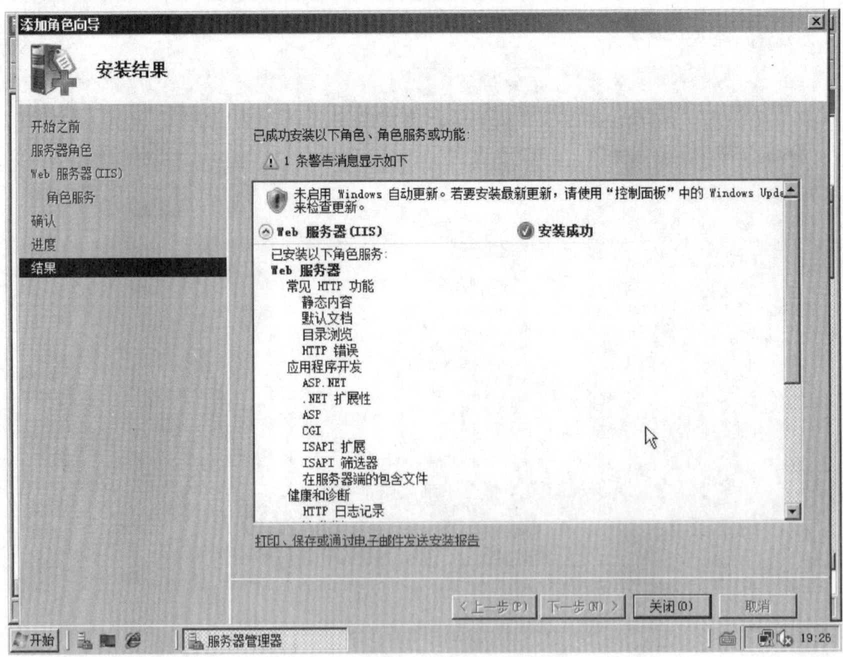

图 4-7-10　安装成功

器（IIS)”，如图 4-7-11 所示。同时系统管理工具中会增加一项“Internet 信息服务管理器”工具。Internet 信息服务管理器是对 IIS 进行配置和管理的工具，在配置网站时，需要用到该工具。

图 4-7-11　服务器管理器的 Web 服务器（IIS）

二、配置 IIS 7 Web 服务

Web 服务器（IIS）是用来发布网站提供 Web 服务的。要发布网站需要根据实际需要对 IIS 进行配置。配置过程如下所述。

（1）选择“开始”→“管理工具”→“Internet 信息服务（IIS）管理器”命令打开“Internet 信息服务（IIS）管理器”窗口，如图 4-7-12 所示。

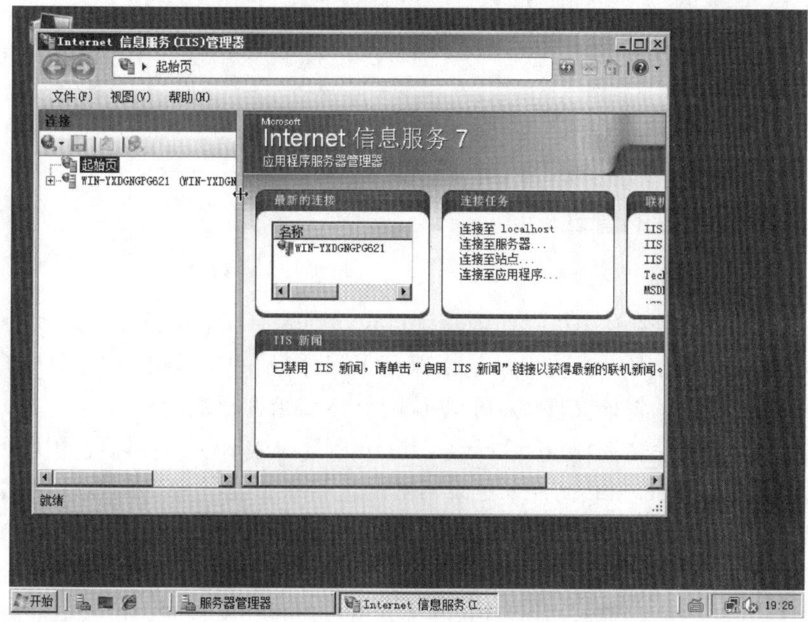

图 4-7-12　“Internet 信息服务（IIS）管理器”窗口

（2）安装 IIS 后还要测试是否安装正常，有下面三种常用的测试方法，若链接成功，则会出现如图 4-7-13 所示的网页。

①利用本地回送地址：在本地浏览器中输入“http：//127.0.0.1”或“http：//localhost”来测试链接网站。

②利用 IP 地址：作为 Web 服务器的 IP 地址需要是静态的，假设该服务器的 IP 地址为 192.168.1.1，则可以通过“http：//192.168.1.1”来测试链接网站。如果该 IP 是局域网内的，则位于局域网内的所有计算机都可以通过这种方法来访问这台 Web 服务器；如果是公网上的 IP，则 Internet 上的所有用户都可以访问。

③利用 DNS 域名：如果这台计算机上安装了 DNS 服务，网址为 test.baidu.com，并将 DNS 域名与 IP 地址注册到 DNS 服务内，可通过 DNS 网址“test.baidu.com”来测试链接网站。

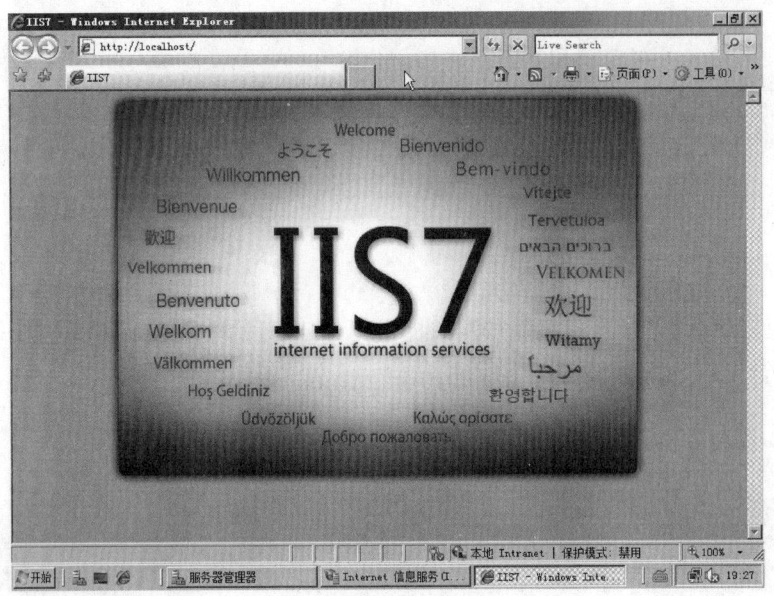

图 4-7-13　访问默认站点

三、Web 服务器的管理

1. 网站主目录设置

任何一个网站都需要有主目录作为默认目录，当客户端请求链接时，就会将主目录中的网页等内容显示给用户。主目录是指保存 Web 网站的文件夹，当用户访问该网站时，Web 服务器会自动将该文件夹中的默认网页显示给客户端用户。

默认的网站主目录是%SystemDrive \ Inetpub \ wwwroot，可以使用 IIS 管理器或通过直接编辑 MetaBase.xml 文件来更改网站的主目录。当用户访问默认网站时，Web 服务器会自动将其主目录中的默认网页传送给用户的浏览器。但在实际应用中通常不采用该默认文件夹，因为将数据文件和操作系统放在同一磁盘分区中，会失去安全保障和系统安装、恢复不太方便等问题，并且当保存大量音频、视频文件时，可能造成磁盘或分区的空间不足。所以最好将作为数据文件的 Web 主目录保存在其他硬盘或非系统分区中。

网站主目录的设置通过 IIS 管理器进行设置，其操作步骤如下。

（1）选择“开始”→“管理工具”→“Internet 信息服务（IIS）管理器”命令，打开“Internet 信息服务（IIS）管理器”窗口。IIS 管理器采用了三列式界面，双击对应的 IIS 服务器，可以看到“功能视图”中有 IIS 默认的相关图标以及“操作”窗格中的对应操作，如图 4-7-14 所示。

图 4-7-14　“Internet 信息服务（IIS）管理器”窗口

（2）在“连接”窗格中，展开树中的“网站”节点，有系统自动建立的默认 Web 站点“Default Web Site”，可以直接利用它来发布网站，也可以建立一个新网站，如图 4-7-15 所示。

图 4-7-15　Default Web Site

（3）网站主目录：打开“Default Web Site”的主目录，在如图 4-7-15 所示界面中的“操作”窗格下，单击“浏览”链接，将打开系统默认的网站主目录 C：\ Inetpub \ wwwroot，如图 4-7-16 所示。当用户访问此默认网站时，浏览器将会显示“主目录”中的默认网页，即 wwwroot 子文件夹中的 iisstart 页面。

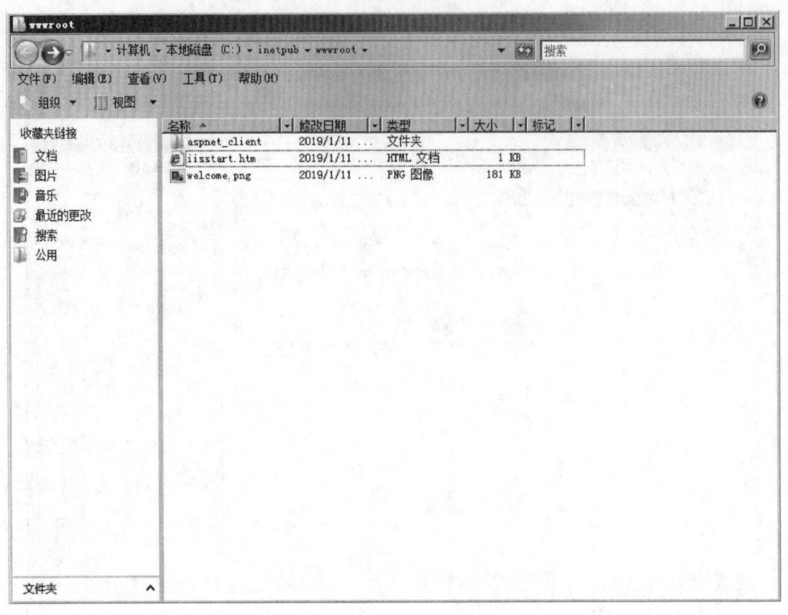

图 4-7-16 默认站点的主目录

（4）创建一个新的 Web 站点：在“连接”窗格中选取“网站”，右击，在弹出的快捷菜单里选择“添加网站”命令（图 4-7-17），创建一个新的 Web 站点，在弹出的“添

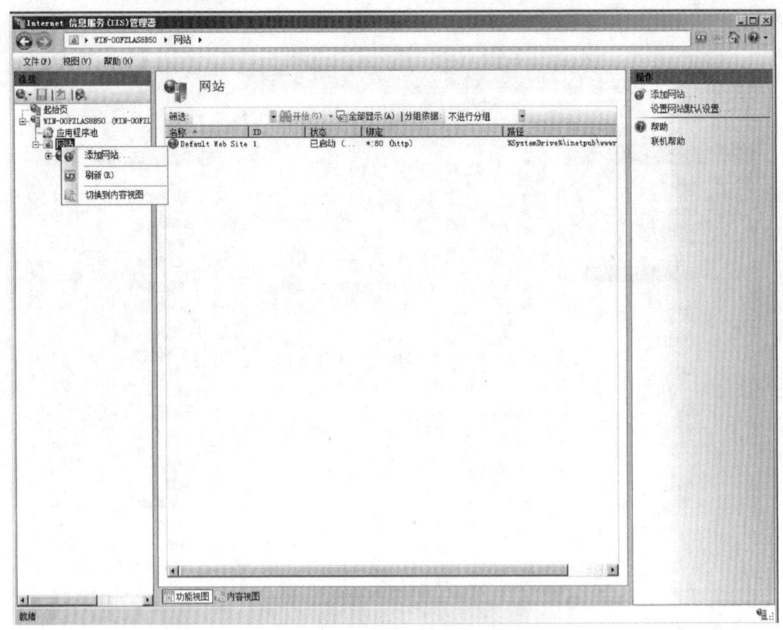

图 4-7-17 选择“添加网站”命令

加网站”界面中设置 Web 站点的相关参数，如图 4-7-18 所示。例如，网站名称为“test”，物理路径也就是 Web 站点的主目录，可以选取网站文件所在的文件夹 C：\ test。Web 站点 IP 地址和端口号可以直接在“IP 地址”下拉列表中选取系统默认的 IP 地址。完成之后返回到 Internet 信息服务器窗口，就可以查看到刚才新建的 test 站点，如图 4-7-19 所示。

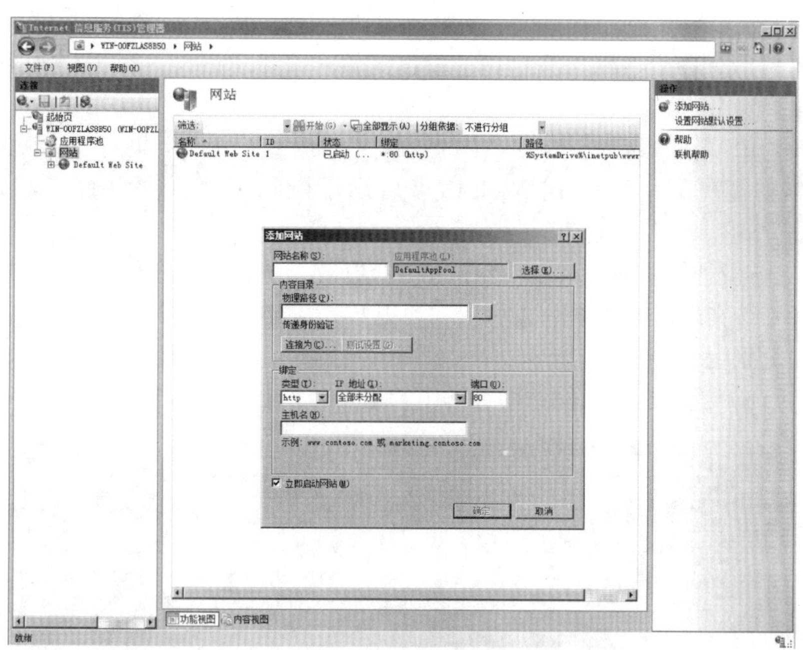

图 4-7-18　在“添加网站”界面设置 Web 站点的相关参数

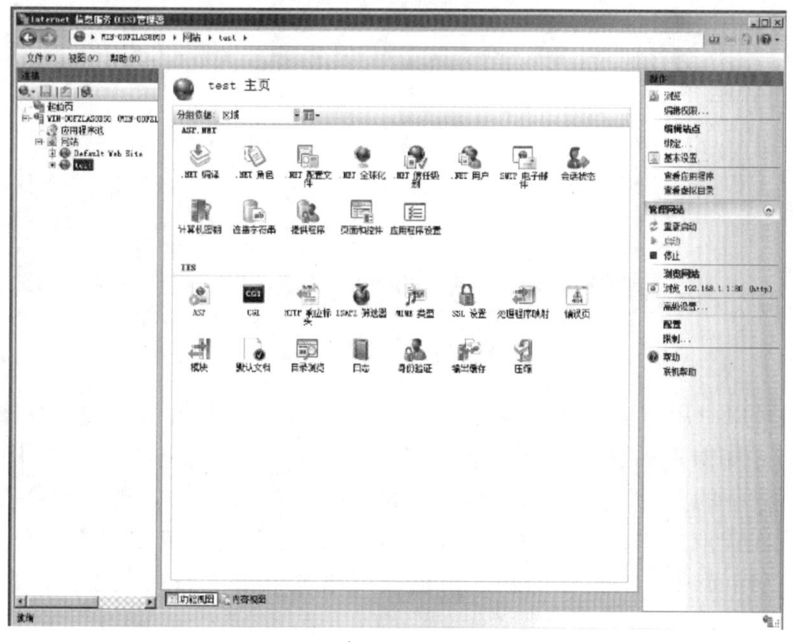

图 4-7-19　test 站点

> **提示**：也可以在物理路径中输入远程共享的文件夹，就是将主目录指定到另外一台计算机内的共享文件夹，当然该文件夹内必须有网页存在，同时需单击“连接为”按钮，必须指定一个有权访问此文件夹的用户名和密码。

2. 网站默认页设置

通常情况下，Web 网站都需要一个默认文档，当在 IE 浏览器中使用 IP 地址或域名访问时，Web 服务器会将默认文档回应给浏览器，并显示内容。当用户浏览网页没有指定文档名时，例如输入的是 http：//192.168.1.1，而不是 http：//192.168.1.1/default.htm，IIS 服务器会把事先设定的默认文档返回给用户，这个文档就称为默认页面。在默认情况下，IIS 7 的 Web 站点启用了默认文档，并预设了默认文档的名称。

打开“IIS 管理器”窗口，在功能视图中选择“默认文档”图标（图 4-7-20），双击查看网站的默认文档，如图 4-7-21 所示。利用 IIS 7 搭建 Web 网站时，默认文档的文件名有六个，分别为：Default.htm、Default.asp、index.htm、index.html、iisstart.htm 和 default.aspx，这也是一般网站中最常用的主页名。

图 4-7-20　默认文档

当然也可以由用户自定义默认网页文件。在访问时，系统会自动按顺序由上到下依次查找与之相对应的文件名。当客户浏览 http：//192.168.1.1 时，IIS 服务器会先读取主目录下的 Default.htm（排列在列表中最上面的文件），若在主目录内没有该文件，则依次读取后面的文件（Default.asp 等）。可以通过单击“上移”和“下移”按钮来调整 IIS 读取这些文件的顺序，也可以通过单击“添加”按钮，来添加默认网页。

由于这里系统默认的主目录%SystemDrive\Inetpub\wwwroot 文件夹内，只有一

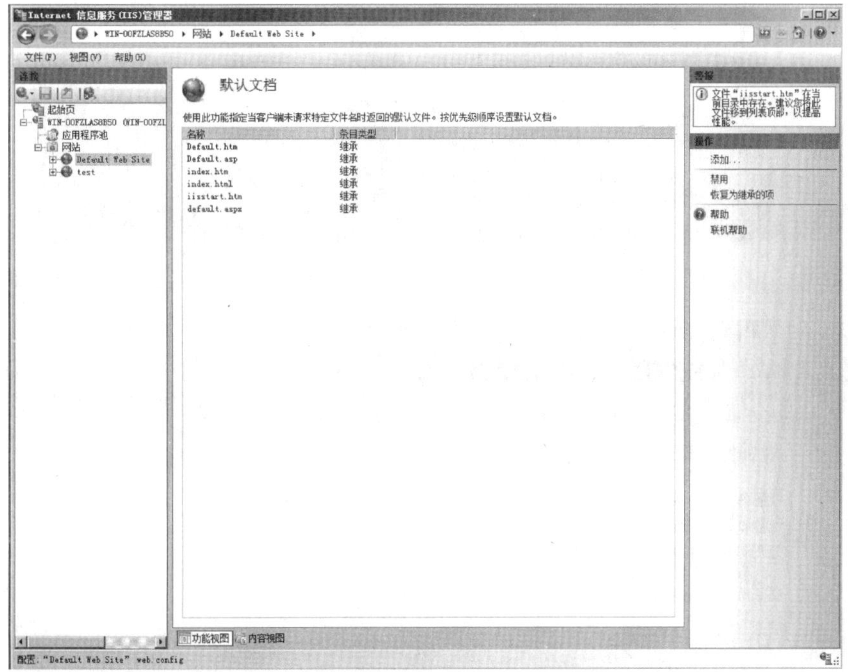

图 4-7-21　默认文档列表

个文件名为 iisstart.htm 的网页，因此客户浏览 http：//192.168.1.1 时，IIS 服务器会将此网页传递给用户的浏览器，如图 4-7-22 所示。若在主目录找不到列表中的任何一个默认文件，则用户的浏览器画面会出现如图 4-7-23 所示的消息。

图 4-7-22　访问默认网页

图 4-7-23　访问出错

【任务小结】

（1）Web 服务器作用就是为用户提供信息服务。

（2）IIS 中网站的主目录配置确定网页文件的位置。

（3）IIS 中网站的 IP 地址、端口、主机名，决定访问该网站的地址。

（4）IIS 中网站的默认页配置，决定服务器收到访问请求时，默认查找的页面。

【扩展练习】

在 Windows Server 2008 中，完成以下操作。

（1）安装 IIS Web 服务器。

（2）新建一个网站，名称为 gzdsxy。

（3）配置该网站的主目录为 D：/gzdsxy/。

（4）为该网站添加主机头，使用该网站可以通过域名 www. gzdsxy. cn 进行访问。

（5）配置该网站的默认文档为 index. php。

（6）测试网站是否可以访问。

【能力评价】

能力评价表

任务名称	Web 服务器		
开始时间		完成时间	
评价内容			
任务准备：		是	否
1. 收集任务相关信息		□	□
2. 明确训练目标		□	□
3. 学习任务相关知识		□	□
任务计划：		是	否
1. 明确任务内容		□	□
2. 明确时间安排		□	□
3. 明确任务流程		□	□
任务实施：	分值	自评分	教师评分
1. 能理解 Web 服务器的作用	10		
2. 能在 Windows Server 2008 中正确安装 Web 服务器	10		
3. 能根据需要在 Web 服务器添加网站	10		
4. 能根据需要设置网站的主目录	15		
5. 能根据需要给网站绑定访问的域名	20		
6. 能根据需要设置网站的默认文档	20		
7. 能正确测试 Web 服务器的配置	15		
合计：	100		
总结与提高：			
1. 本次任务有哪些收获？ 2. 在任务中遇到了哪些问题？有何解决方法？			

任务八　FTP 服务器

【任务描述】

企业组建了企业网，架设了企业 Web 网站。在网站上传和更新时，需要用到文件上传和下载，因此还要架设 FTP 服务器，为企业局域网中的计算机提供文件传送任务。

在企业网络的管理中，可能遇到这样的场景：员工出差在外或在家工作时，可能需要远程上传和下载文件；各种共享软件、应用软件、文件等需要提供给广大用户；当网络中各部分使用的操作系统不同时，需要在不同操作系统之间传递文件，像这些情况可以使用 FTP 来解决。

当需要远程传输文件时；当上传或下载的文件尺寸较大，而无法通过邮箱传递时；或者无法直接共享时，只需架设 FTP 服务器，就可以方便地使用各种资源。

【能力要求】

（1）能够根据实际情况，选择合适的 FTP 服务器。

（2）能够在 Windows Server 2008 中完成 FTP 服务器的安装。

（3）能够在 Windows Server 2008 中完成 FTP 服务器的配置。

【知识准备】

一、FTP 服务器

FTP 服务器是在互联网上提供文件存储和访问服务的计算机，它们依照 FTP 协议提供服务。FTP 是 File Transfer Protocol（文件传输协议）。顾名思义，就是专门用来传输文件的协议。简单地说，支持 FTP 协议的服务器就是 FTP 服务器。用户可以连接到服务器上下载文件，也可以将自己的文件上传到 FTP 服务器中。

二、常用 FTP 服务软件

1. IIS FTP

Windows Server 2008 中的 IIS 带有 FTP 服务器功能，默认情况下没有安装或没有启用，需要安装并启用才能使用。其配置比较简单，在 Windows 服务器中经常被使用。

2. Serv-U

Serv-U 是一种被广泛运用的 FTP 服务器端软件，支持 3x/9x/ME/NT/2K/2000/XP 等全 Windows 系列。可以设定多个 FTP 服务器、限定登录用户的权限、登录主目录及空间大小等，功能非常完备。它具有非常完备的安全特性，支持 SSl FTP 传输，支持在多个 Serv-U 和 FTP 客户端通过 SSL 加密连接保护您的数据安全等。

3. FileZilla

FileZilla 是一款经典的开源 FTP 解决方案，包括 FileZilla 客户端和 FileZilla Server。其中，FileZilla Server 的功能比起商业软件 FTP Serv-U 毫不逊色。无论是传输速度还是安全性，都非常优秀。

【任务实施】

一、安装 IIS 7 FTP 服务

安装 IIS 7 后，默认没有安装 FTP，要使用 FTP 仍需要单独安装，安装方法和安装 IIS 相似。具体操作步骤如下所述。

（1）在服务器中选择“开始”→“服务器管理器”（或者选择“开始”→“管理工具”→“服务器管理器”命令）命令（图 4-8-1），打开“服务器管理器”窗口，在“角色”下面找到 Web 服务器（IIS），如图 4-8-2 所示。

图 4-8-1　“服务器管理器”菜单

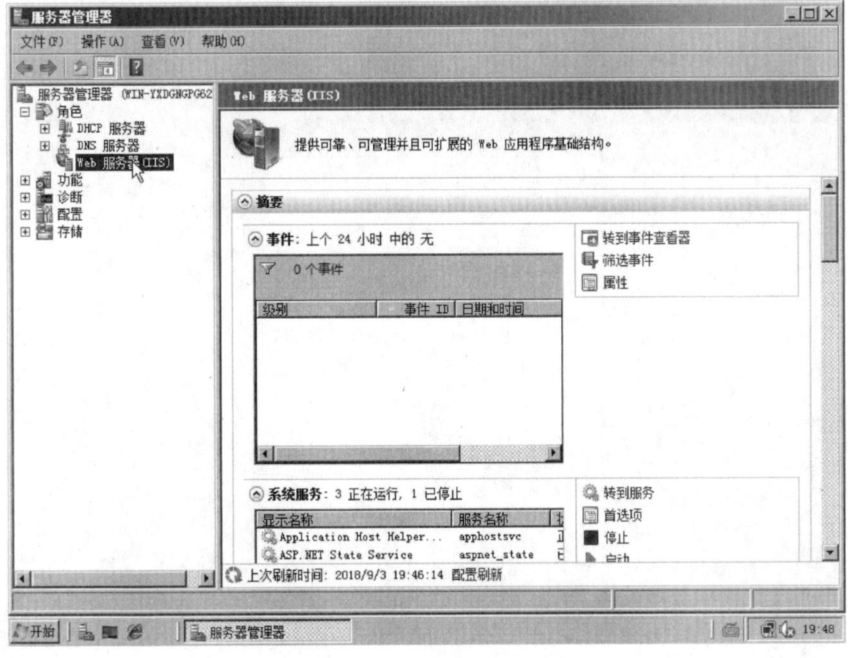

图 4-8-2　Web 服务器（IIS）

（2）在 Web 服务器（IIS）选项上，右击，如图 4-8-3 所示，在右键菜单中选择“添加角色服务”命令，打开“添加角色服务”向导，如图 4-8-4 所示。

（3）在“角色服务”中，选择“FTP 发布服务”。在选择 FTP 发布服务时，由于 FTP 服务依赖的必需服务没有安装，所以会弹出添加角色服务对话框，询问添加必需

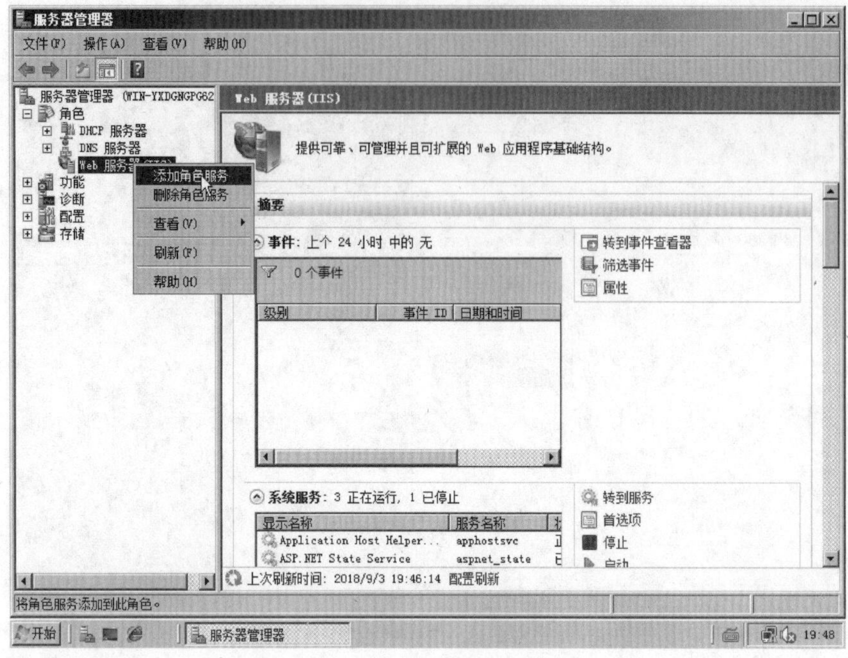

图 4-8-3　选择“添加角色服务”命令

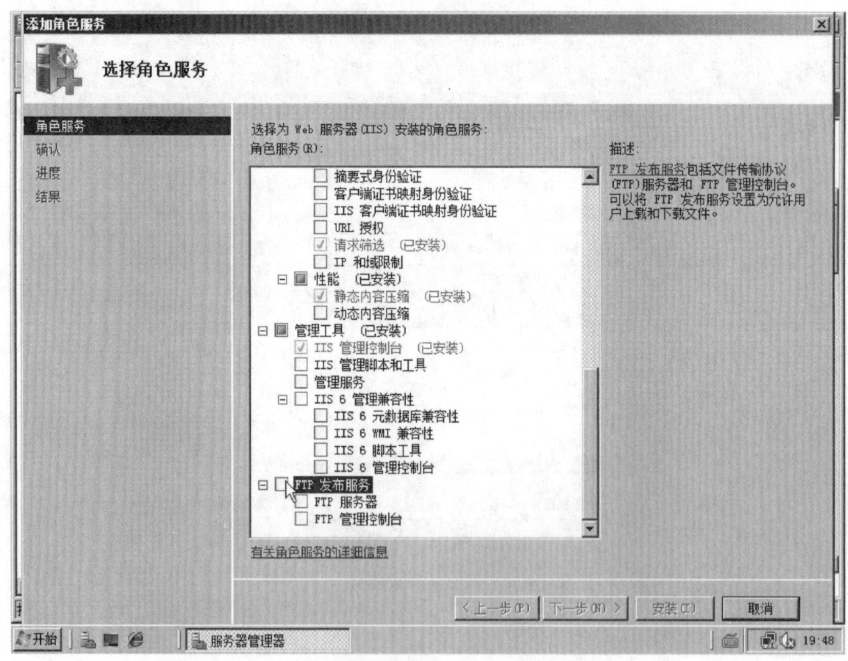

图 4-8-4　打开“添加角色服务”向导

的服务，如图 4-8-5 所示。单击“添加必需的角色服务（A）”，即可选中“FTP 发布服务”，如图 4-8-6 所示。

（4）单击“下一步”按钮，进入“确认安装选择”界面，如图 4-8-7 所示，显示了 FTP 服务安装的详细信息，确认安装这些信息可以单击“安装”按钮。

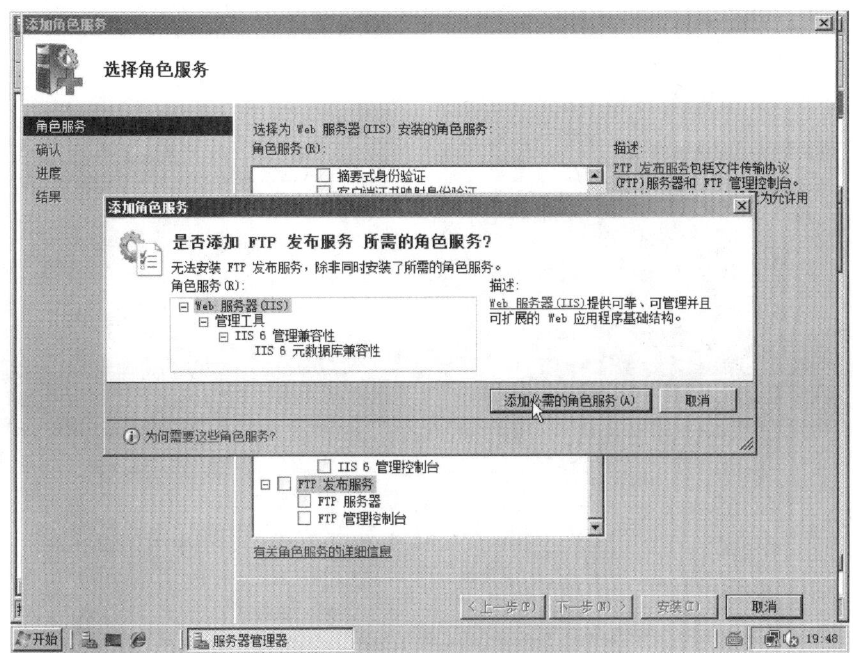

图 4-8-5　添加必需的角色服务

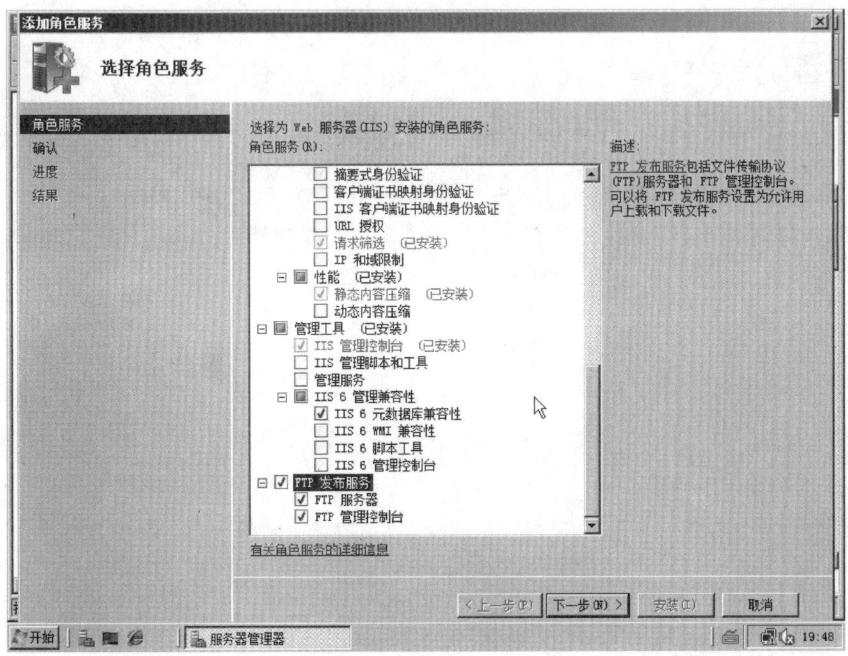

图 4-8-6　选择 FTP 发布服务

(5) FTP 服务安装过程结束后，如图 4-8-8 所示，会显示 FTP 服务安装成功的提示，此时可单击“关闭”按钮退出添加角色向导。

(6) 安装完成后，在系统管理工具中会增加一项“Internet 信息服务（IIS）6.0 管

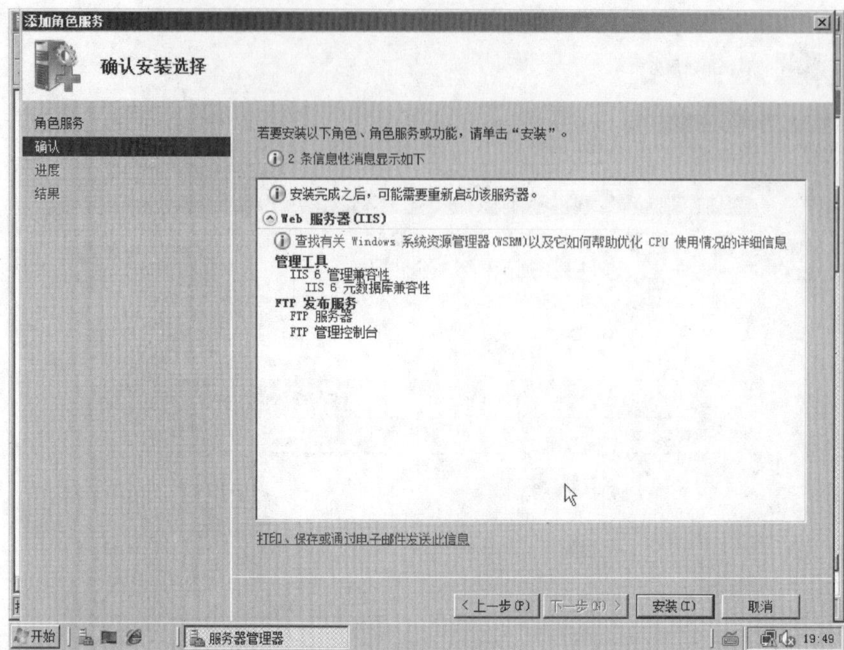

图 4-8-7 确认安装

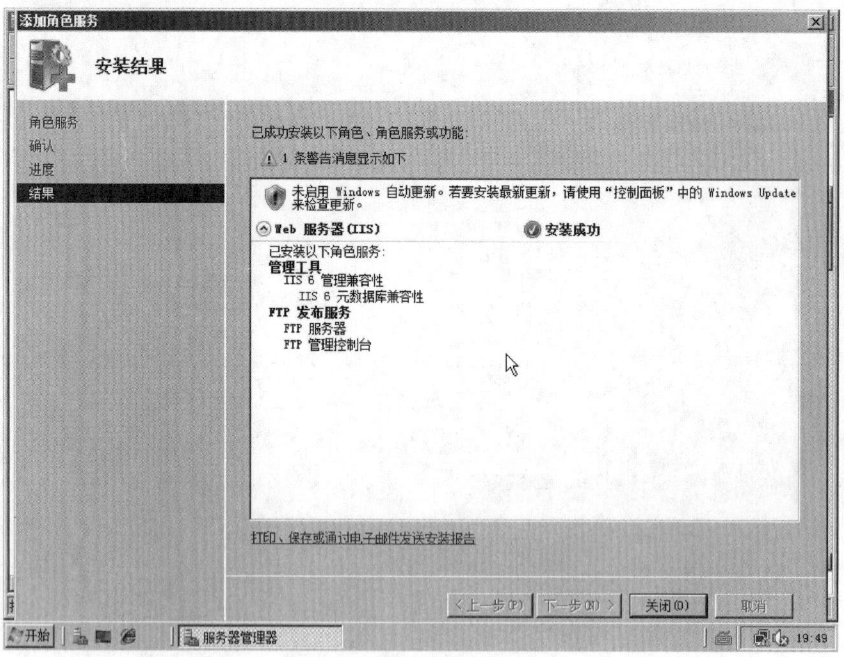

图 4-8-8 安装成功

理器”工具，如图 4-8-9 所示。该工具是 FTP 的管理工具，因为在 Windows Server 2008 中，并未对 FTP 服务功能进行更新，它仍然需要老版本 IIS 6.0 的管理器来管理。

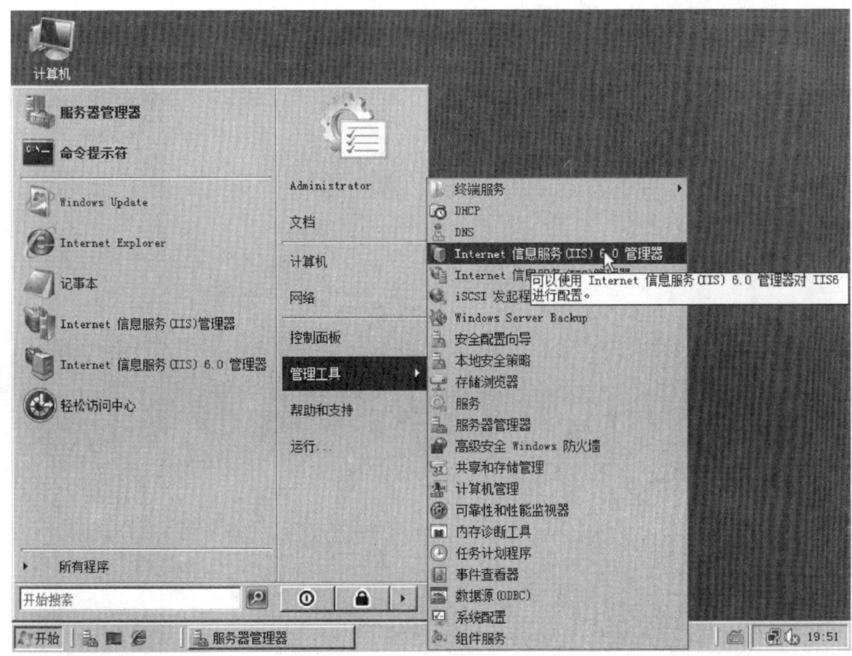

图 4-8-9　Internet 信息服务（IIS）6.0 管理器菜单

二、FTP 服务器的管理

1. 启动 FTP 服务

在 IIS 7.0 上安装 FTP 服务后，默认情况下也不会启动该服务。因此，在安装 FTP 服务后必须启动该服务。在 Windows Server 2008 中，并未对 FTP 服务功能进行更新，它仍然需要老版本 IIS 6.0 的管理器来管理。

启动 FTP 服务的具体操作步骤如下：选择“开始”→“管理工具”→“Internet 信息服务（IIS）管理器”命令，打开“Internet 信息服务（IIS）管理器”窗口，在“连接”窗格中选择“FTP 站点”，如图 4-8-10 所示。在功能视图中看到有关 FTP 站点的说明，单击“单击此处启动”链接，弹出“Internet 信息服务（IIS）6.0 管理器”窗口（也可以直接按照图 4-8-9 所示菜单，直接打开“Internet 信息服务（IIS）6.0 管理器”窗口），在“FTP 站点”下，右击 Default FTP Site 站点，在弹出的菜单中选择“启动”命令，或单击工具栏的“启动项目”按钮，启动默认的 FTP 站点，如图 4-8-11 所示。

2. FTP 基本配置

安装 FTP 服务时，系统会自动创建一个 Default FTP Site 站点，可以直接利用它来作为 FTP 站点，也可以自行创建新的站点。主目录与目录格式列表：计算机上的每个 FTP 站点都必须有自己的主目录，可以设定 FTP 站点的主目录。选择“Internet 信息服务（IIS）6.0 管理器”→“FTP 站点”→“默认 FTP 站点”选项，右击，选择“属性”命令，选择“主目录”选项卡，如图 4-8-12 所示，有三个选项区域。

（1）“此资源的内容来源”选项区域。该选项卡有两个选项：此计算机上的目录、另一台计算机上的目录。系统默认 FTP 站点的默认主目录位于 C：\inetpub\ftproot。

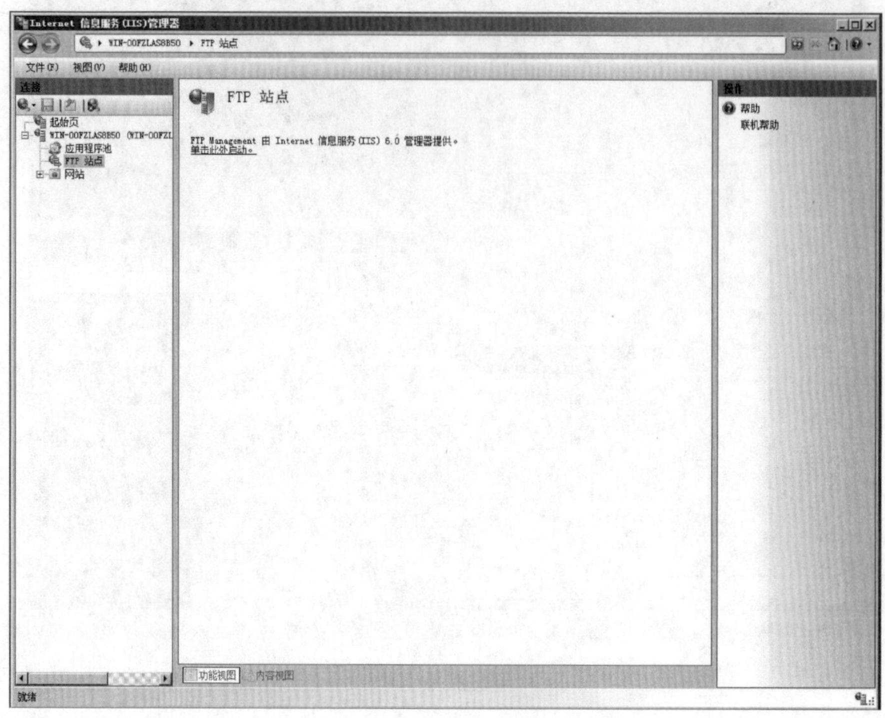

图 4-8-10　FTP 站点

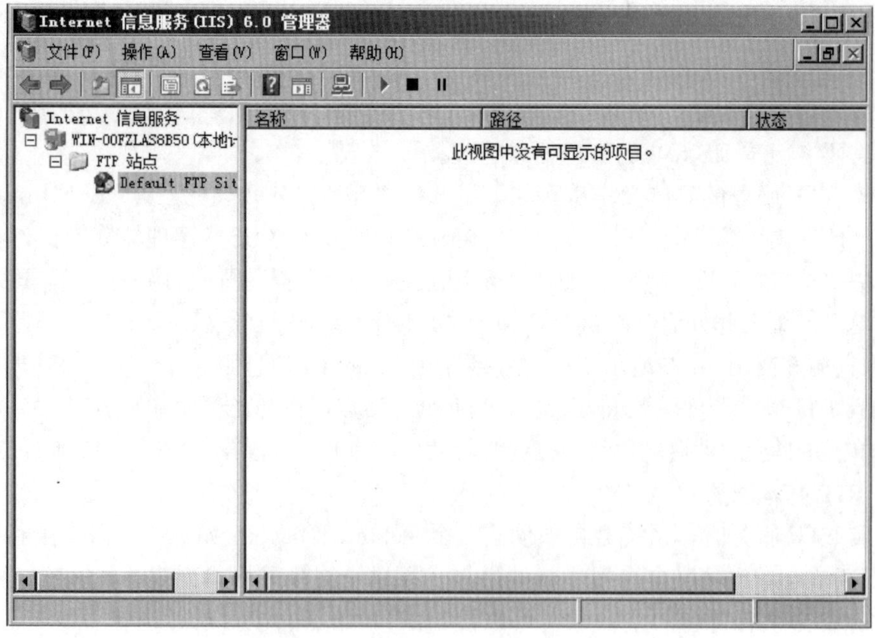

图 4-8-11　“Internet 信息服务（IIS）6.0 管理器”窗口

（2）“FTP 站点目录”选项区域。可以选择本地路径或者网络共享，同时可以设置用户的访问权限，共有三个复选框。

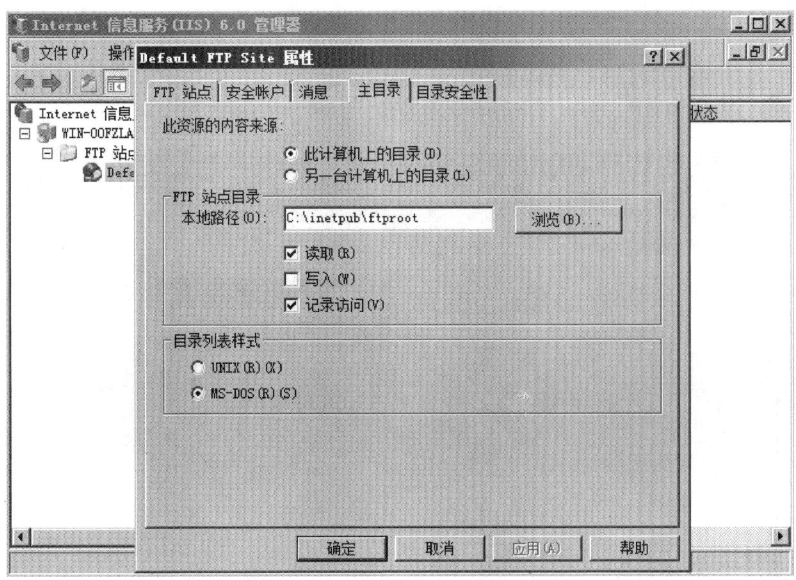

图 4-8-12　默认 FTP 站点的主目录

• 读取：用户可以读取主目录内的文件，例如可以下载文件。

• 写入：用户可以在主目录内添加、修改文件，例如可以上传文件。另外，创建虚拟目录或虚拟网站时，只对特权用户开放“写入”权限。

• 记录访问：启动日志，将连接到此 FTP 站点的行为记录到日志文件内。

(3)“目录列表样式”选项区域。该区域用来设置如何将主目录内的文件显示在用户的屏幕上，有以下两种选择。

• MS-DOS：这是默认选项，显示的格式以两位数字显示年份。

• UNIX：显示的格式以四位数格式显示年份，如果文件日期与 FTP 服务器相同，则不会返回年份。

3. 创建新 FTP 站点（隔离用户的 FTP 站点）

该模式在用户访问与其用户名匹配的主目录前，根据本机或域账户验证用户，所有用户的主目录都在单一 FTP 主目录下，每个用户均被安放和限制在自己的主目录中。不允许用户浏览自己主目录外的内容，如果用户需要访问特定的共享文件夹，可以再建立一个虚拟根目录，该模式不使用 Active Directory 目录服务进行验证。

FTP 用户隔离为 Internet 服务提供商（ISP）和应用服务提供商提供了解决方案，使他们可以为客户提供下载文件和 Web 内容的个人 FTP 目录。FTP 用户隔离通过将用户限制在自己的目录中，来防止用户查看或覆盖其他用户的 Web 内容。因为顶层目录就是 FTP 服务的根目录，用户无法浏览目录树的上一层。在特定的站点内，用户能创建、修改或删除文件和文件夹。FTP 用户隔离是站点属性，而不是服务器属性，无法为每个 FTP 站点启动或关闭该属性。

当设置 FTP 服务器使用隔离用户时，所有的用户主目录都在 FTP 站点目录中的二级目录下。FTP 站点目录可以在本地计算机上，也可以在网络共享上，前期要做的准备工作如下所述。

(1) 创建用户账户：创建隔离用户的 FTP 站点，首先要在 FTP 站点所在的 Windows Server 2003 服务器中，为 FTP 用户创建一些用户账户（例如 test1、test2，如图 4-8-13 所示），以便他们使用这些账户登录 FTP 站点。

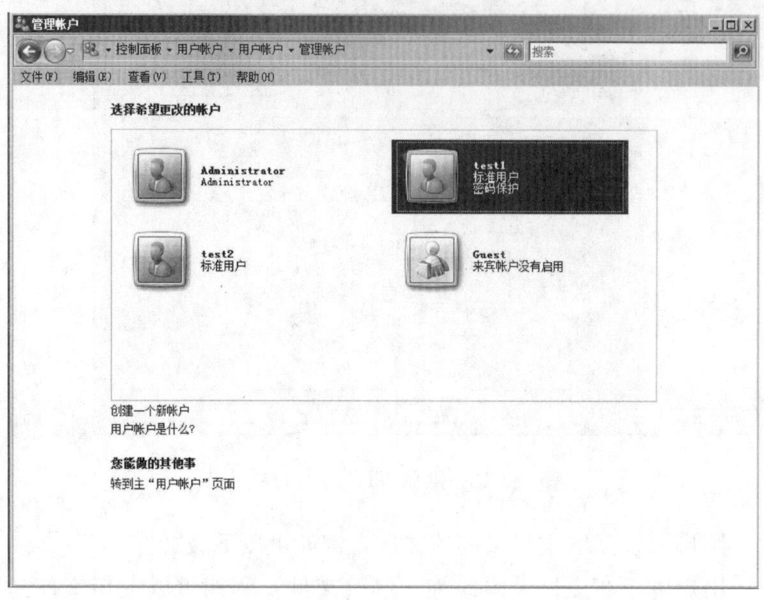

图 4-8-13　创建用户账户

(2) 规划目录结构：创建了用户账户后，开始一项关键性操作，规划文件夹结构。创建"用户隔离"模式的 FTP 站点，对文件夹的名称和结构有一定的要求。在此创建一个文件夹作为 FTP 站点的主目录，然后在此文件夹下创建一个名为"localuser"的子文件夹，最后在"localuser"文件夹下创建若干个和用户账户一一对应的个人文件夹（test1、test2，如图 4-8-14 所示）。另外，如果允许用户使用匿名方式登录"用户隔离"

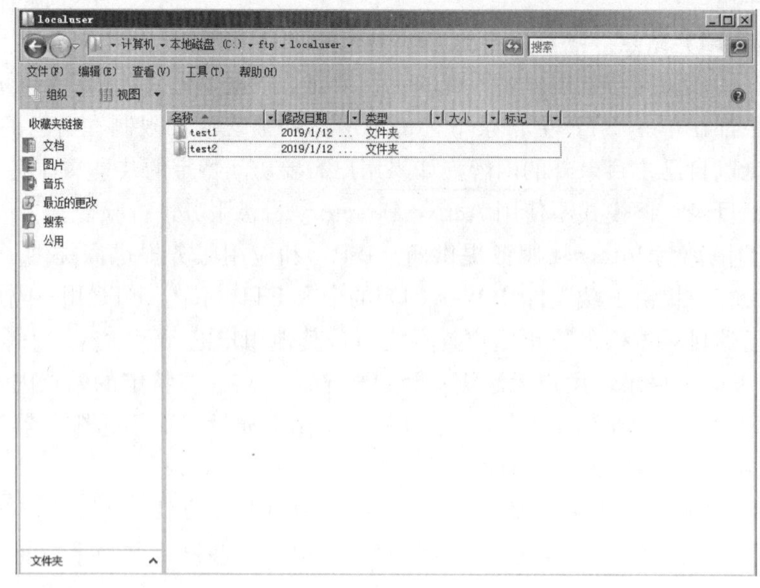

图 4-8-14　不同用户的目录

模式的 FTP 站点，则必须在 localuser 文件夹下面创建一个名为 public 的文件夹，这样匿名用户登录以后即可进入 public 文件夹中进行读写操作。

（3）在“Internet 信息服务（IIS）6.0 管理器”窗口中，展开“本地计算机”，右击“FTP 站点”文件夹，选择“新建”→“FTP 站点”命令，弹出“FTP 站点创建向导”对话框，如图 4-8-15 所示。

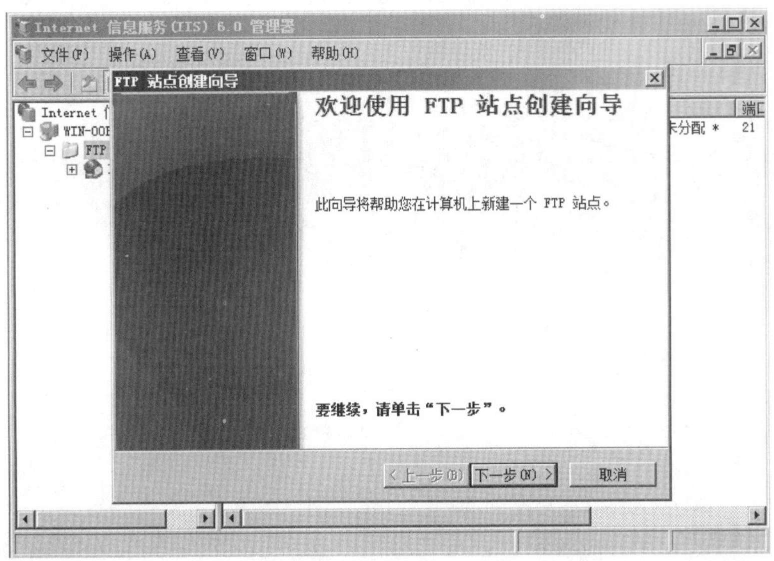

图 4-8-15　FTP 站点创建向导

（4）在“FTP 站点创建向导”对话框，单击“下一步”按钮，弹出“FTP 站点描述”对话框，在“描述”文本框输入 FTP 站点的描述信息，单击“下一步”按钮，如图 4-8-16 所示。

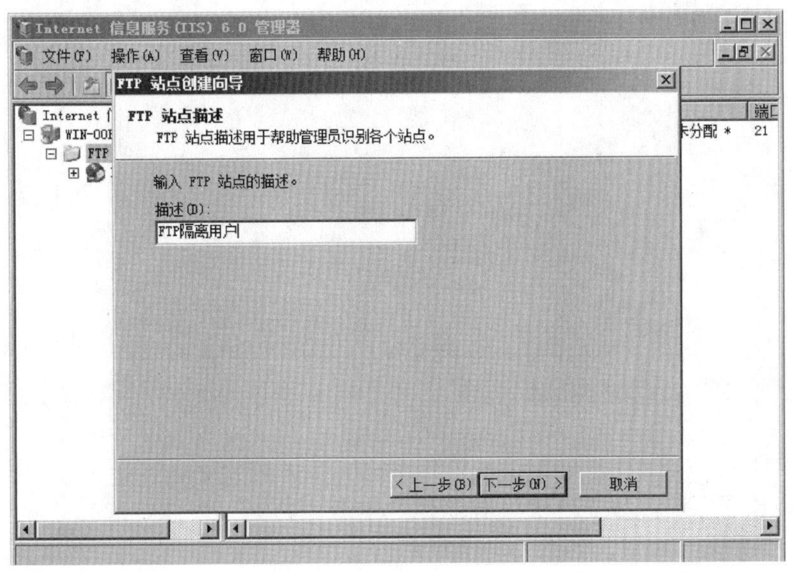

图 4-8-16　FTP 站点描述

（5）弹出“IP 地址和端口设置”对话框，在“输入此 FTP 站点使用的 IP 地址”下拉列表框中，选择主机的 IP 地址，在“输入此 FTP 站点的 TCP 端口”文本框中，输入使用的 TCP 端口，单击“下一步”按钮，如图 4-8-17 所示。

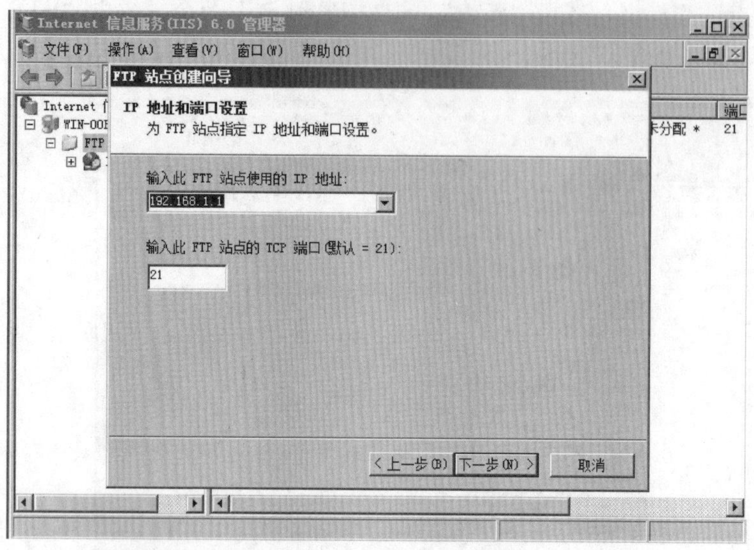

图 4-8-17　IP 地址和端口设置

（6）弹出“FTP 用户隔离”对话框，选中“隔离用户”单选按钮，单击“下一步”按钮，如图 4-8-18 所示。

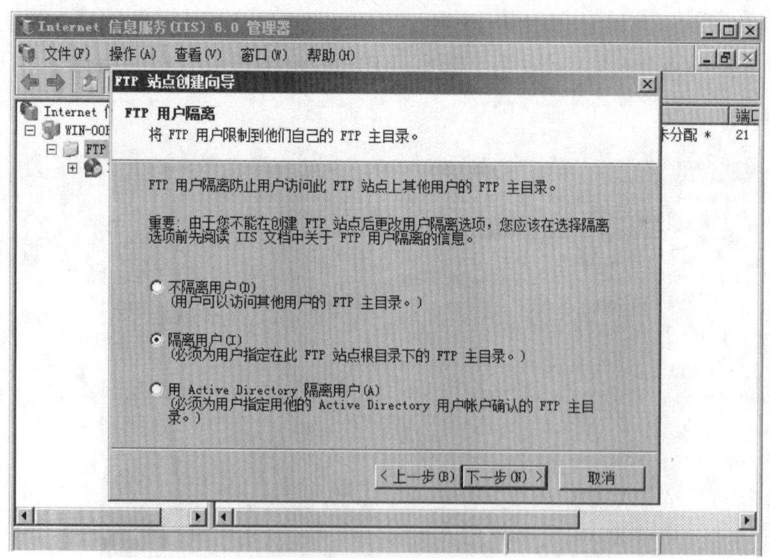

图 4-8-18　FTP 用户隔离

（7）弹出“FTP 站点主目录”对话框，单击“浏览”按钮，选择“C：\ ftp”目录，单击“下一步”按钮，如图 4-8-19 所示。

（8）弹出“FTP 站点访问权限”对话框，在“允许下列权限”选项区域中，选择相应的权限，单击“下一步”按钮，如图 4-8-20 所示。

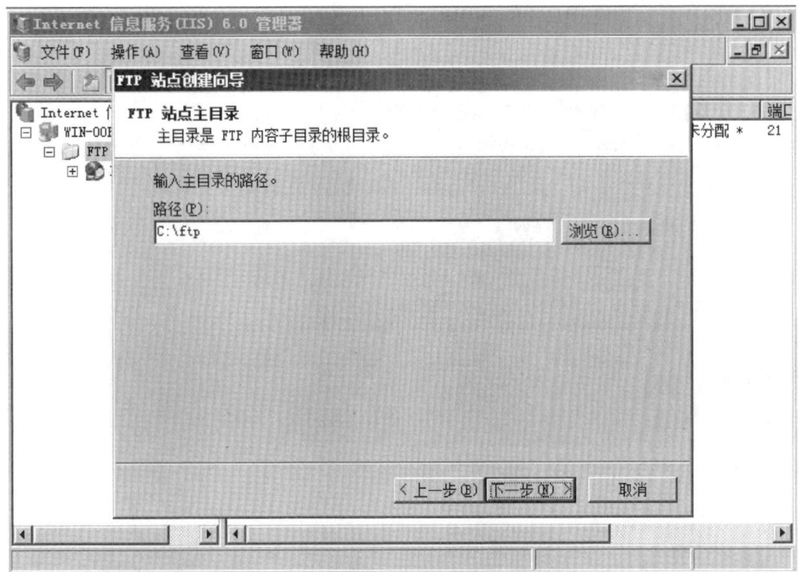

图 4-8-19　FTP 站点主目录

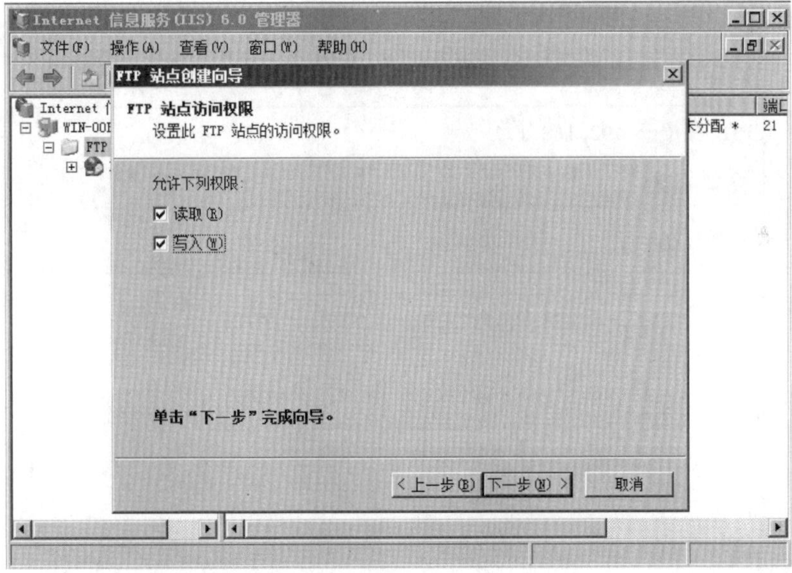

图 4-8-20　FTP 站点访问权限

(9) 单击“完成”按钮，即可完成 FTP 站点的配置。

(10) 最后测试 FTP 站点：以用户名 test1 连接 FTP 站点，在 IE 浏览器地址栏中输入“ftp：//192.168.1.1”，然后在图 4-8-21 中输入用户名、密码，连接成功后，即进入主目录相应的用户文件夹 C：\ftp\localuser\test1，如图 4-8-22 所示。

4. 访问 FTP 站点

(1) 利用浏览器访问 FTP 站点

Microsoft 的 Internet Explorer 将 FTP 功能集成到浏览器中，可以在浏览器地址栏

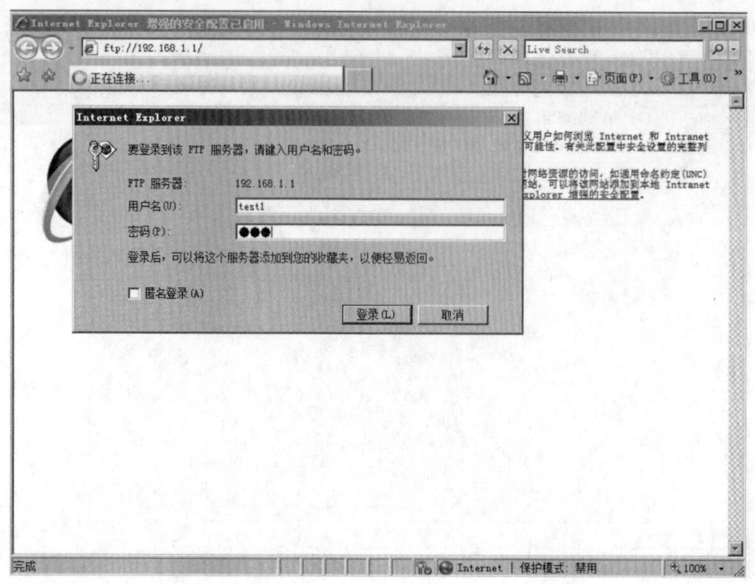

图 4-8-21　用 test1 连接 FTP 站点

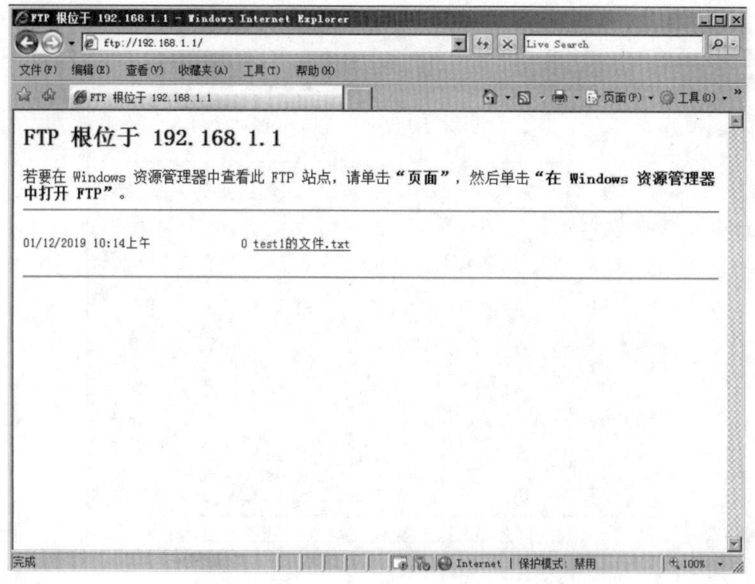

图 4-8-22　连接成功后进入相应的用户文件夹

输入一个 FTP 地址（如 ftp：//192.168.1.1）进行 FTP 登录，如图 4-8-23 所示，这是最简单的访问方法。

（2）利用 FTP 客户端软件访问 FTP 站点

FTP 客户端软件以图形窗口的形式访问 FTP 服务器，操作非常方便，不像字符窗口的 FTP 的命令复杂、繁多。目前有很多很好的 FTP 客户端软件，比较著名的有 CuteFTP、LeapFTP、FlashFXP 等。如图 4-8-24 所示，就是利用 CuteFTP 软件连接到 192.168.1.1 这个 FTP 站点，操作窗口与 Windows 的资源管理器相似。

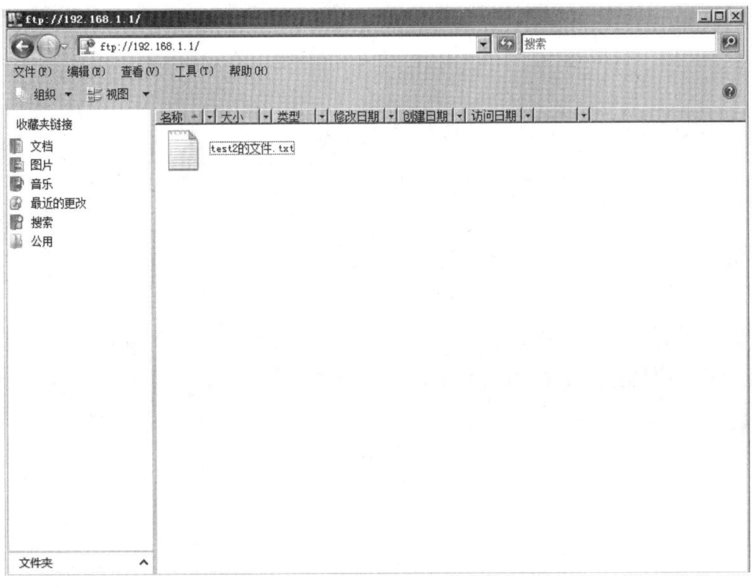

图 4-8-23　用浏览器访问 FTP 站点

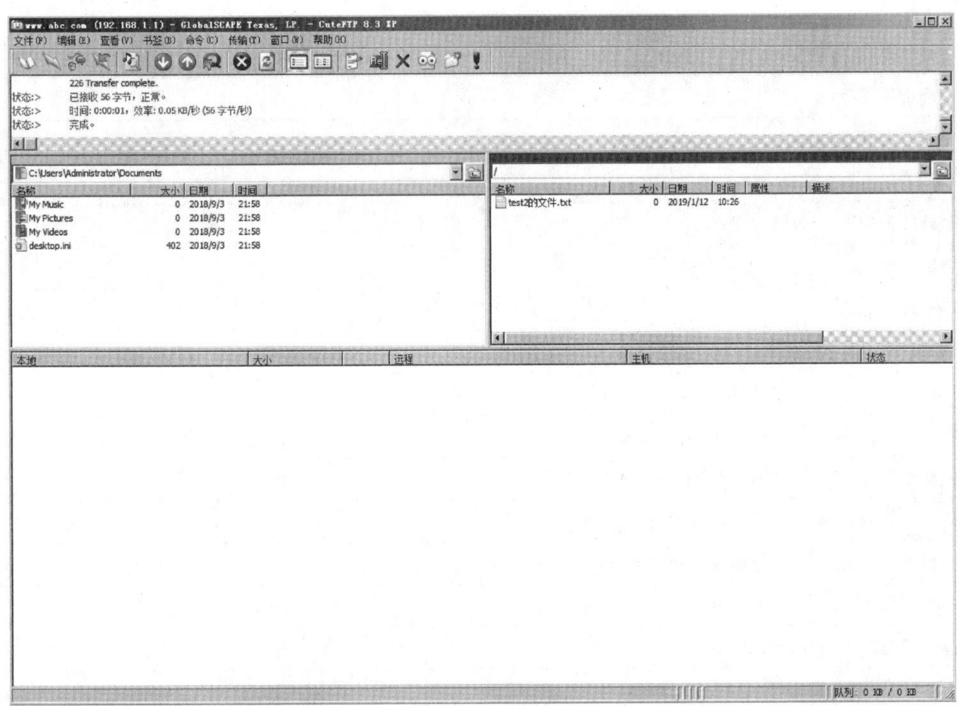

图 4-8-24　用 FTP 客户端软件访问 FTP 站点

【任务小结】

（1）FTP 服务器提供文件传输功能，在不同主机、不同系统之间共享文件。

（2）IIS 有 FTP 功能，但需要单独安装。

（3）IIS的FTP根据需要可以配置不同端口、不同用户目录、不同操作权限。

【扩展练习】

在Windows Server 2008中，完成以下操作。

（1）安装IIS Web服务器，并在IIS中安装FTP服务器。

（2）新建一个FTP站点，名称为myftp。

（3）配置该FTP站点的主目录为D：/myftp/。

（4）配置该FTP站点不能匿名访问。

（5）配置该FTP站点，可以使用账户user1，密码123456进行登录访问。

（6）测试该FTP站点是否可以访问。

【能力评价】

能力评价表

任务名称	FTP服务器			
开始时间		完成时间		
评价内容				
任务准备：			是	否
1. 收集任务相关信息			□	□
2. 明确训练目标			□	□
3. 学习任务相关知识			□	□
任务计划：			是	否
1. 明确任务内容			□	□
2. 明确时间安排			□	□
3. 明确任务流程			□	□
任务实施：		分值	自评分	教师评分
1. 能理解FTP服务器的作用		10		
2. 能在Windows Server 2008中正确安装FTP服务器		10		
3. 能根据需要在FTP服务器添加FTP站点		10		
4. 能根据需要设置FTP站点的主目录		15		
5. 能根据需要设置FTP站点是否可以匿名访问		20		
6. 能根据需要设置FTP站点的用户		20		
7. 能正确测试FTP站点的配置		15		
合计：		100		
总结与提高：				
1. 本次任务有哪些收获？ 2. 在任务中遇到了哪些问题？有何解决方法？				

习 题

一、选择题

1. 下列所述的网络设备具有连接不同子网功能的是（ ）。

A. 网桥 B. 二层交换机 C. 集线器 D. 路由器

2. 下面哪项不是引入 VLAN 划分的原因（ ）。

A. 提高网络速度 B. 增强网络安全性

C. 限制广播包，节约带宽 D. 实现网络的动态组织管理

3. VLAN 之间的通信需要什么设备？（ ）

A. 网桥 B. 二层交换机 C. 路由器 D. 集线器

4. 以下关于 TRUNK 功能的描述正确的是（ ）。

A. 使用 TRUNK 功能时，是为了隔离广播

B. 使用 TRUNK 功能可以方便地实现数据加密

C. 使用 TRUNK 功能时，由于网络产生回路，可能会引发网络风暴

D. 使用 TRUNK 功能可以成倍拓展交换机之间或者与服务器之间的通信带宽

5. 交换机和路由器相比，主要的区别有（ ）。

A. 交换机工作在 OSI 参考模型的第三层

B. 路由器工作在 OSI 参考模型的第三层

C. 交换机的一个端口划分一个广播域的边界

D. 路由器的一个端口划分一个冲突域的边界

6. 以下不会在路由表里出现的是（ ）。

A. 下一跳地址 B. 网络地址 C. 度量值 D. MAC 地址

7. 请问能够在交换机的下列哪个模式使用 write 命令？（ ）

A. 用户模式 B. 特权模式 C. 全局配置模式 D. 接口配置模式

8. 下面的说法不正确的是（ ）

A. DNS 是用来解析 IP 地址和域名地址（互联网地址）的

B. 默认网关是互联内网和外网的通道

C. 每个 Windows 用户都可以创建域，并使用域中的一个账号

D. 每个 Windows 用户都可以创建工作组，创建了一个工作组，计算机重启后就会自动加入该工作组

9. 交换机如何转发收到的二层数据帧？（ ）

A. 比较数据帧的 MAC 地址是否在 MAC 端口对应表中命中，如果命中即向此端口转发

B. 比较数据帧的 MAC 地址是否在 MAC 端口对应表中命中，如果没有命中即丢弃该帧

C. 交换机存储此二层数据帧，待目的设备发出查询，再发向目的设备

D. 交换机察看二层帧对应的 IP 地址是否在端口地址表中，如果在，则向所有端口

转发

10. 交换机提示为：SA（config）#，问现在是处在什么模式？（　　）

A. 全局配置模式　　B. 特权用户模式

C. 普通用户模式　　D. 接口模式

11. 改变交换机主机名的命令是（　　）

A. host　　B. username　　C. login　　D. hostname

12. 配置 telnet 的密码，在全局模式下应该输入的命令是：（　　）

A. line console 0　　B. line vty 0 4

C. int f0/0　　D. int s0/0

13. 配置从普通用户模式进入特权用户模式的密码：（　　）

A. password ******

B. enable password ******

C. enable ******

D. login password ******

14. 配置交换机端口，应该在哪种提示符下进行？（　　）

A. S1（config）#　　B. S1（config-in）#

C. S1（config-intf）#　　D. S1（config-if）#

15. 下面的交换机命令中哪一条为端口指定 VLAN？（　　）

A. S1（config-if）#vlan-menbership static

B. S1（config-if）#vlan database

C. S1（config-if）#switchport mode access

D. S1（config-if）#switchport access vlan 10

16. 交换机如何将接口设置为 Trunk 模式？（　　）

A. switchport mode tag　　B. switchport mode trunk

C. trunk on　　D. set port trunk on

17. 哪条命令可以创建 vlan 10，并命名为 vlana。（　　）

A. vlan vlana 10　　B. vlan 10 name vlana

C. vlan 10 vlana　　D. 无法一个命令来完成

18. 下列哪些区域不能在 DNS 服务器里创建？（　　）

A. 正向查找区域　　B. 辅助区域　　C. 子域　　D. 反向查找区域

19. 如要发布网站，则需要安装（　　）

A. FTP 服务　　B. SMTP 服务　　C. POP3 服务　　D. WWW 服务

20. 在 Internet 中，（　　）负责将主机域名转换为主机的 IP 地址。

A. DNS　　B. DHCP　　C. FTP　　D. TCP

21. 通常情况下，常用的应用程序都有固定的端口，以下关于熟知端口不正确的是：（　　）

A. HTTP 协议使用 80 端口　　B. FTP 服务器使用 21 号端口

C. DNS 使用 100 号端口　　D. HTTPS 协议使用 443 端口

22. 有一台系统为 Windows Server2008 的 FTP 服务器，其 IP 地址为 192.168.1.8，

要让客户端能使用”ftp：//192.168.1.8”地址访问站点的内容，需将站点端口配置为（　　）

A. 80　　B. 21　　C. 8080　　D. 2121

23. 如果父域的名字是 a.com，子域的名字是 b，那么子域的 DNS 全名是（　　）

A. a.com　　B. a　　C. b.a.com　　D. b.com

24. 在安装 DHCP 服务器之前，必须保证这台计算机具有静态的（　　）。

A. 远程访问服务器的 IP 地址　　B. DNS 服务器的 IP 地址

C. IP 地址　　D. WINS 服务器的 IP 地址

25. Web 网站的默认 TCP 端口号为（　　）。

A. 21　　B. 80　　C. 8080　　D. 1024

二、简答题

1. 交换机的常用配置模式有哪些?

2. 简述 VLAN 的功能和优点。

3. 简述 DNS 的功能。

4. 简述 DHCP 的优缺点。

三、实训题

1. 配置交换机加密保存的特权密码为 000000，交换机允许远程登录，登录密码为 111111。

2. 使用思科模拟器，新建网络拓扑图，添加一台二层交换机 2950-24 命令为 SW；添加 4 台计算机分别命名为 PC1～PC4，PC1 连接 SW 的 5 号端口，PC2 连接 SW 的 10 号端口，PC3 连接 SW 的 15 号端口，PC4 连接 SW 的 20 号端口；在 SW 上添加两个 VLAN，VLAN 10，VLAN 20，将 1～5 号端口和 11～15 号端口分配到 VLAN 10，将 6～10 号端口和 16～20 号端口分配到 VLAN 20；测试 PC1～PC4 之间的连通性。

3. 在 Windows Server 2008 的操作系统上完成如下操作。

（1）在 Windows Server 2008 操作系统上设置其 IP 地址为 192.168.1.1，子网掩码为 255.255.255.0，DNS 地址为 192.168.1.1，网关设置为 192.168.1.254，其他网络设置暂不修改，为其安装 DNS 服务器，域名为 student.com。

（2）配置该 DNS 服务器，创建 student.com 正向查找区域。

（3）新建主机 www，IP 为 192.168.1.100，别名为 web，指向 www，MX 记录为 mail，邮件优先级为 10。

（4）创建 student.com 反向查找区域。

（5）在宿主操作系统 Windows 7 系统中，配置成为该 DNS 服务器的客户端，并用 ping、nslookup、ipconfig 等命令测试 DNS 服务器能否正常工作。

4. 在 Windows Server 2008 的操作系统上完成如下操作。

（1）在操作系统 Windows Server 2008 中安装 DHCP 服务器，并设置其 IP 地址为 192.168.1.250，子网掩码为 255.255.255.0，网关和 DNS 分别为 192.168.1.254 和 192.168.1.1。

（2）新建作用域名为 student.com，IP 地址的范围为 192.168.1.1 ～192.168.1.254，掩码长度为 24 位。

（3）排除地址范围为 192.168.1.1～192.168.1.5、192.168.1.250～192.168.1.254（服务器使用及系统保留的部分地址）。

（4）设置 DHCP 服务的租约为 24 小时。

（5）设置该 DHCP 服务器向客户端分配的相关信息为：DNS 的 IP 地址为 192.168.1.1，父域名称为 teacher.com，路由器（默认网关）的 IP 地址为 192.168.1.254，WINS 服务器的 IP 地址为 192.168.1.3。

（6）将 IP 地址 192.168.1.251（MAC 地址：00-00-3c-12-23-25）保留，用于 FTP 服务器使用，将 IP 地址 192.168.1.252（MAC 地址：00-00-3c-12-D2-79）保留，用于 WINS 服务器。

（7）在 Windows 7 上测试 DHCP 服务器的运行情况，用 ipconfig 命令查看分配的 IP 地址以及 DNS、默认网关等信息是否正确。

5. 在 IIS 中创建一个名为 myWeb 的站点，主目录为 C：\myWeb，IP 地址为该服务器的所有 IP，端口为 8080，绑定域名 www.myweb.com，默认文档为 myIndex.html。

6. 尝试用 FileZilla 搭建 FTP 服务器，对比与 IIS 搭建 FTP 服务器有什么区别。

项目五　局域网安全与管理

项目简介

网络在给生活带来了许多便利的同时，也会遇到许多安全问题。比如，计算机病毒能够破坏计算机的功能和文件数据；数据经常因没有备份而丢失；在网上冲浪时，常会弹出恶意广告等。因此，要想让计算机不受到外来攻击，计算机数据得到完好的保存，健康运行，确保人们愉快地进行网上学习、办公和娱乐，就需要掌握基本的网络安全与管理技能。

本项目将围绕网络病毒防护、共享和备份资源、组建域网络、安全策略设置、Windows 防火墙和安装补丁服务器六个方面来介绍局域网的安全防护与管理。

任务一　网络病毒防护

【任务描述】

要让计算机运行安全，除了开启防火墙和设置本地安全策略外，还需安装必要的杀毒软件。防火墙虽然能够屏蔽掉外部的部分攻击，但是处理病毒侵入和内部攻击问题，需要安装常用的杀毒软件才能实现对病毒的查杀，确保计算机资源不受病毒侵害。因此，网络病毒防护需要借助必要的杀毒软件。本任务主要介绍如何安装和使用腾讯电脑管家软件。

【能力要求】

(1) 正确下载腾讯电脑管家软件。
(2) 能够安装腾讯电脑管家软件。
(3) 会使用腾讯电脑管家软件查杀计算机病毒。
(4) 能够熟练掌握计算机病毒的五个特性。
(5) 能够掌握计算机病毒的分类。
(6) 能够熟练掌握电脑管家-设置中心的基本设置。

【知识准备】

一、计算机病毒

计算机病毒是编制者在计算机程序中插入的破坏计算机功能或数据，影响计算机使用并且能够自我复制的一组计算机指令或者程序代码。计算机病毒是人为制造的，其生命周期有开发期、传染期、潜伏期、发作期、发现期、消化期、消亡期七个阶段，具有五大特性。

1. 破坏性

计算机病毒具有破坏性，能删除或者修改计算机文件，影响计算机的正常使用和运行。

2. 传染性

计算机病毒具有传染性，能通过网络、中介介质等进行传播，将自身的复制品或变体传染到其他无毒对象的程序，修改程序代码，影响其他对象的正常运行和使用。

3. 潜伏性

计算机病毒具有潜伏性，有依附于其他媒介的能力，可以一直潜伏到条件成熟时才攻击对象。

4. 触发性

计算机病毒具有触发性，编制计算机病毒的人可以通过设定一些触发条件，使病毒在传播过程中一旦满足触发条件，即产生破坏作用。

5. 隐蔽性

计算机病毒具有很强的隐蔽性，忽隐忽现，变化多端，不易被发现，很难被查杀软件捕捉到。处理具有隐蔽性的病毒很困难。

二、计算机病毒分类

计算机病毒能够自我复制和运行代码，也能够对内存运行写操作，具备不同的破坏力和特性。

（1）病毒按依附的媒介划分为：网络病毒、文件病毒、引导型病毒和多型病毒。

（2）病毒按传染渠道划分为：驻留型病毒、非驻留型病毒。

（3）病毒按破坏力划分为：良性病毒、恶性病毒、极恶性病毒、灾难性病毒。

（4）病毒按算法划分为：伴随型病毒、蠕虫型病毒、寄生型病毒。

三、查杀病毒

1. 计算机病毒的防治要做到三个方面。

（1）计算机病毒预防。根据系统特性，采取相应的系统安全措施，预防病毒侵入计算机。

（2）计算机病毒检查。对于特定的计算机内存、文件、引导区、网络环境，通过病毒查杀工具能够准确地检测出病毒名称和属性。

（3）计算机病毒查杀。根据不同属性对病毒分类，在不破坏文件内容的基础上，按照病毒的感染特性进行查杀。

2. 腾讯电脑管家

目前的杀毒软件很多，主要有：联想电脑管家、360 杀毒软件、金山毒霸、腾讯电脑管家、百度安全卫士、熊猫杀毒软件、卡巴斯基反病毒软件、小红伞杀毒软件等。

腾讯电脑管家是目前主流的杀毒软件之一，将病毒预防、病毒监测、病毒查杀和计算机桌面管理集中于一体，能实现病毒查杀、清理计算机垃圾、电脑加速、软件安装、数据恢复、文件解密、文件粉碎、上网安全和漏洞修复等，更有利于用户对计算机安全的集中管理和网络病毒防护。

【任务实施】

(1) 打开 VMware Workstation 虚拟机，选择计算机 juyuwang _ u，使用账户和密码登录到计算机桌面。

(2) 打开计算机桌面“Internet Explorer”浏览器，如图 5-1-1 所示。

图 5-1-1　计算机桌面

(3) 在 IE 浏览器的搜索栏输入“腾讯电脑管家”，单击“百度一下”，如图5-1-2所示。

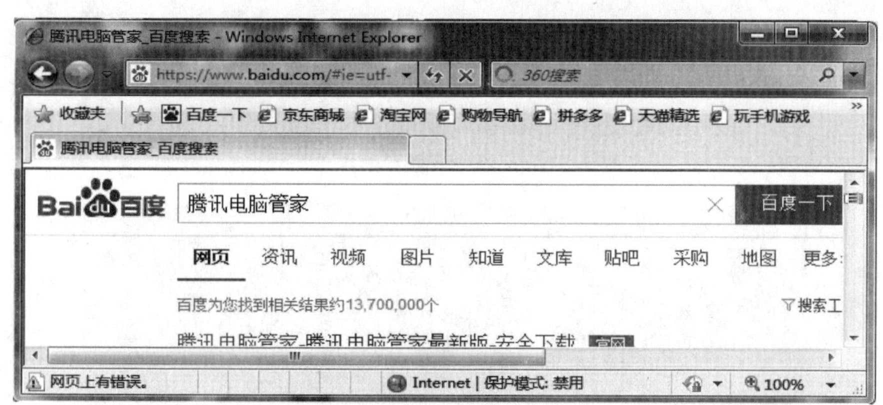

图 5-1-2　浏览器搜索栏

(4) 找到“腾讯电脑管家 官方电脑版”，单击“立即下载”，如图 5-1-3 所示。

(5) 在弹出文件下载“另存为”对话框中，选择保存到桌面，单击“保存”按钮，等待下载完成，如图 5-1-4 所示。

(6) 选中腾讯电脑管家软件安装包，双击，单击“运行”，进入软件安装界面，如图 5-1-5 所示。

(7) 弹出安装界面，在底部选择“自定义安装”，选择“已阅读并同意 使用协议和隐私政策”，单击“带我飞”，等待软件安装完成，如图 5-1-6 所示。

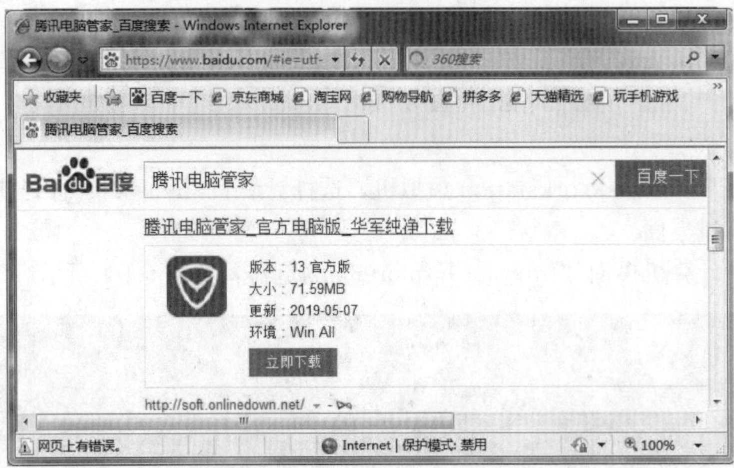

图 5-1-3　腾讯电脑管家下载

图 5-1-4　下载并保存

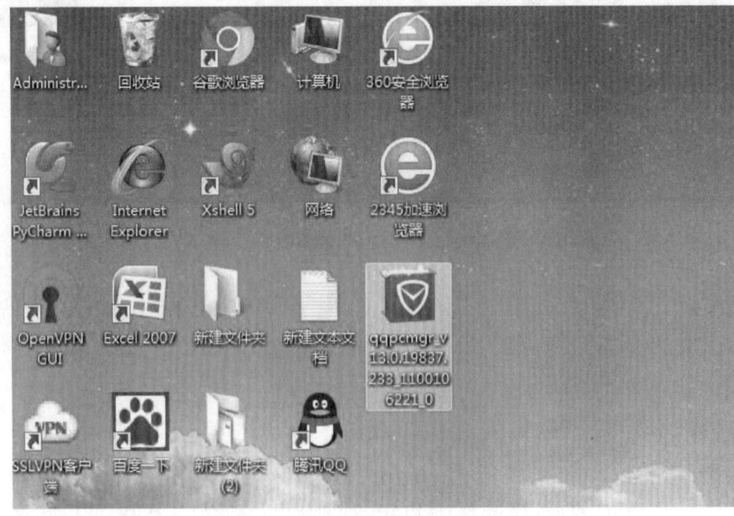

图 5-1-5　腾讯电脑管家安装包

图 5-1-6　安装腾讯电脑管家界面

（8）单击“再出发”，启动腾讯电脑管家，如图 5-1-7 所示。

图 5-1-7　启动腾讯电脑管家

（9）进入“电脑管家”界面，单击右上角“全面体检”按钮，对计算机进行检查，如图 5-1-8 所示。

图 5-1-8　腾讯电脑管家界面

（10）检查完成后，单击“一键修复”完成计算机漏洞修复，如图 5-1-9 所示。

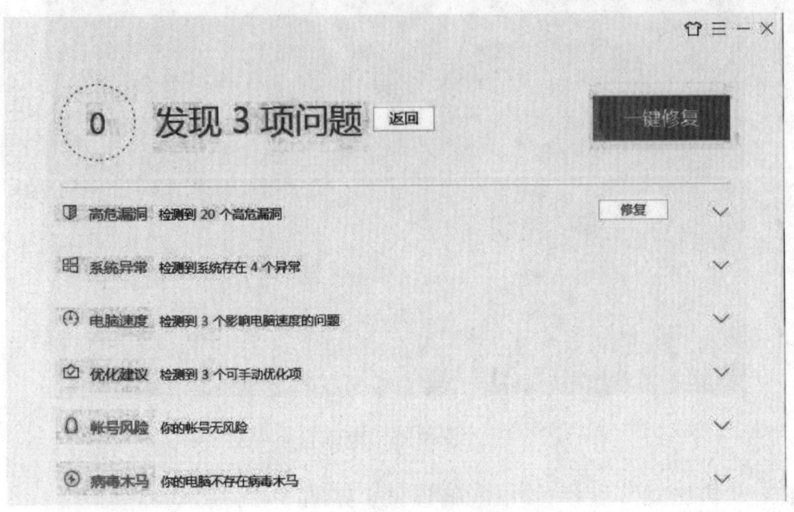

图 5-1-9　一键修复

（11）修复完成后，对话框提示“修复完成，电脑安全”，单击“好的”按钮回到首页，如图 5-1-10 所示。

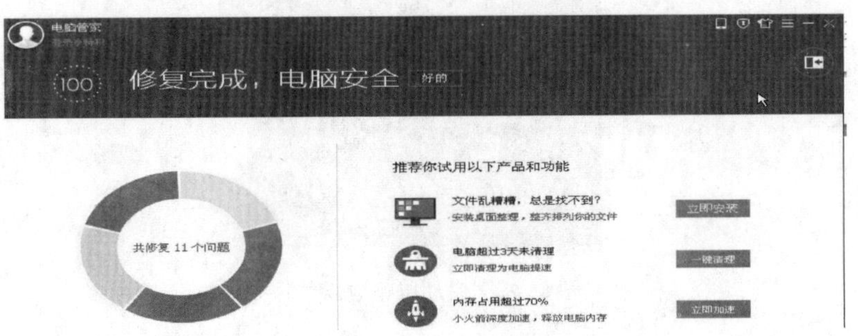

图 5-1-10　修复完成

（12）在电脑管家下方单击“病毒查杀”，再单击“闪电杀毒”，如图 5-1-11 所示。

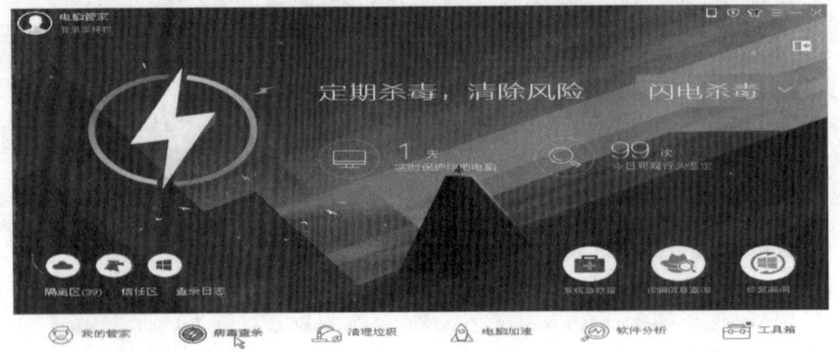

图 5-1-11　闪电杀毒

（13）查杀电脑病毒完成，单击“立即处理”按钮，如图 5-1-12 所示。处理完成后回到电脑管家“病毒查杀”界面。

图 5-1-12　立即处理风险

（14）单击左下角“隔离区”，弹出“电脑管家-查杀历史”对话框，选择“隔离区”，选中“风险项”下“系统异常”复选框，如图 5-1-13 所示；可以进行“彻底删除”操作，将风险项文件彻底删除；也可以进行“恢复”操作，恢复风险项文件到原来的状态，如图5-1-13所示。

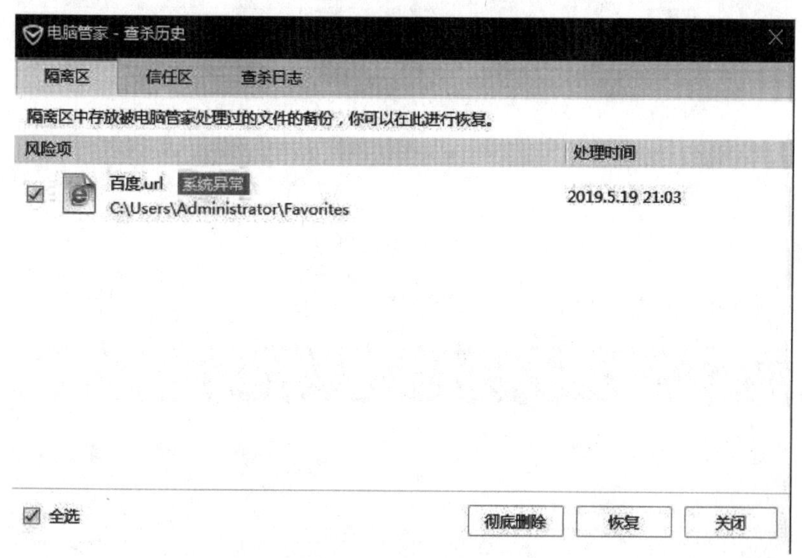

图 5-1-13　腾讯电脑管家隔离区

（15）在“电脑管家-查杀历史”对话框中，选择“信任区”，选中信任项对象复选框，如图 5-1-14 所示；可以添加文件夹和文件到信任区，在下一次进行病毒查杀时直接跳过所选文件夹和文件；当需要再次对信任文件夹和文件进行查杀时，只要选中信任项对象，单击“取消信任”即可。

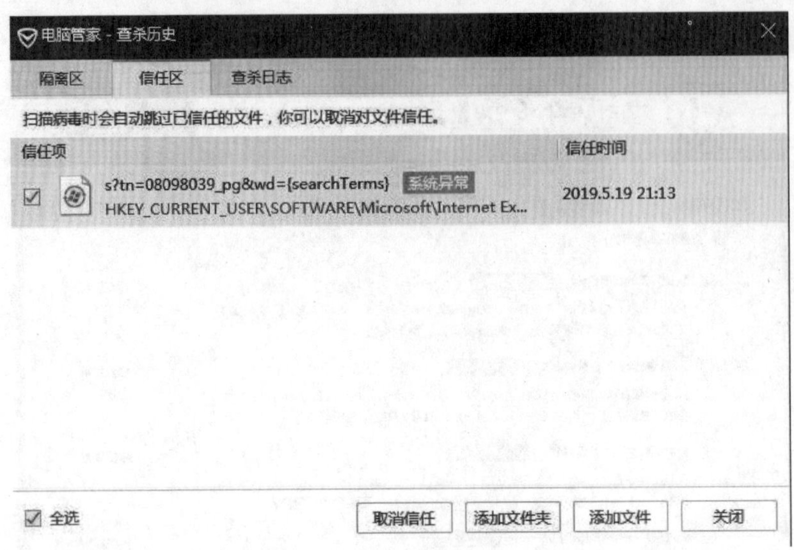

图 5-1-14　腾讯电脑管家信任区

（16）单击“电脑管家”右下角的“工具箱”，如图 5-1-15 所示。

图 5-1-15　软件管理界面

（17）在电脑管家-工具箱界面有许多修复工具，如图 5-1-16 所示。

图 5-1-16　修复工具界面

文档找回：可以找回最大 10G、最早 30 天内的历史文档和误删除文档。

文件粉碎：可以粉碎计算机不能手动删除的文件或文件夹。

文件解密：解密被文档敲诈者木马加密的文档。

文件恢复工具：可以免费恢复被删除的文件和被清空的回收站文件；可以修复误格式化的分区、无法打开的文档等。

勒索病毒免疫：防止文档被勒索病毒侵入。

（18）单击右上角“主菜单”，如图 5-1-17 所示。

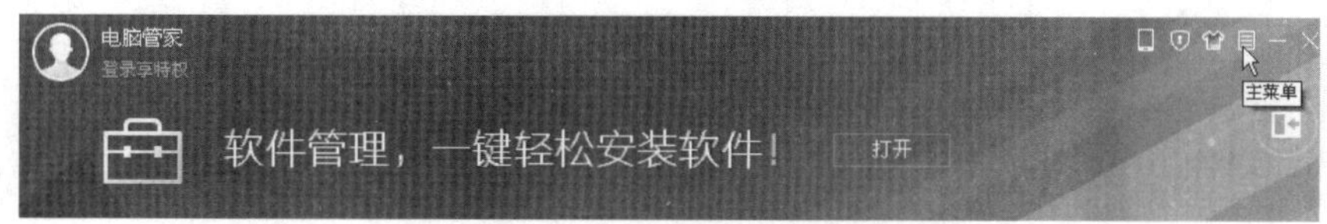

图 5-1-17　“电脑管家”界面

（19）在“电脑管家-设置中心”对话框，选择“常规设置”，如图 5-1-18 所示。

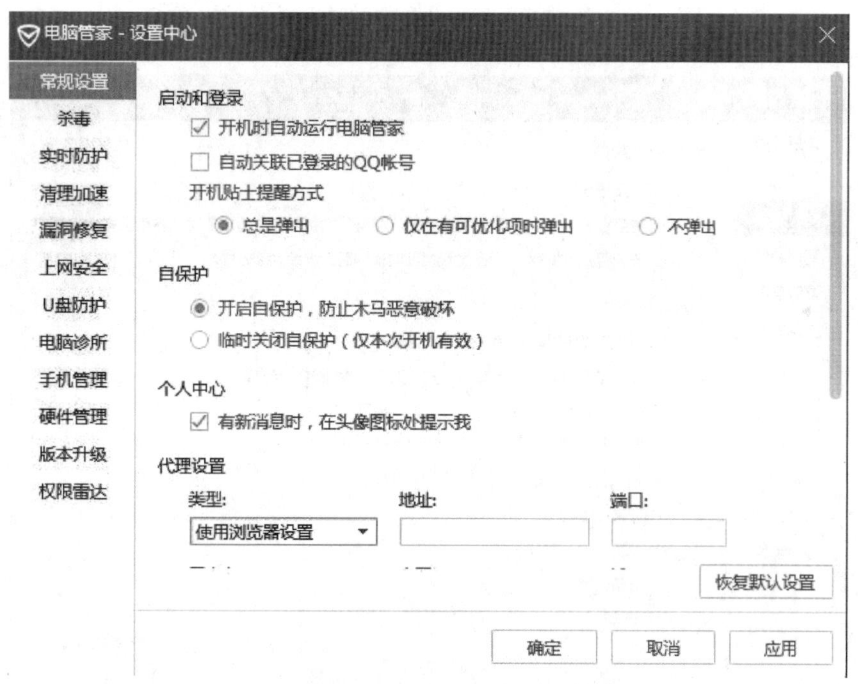

图 5-1-18　电脑管家-设置中心-常规设置

（20）在“电脑管家-设置中心”对话框，选择“杀毒”，在“辅助查杀引擎”选中“启动 Bitdefender 查杀引擎”复选框，在弹出的对话框单击“确定”按钮，然后单击“应用”按钮，如图 5-1-19 所示。

（21）在“电脑管家-设置中心”对话框，选择“实时防护”，在“发现病毒时的处理方式”中选择“自动处理（推荐）”，如图 5-1-20 所示。

（22）在“电脑管家-设置中心”对话框，选择“清理加速”，在“‘自动清理’设

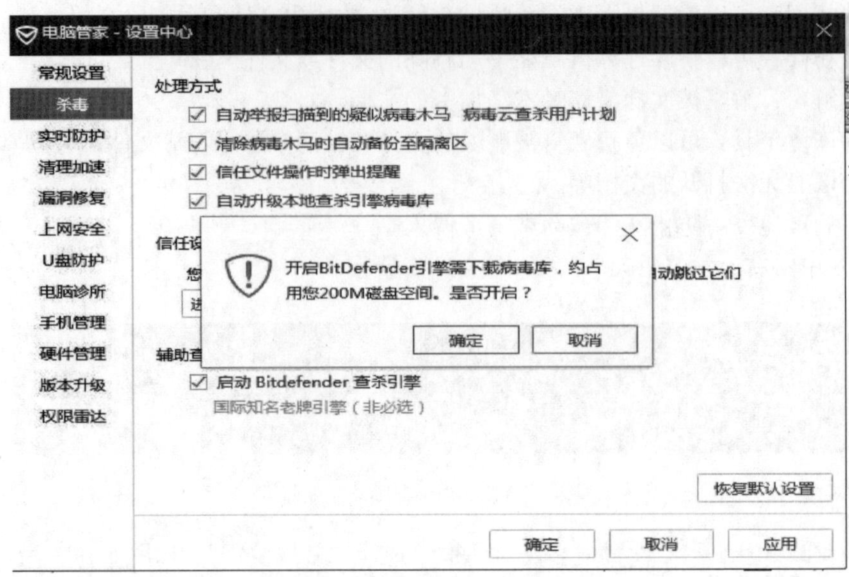

图 5-1-19 设置中心-杀毒

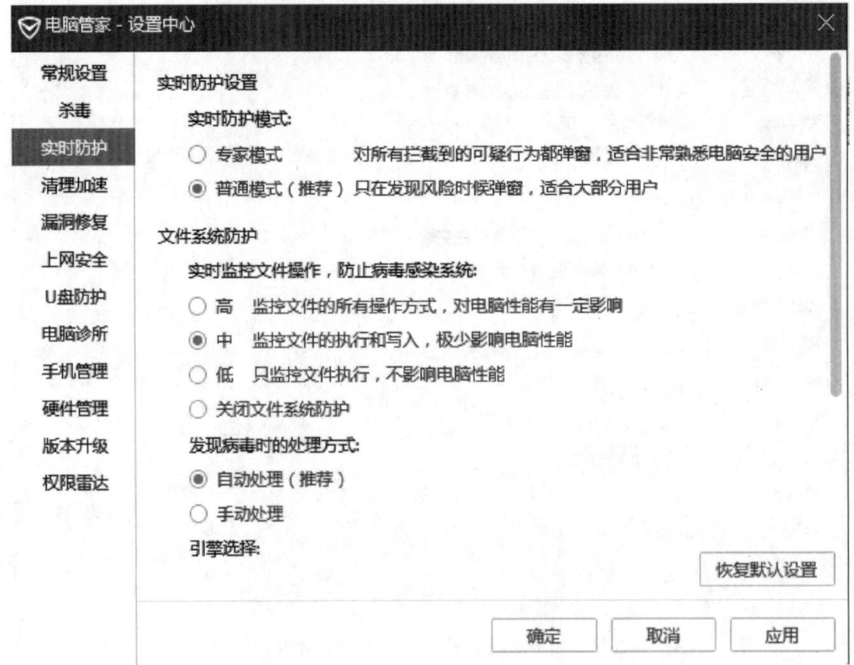

图 5-1-20 设置中心-实时防护

置”中选择“定期自动清理”为“每天”，在“垃圾提醒大小”选择“垃圾值超过100MB时提醒清理”，如图 5-1-21 所示。

（23）在“电脑管家-设置中心”对话框，选择“漏洞修复”，如图 5-1-22 所示。

（24）在“提醒和修复方式”中选择“有高危漏洞时自动修复，无需提醒”；在“补丁保存位置”中选择“补丁包保存在以下目录”，并且选择“当该目录下保存的补丁包

图 5-1-21 设置中心-清理加速

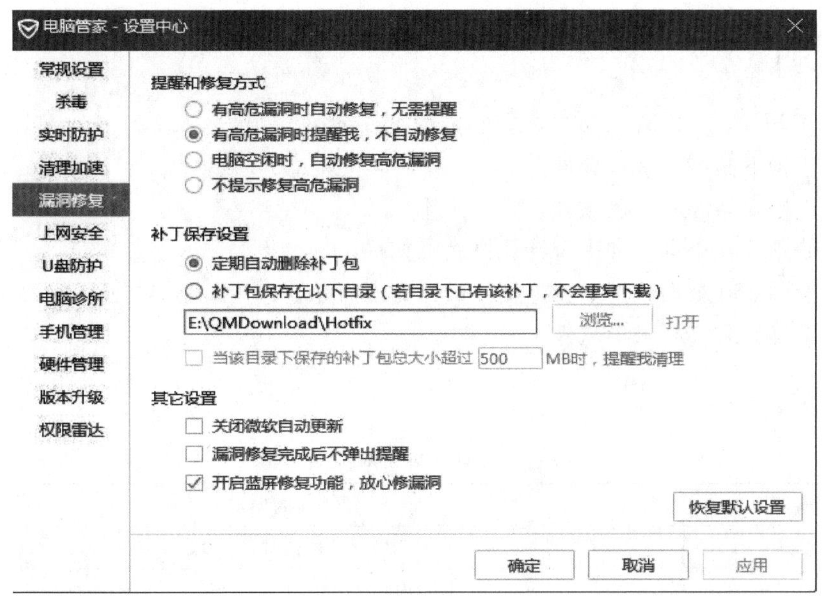

图 5-1-22 设置中心-漏洞修复

总大小超过 500MB 时，提醒我清理”；在“其它设置”中选择“关闭微软自动更新”；单击“确定”按钮，如图 5-1-23 所示。

【任务小结】

本任务主要介绍了计算机病毒的定义和特性，计算机病毒的分类及防治范围；目前主流的计算机病毒杀毒软件；腾讯电脑管家的安装、设置和应用，可以使用电脑管家进行电脑危险预防、病毒监测、病毒查杀、软件更新升级、软件安装，以及工具箱的应用，提高计算机网络和本地的安全性。

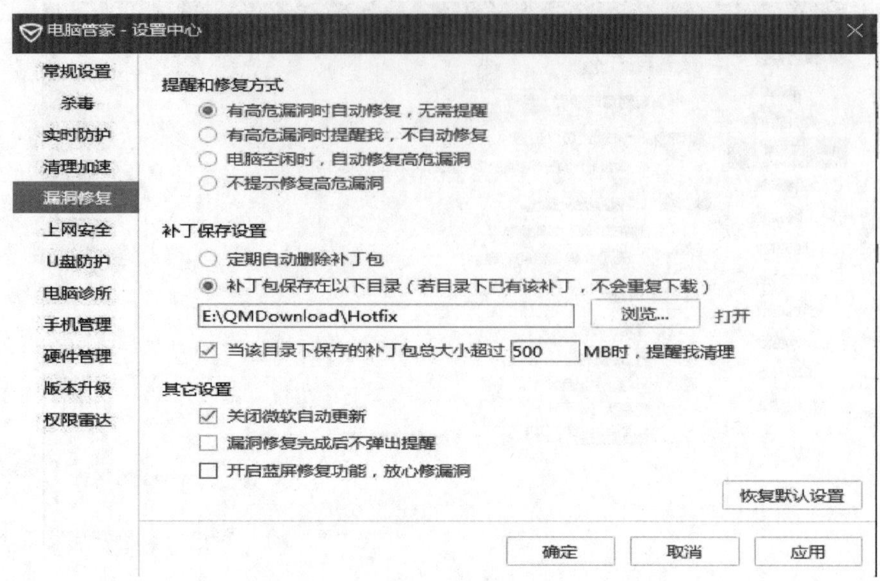

图 5-1-23　设置中心-漏洞修复

【拓展练习】

请登录 https：//www.360.cn，完成以下任务。

（1）正确下载 360 杀毒软件。

（2）正确安装 360 杀毒软件。

（3）使用 360 杀毒软件进行计算机病毒扫描。

（4）使用 360 杀毒软件对特定文件进行病毒查杀。

（5）正确卸载 360 杀毒软件。

【能力评价】

能力评价表

任务名称	网络病毒防护			
开始时间		完成时间		
评价内容				
任务准备：			是	否
1. 收集任务相关信息			□	□
2. 明确训练目标			□	□
3. 学习任务相关知识			□	□
任务计划：			是	否
1. 明确任务内容			□	□
2. 明确时间安排			□	□
3. 明确任务流程			□	□

续表

任务实施：	分值	自评分	教师评分
1. 正确下载腾讯电脑管家软件	10		
2. 能够安装腾讯电脑管家软件	15		
3. 会使用腾讯电脑管家软件查杀计算机病毒	25		
4. 能够熟练掌握计算机病毒的五个特性	15		
5. 能够掌握计算机病毒的分类	15		
6. 能够熟练掌握电脑管家-设置中心的基本设置	20		
合计：	100		
总结与提高：			
1. 本次任务有哪些收获？ 2. 在任务中遇到了哪些问题？有何解决方法？			

任务二　共享和访问资源

【任务描述】

在局域网组建过程中，网络操作系统是很重要的组成部分，本任务主要基于目前主流网络操作系统 Windows Server 2008 进行资源共享和权限设置。网络安全是整个网络正常运行的重要保障。在网络中，资源共享和权限决定着用户是否访问到网络的数据和资源，决定着用户能够享受的服务。因此，在局域网组建中，需对主流网络操作系统的文件夹共享和权限进行设置。

【能力要求】

(1) 能够区分 FAT 和 NTFS 文件系统。

(2) 能够创建共享文件夹。

(3) 能够访问共享资源。

(4) 能够使用卷影副本备份与还原数据。

(5) 能够正确配置 NTFS 权限。

【知识准备】

一、FAT 文件系统

文件系统的功能是对数据进行存储和管理。FAT 是文件分配表，目前主要有 FAT16 和 FAT32 两种，是最初应用于小型磁盘和简单文件夹结构的简单文件系统，且在低容量的卷上使用效果最好。当单个文件大于 4G 时，运行效率明显下降。能较好地适用于 Windows 应用系统。而对较大的网络操作系统，FAT 文件系统不能满足系统需求，如 Windows Server 2008 网络操作系统等。

FAT 文件系统存在以下缺点。

（1）文件碎片严重，只是简单地以第一个可用扇区为基础来分配空间，导致写入文件和删除文件的时间延长。

（2）文件系统不能保持向下兼容，兼容性很差。

（3）磁盘容量小，单个文件不能大于 4G。

（4）文件名长度受限，文件名不超过 8 个字符，扩展名不超过 3 个字符。

（5）缺乏恢复技术，容易受损，安全性低。

二、NTFS 文件系统

NTFS 是从 Windows NT 应用系统开始使用的，是特别为网络和磁盘配额、文件加密等管理安全特性设计的磁盘格式，支持元数据，使用了高级数据结构。其提供长文件名、数据保护和恢复，改善了性能、可靠性和磁盘空间利用率。NTFS 文件系统可以赋予文件和文件夹特定权限，称为 NTFS 权限；也是唯一可以为单个文件指定权限的文件系统。

NTFS 文件系统拥有以下优点。

（1）更安全的文件保障，提供文件加密，能够大大提高信息的安全性。

（2）支持 2TB 的大硬盘。随着磁盘容量的增大，NTFS 的性能不会随之降低。

（3）可以赋予同一个文件或者文件夹为不同用户指定不同的权限。在 NTFS 文件系统中，可以为单个用户设置权限。

（4）NTFS 文件系统设计的恢复能力在系统崩溃事件中，无须运行磁盘修复程序。NTFS 文件系统可以使用日志文件和复查点信息自动恢复文件。

（5）用户在 NTFS 的卷中访问较大文件夹的文件时，速度比访问卷中较小的文件夹中的文件还快。

（6）NTFS 系统的压缩机制可以让用户直接读写压缩文件，而不需要使用解压软件将这些文件展开。

（7）支持活动目录和域。此特性可以帮助用户方便灵活地查看和控制网络资源。

（8）支持稀疏文件。稀疏文件是应用程序生成的一种特殊文件，文件尺寸非常大，但实际上只需要很少的磁盘空间，也就是说，NTFS 只需要为这种文件实际写入的数据分配磁盘存储空间。

（9）支持磁盘配额。磁盘配额可以管理和控制每个用户所能使用的最大磁盘空间。

NTFS 文件系统权限类型如表 5-2-1 和表 5-2-2 所示。

表 5-2-1　NTFS 文件夹权限

权限	允许类型
写入	允许创建文件或者文件夹
读取	允许读取文件或者文件夹内容
修改	允许读取和写入文件、文件夹，同时可以修改、删除文件、文件夹

续表

权限	允许类型
完全控制	允许读取、写入、更改、删除文件和文件夹
读取和运行	允许读取文件和文件夹内容，且可以执行应用程序
列出文件夹目录	允许列出文件夹内容

表 5-2-2　NTFS 文件权限

权限	允许类型
写入	允许创建文件，不能删除文件
读取	允许读取文件
修改	允许读取和写入文件，同时可以修改、删除文件
完全控制	允许读取、写入、更改、删除文件
读取和运行	允许读取文件，且可以执行应用程序

【任务实施】

一、创建共享文件夹

（1）打开 VMware Workstation 虚拟机，选择 juyuwang _ u 计算机，单击“打开虚拟机电源”。

（2）使用账户和密码登录计算机，进入桌面，如图 5-2-1 和图 5-2-2 所示。

图 5-2-1　计算机登录界面

（3）如图 5-2-2 所示，在计算机桌面左下角，单击“开始”按钮，选择“管理工具”→“计算机管理”命令。打开“计算机管理”页面，如图 5-2-3 所示。

（4）如图 5-2-4 所示，在“计算机管理”页面，展开“共享文件夹”。如图 5-2-4 所示，选择“共享”；然后单击“操作”→“新建共享”命令，弹出“创建共享文件夹向导”对话框，单击“下一步”按钮，如图 5-2-5 所示。

（5）根据“创建共享文件夹向导”的步骤，在“文件夹路径”单击“浏览”按钮，

图 5-2-2 计算机桌面

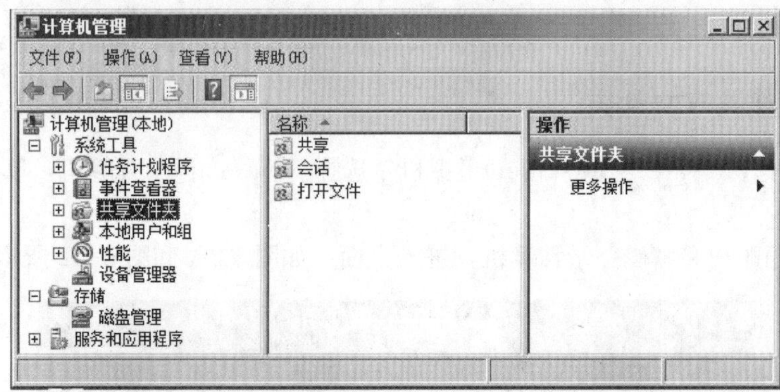

图 5-2-3 计算机管理

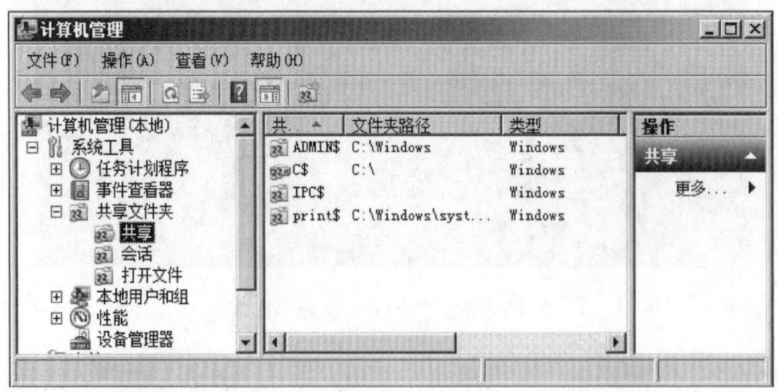

图 5-2-4 共享

弹出“浏览文件夹”对话框，如图 5-2-6 所示；选择“本地磁盘（C:)”，单击“新建文件夹”按钮新建名称为“juyuwang _ u”的文件夹，单击“确定”按钮，再单击“下一步”按钮，如图 5-2-7 所示。

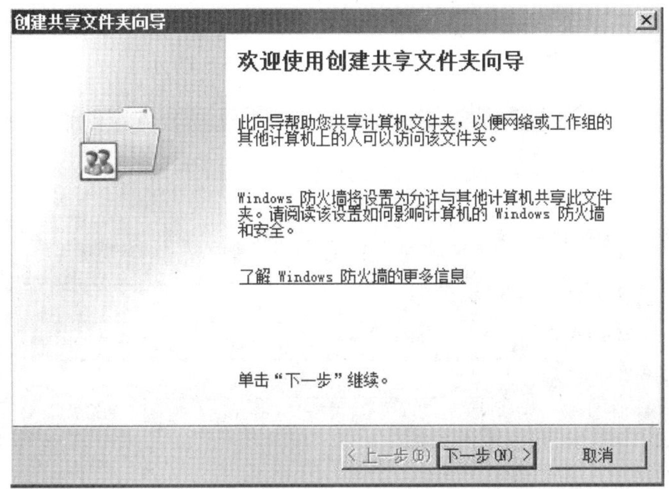

图 5-2-5 “创建共享文件夹向导”对话框

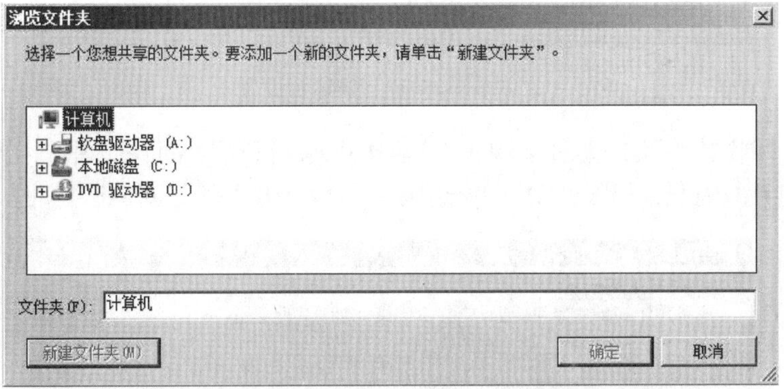

图 5-2-6 “浏览文件夹”对话框

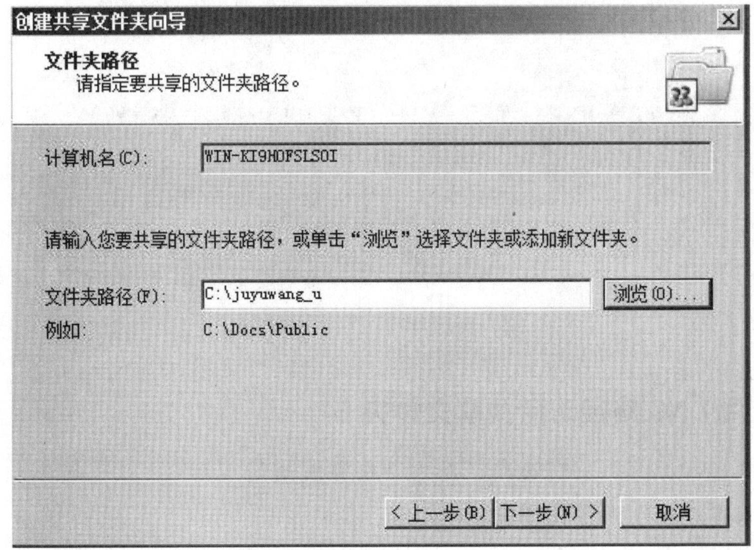

图 5-2-7 选择文件夹路径

（6）在“创建共享文件夹向导”的“名称、描述和设置”界面，使用默认的“共享名”和“共享路径”，单击“下一步”按钮，如图 5-2-8 所示。

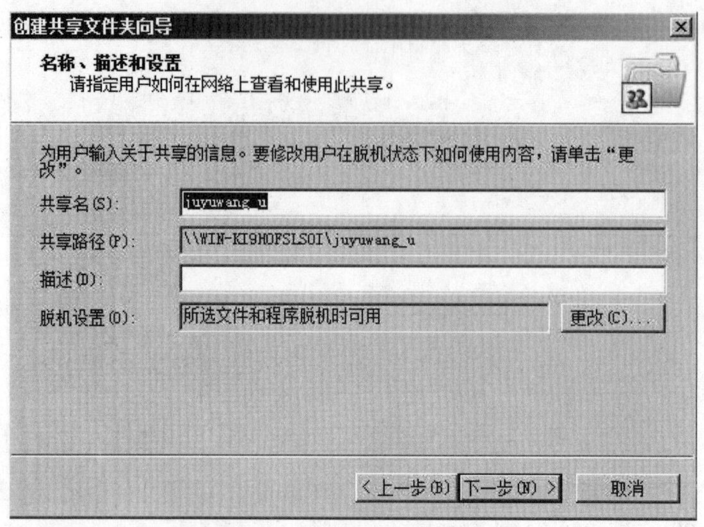

图 5-2-8　名称、描述和设置

（7）在“创建共享文件夹向导”的“共享文件夹的权限”界面，选中“管理员有完全访问权限；其他用户有只读权限（R）”单选按钮，最后单击“完成”按钮，如图 5-2-9 所示。

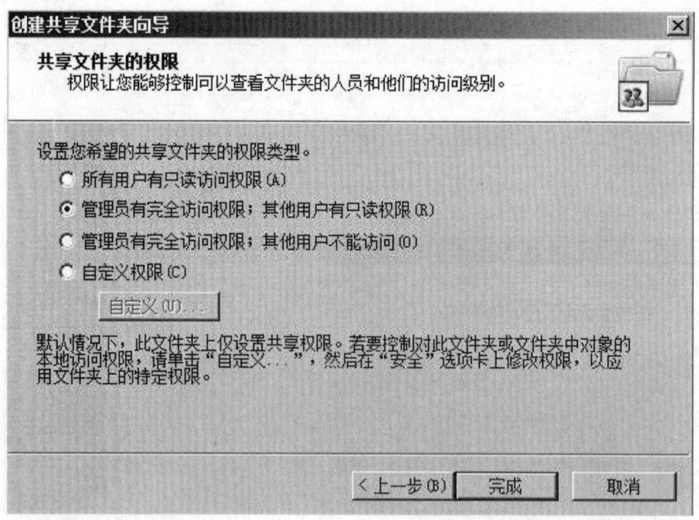

图 5-2-9　共享文件夹的权限

二、使用 UNC 路径访问共享文件夹

（1）选择 juyuwang _ o 计算机，单击“打开电源”。

（2）使用账户和密码登录到计算机桌面。

（3）在计算机桌面左下角，单击“开始”按钮，选择“运行”命令，弹出“运行”对话框，如图 5-2-10 所示。

（4）在“运行”对话框中输入 UNC 路径命令，格式为：\\计算机名称\文件夹名称。例如：本书使用的计算机 juyuwang _ u 中，计算机名称为 WIN-KI9HOFSLSOI，在 juyuwang _ u 中共享文件夹名称为 juyuwang _ u，因此，从计算机 juyuwang _ o 访问计算机 juyuwang _ u 中的共享文件夹，需要在计算机 juyuwang _ o“运行”对话框中输入 \\WIN-KI9HOFSLSOI\juyuwang _ u，然后单击“确定”按钮，如图 5-2-11 所示。

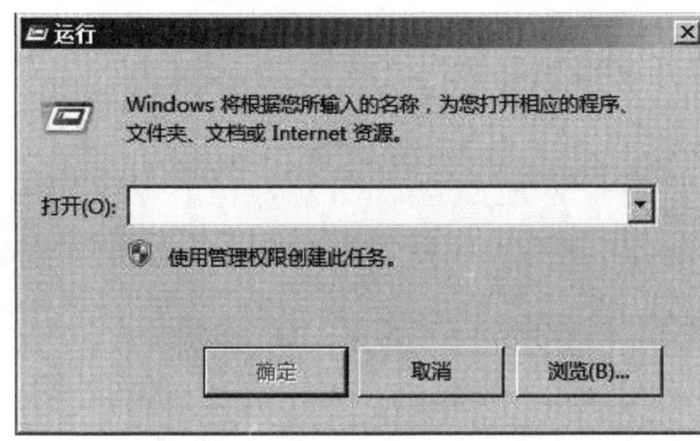

图 5-2-10　运行

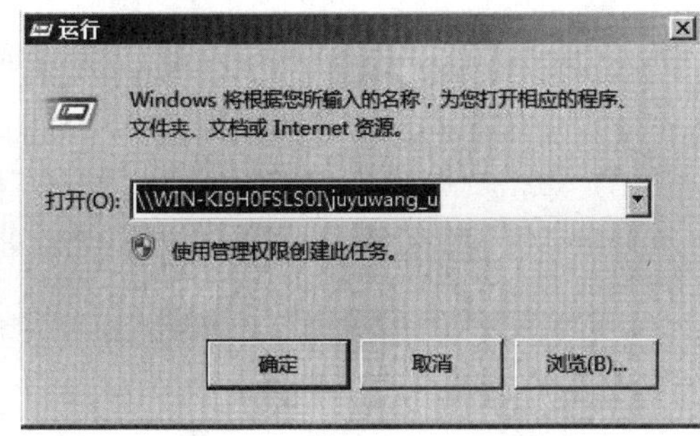

图 5-2-11　输入 UNC 路径

（5）在打开的共享文件夹“juyuwang _ u（\\WIN-KI9HOFSLSOI）”中，如图 5-2-12 所示，选择“新建”→“文本文档”命令，创建 share. txt 文本文档，如图 5-2-13 所示。

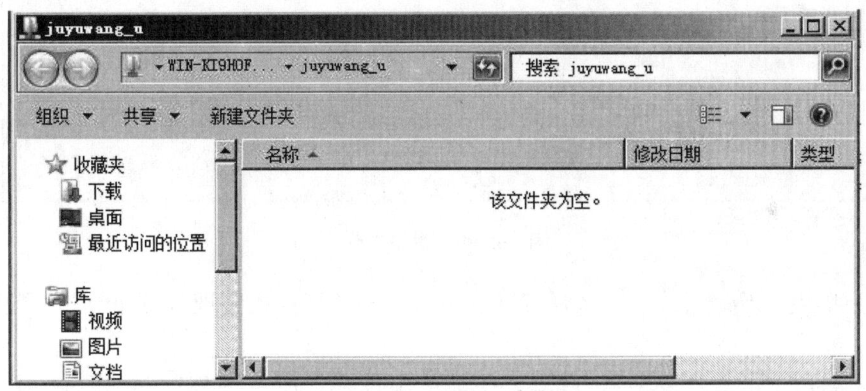

图 5-2-12　juyuwang _ u 文件夹

图 5-2-13　创建 share 文本文档

(6) 关闭窗口。

三、使用卷影副本备份与还原资源

卷影副本可以让系统自动在指定时间内将所有共享文件夹内的文件复制到另外一个存储区做备份数据。卷影副本内的文件只可以读取，不可以修改；每个磁盘最多只能有 64 个卷影副本，超出该数量将自动删除最早的卷影副本。

(1) 选择 juyuwang_u 计算机，单击“打开虚拟机电源”。

(2) 使用账户和密码登录到计算机桌面。

(3) 单击“开始”按钮，选择“计算机”→“本地磁盘 (C:)”，在共享文件夹 juyuwang_u 中创建两个文件夹 ceshi 1 和 ceshi 2，然后关闭窗口，如图 5-2-14 所示。

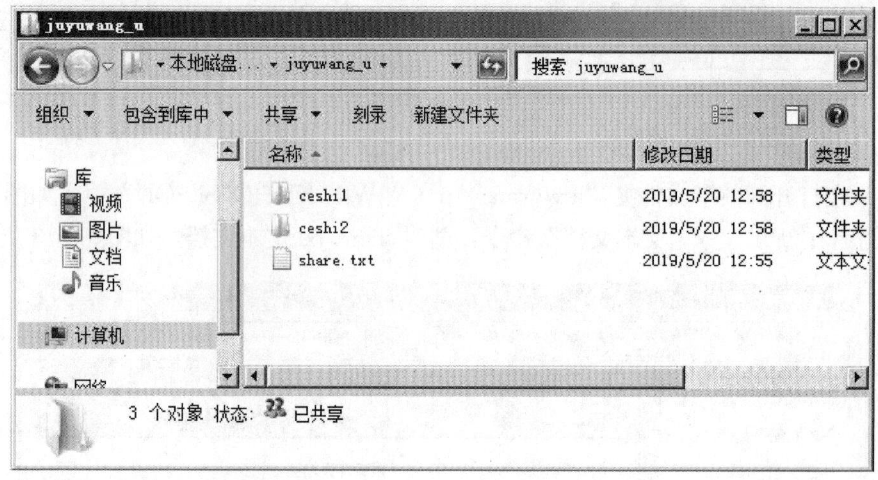

图 5-2-14 创建文件夹

(4) 单击“开始”按钮，选择“管理工具”→“计算机管理”，打开“计算机管理”窗口。

(5) 选择“共享文件夹”，右击，在菜单中选择“所有任务”→“配置卷影副本”选项，如图 5-2-15 所示。

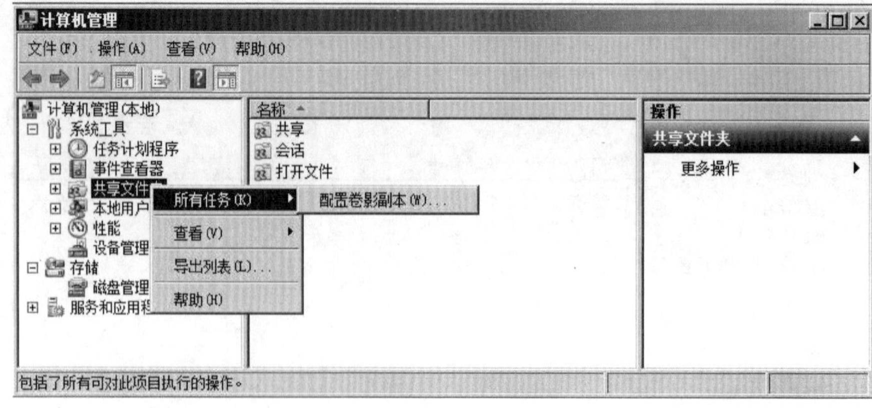

图 5-2-15 配置卷影副本

（6）在“卷影副本”选项卡，选择要启用的卷影复制的驱动器，单击“启用”。例如：本例要启用卷影复制的是“本地磁盘（C:）”的共享文件夹，因此，选择“C：\”，单击“启用”按钮，在弹出的“启用卷影复制”对话框中单击“是”按钮，启用“卷影副本”，如图 5-2-16 所示。

（7）单击“卷影副本”→“设置”按钮，选择“设置”界面的“计划”，设置每周的星期一至星期六上午 8：00 自行创建卷影副本，最后单击“确定”按钮，如图 5-2-17 所示。

（8）也可以在“卷影副本”界面单击“立即创建”按钮创建卷影副本，并单击“确定”按钮，如图 5-2-18 所示。

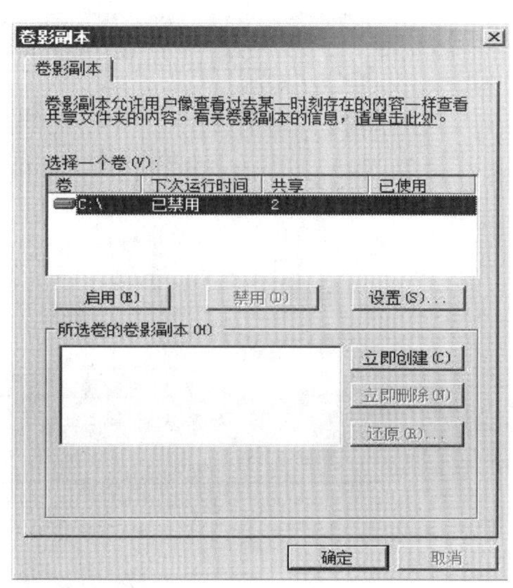

图 5-2-16　启用卷影副本

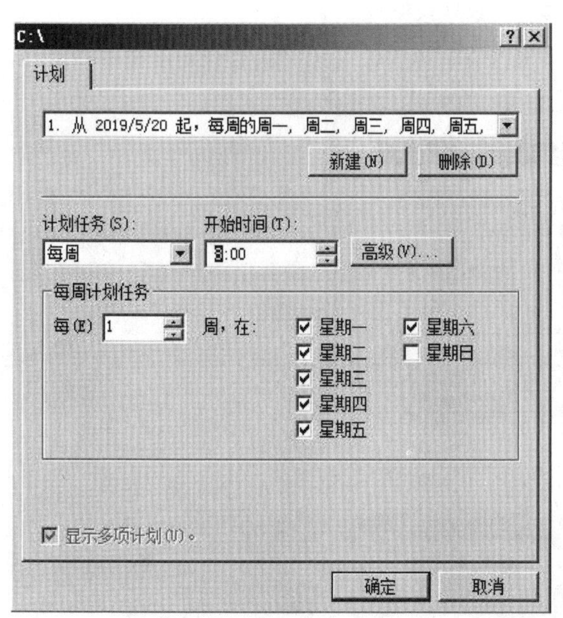

图 5-2-17　设置计划

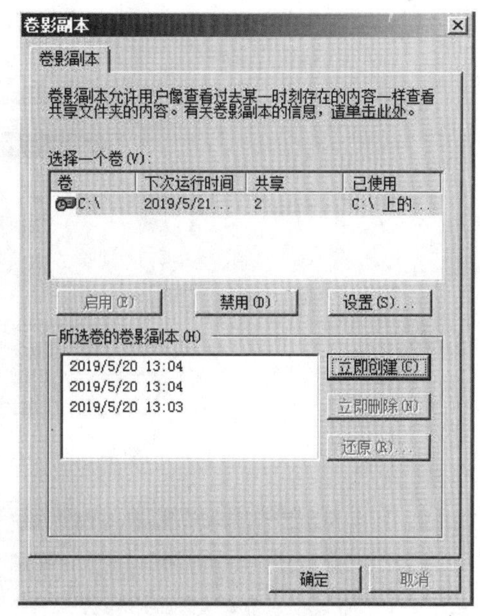

图 5-2-18　创建卷影副本

（9）单击“开始”按钮，选择“计算机”→“本地磁盘（C:）”，打开共享文件夹“juyuwang _ u”，删除 ceshi 2 文件夹，只保留 ceshi 1 文件夹，如图 5-2-19 所示。

（10）选择“计算机”→“本地磁盘（C:）”，打开共享文件夹“juyuwang _ u”，右击，选择“属性”命令，在“juyuwang _ u 属性”窗口中，选择“以前的版本”，选中“juyuwang _ u 2019/5/20 13：04”，单击“还原”按钮，如图 5-2-20 所示。

（11）打开“juyuwang _ u”共享文件夹，ceshi 2 文件夹已经被还原，如图 5-2-21 所示。

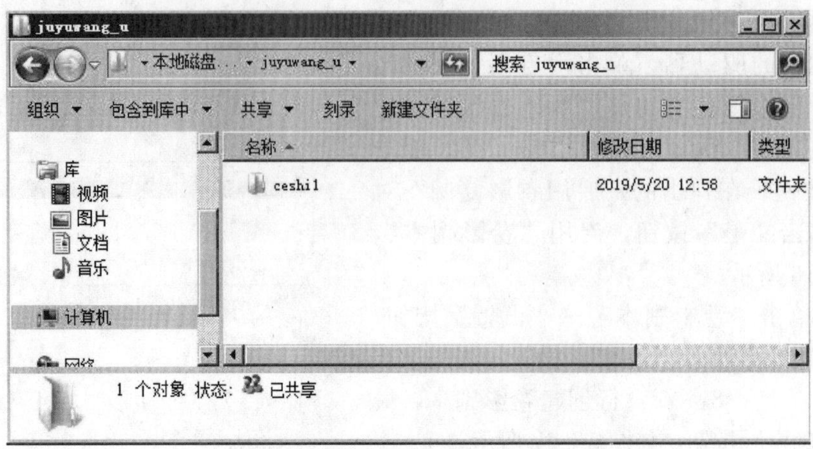

图 5-2-19　删除 ceshi 2 文件夹

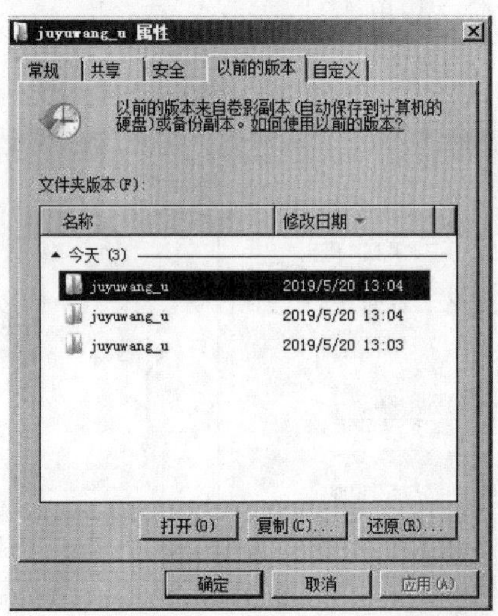

图 5-2-20　还原 juyuwang _ u 文件夹

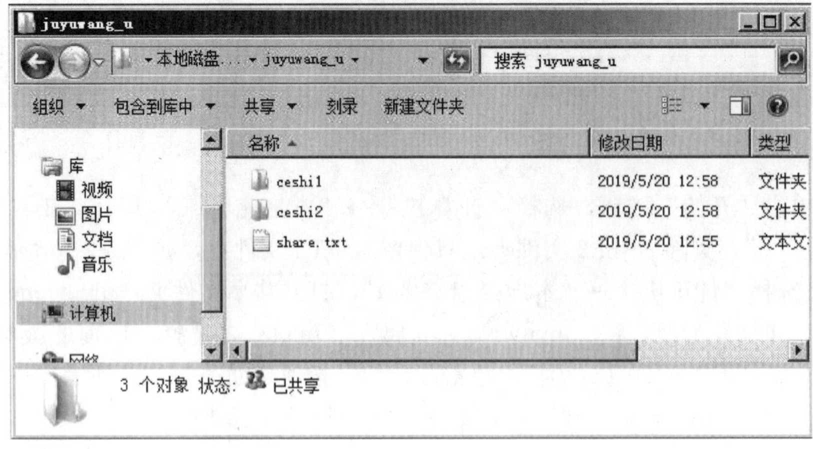

图 5-2-21　查看还原

四、配置 NTFS 权限

NTFS 权限只限于 NTFS 磁盘分区，不能用于 FAT32 文件系统；可以控制用户账户、组对文件和文件夹的访问。

（1）选择 juyuwang _ u 计算机，单击“开始”按钮，选择“计算机”→“本地磁盘（C:）”，在共享文件夹 juyuwang _ u 中创建两个文件夹 NT1 和 NT2，如图 5-2-22 所示。

图 5-2-22　创建文件夹 NT1 和 NT2

（2）选择“juyuwang _ u”文件夹，右击，弹出“juyuwang _ u 属性”对话框，选择“安全”选项卡，如图 5-2-23 所示。

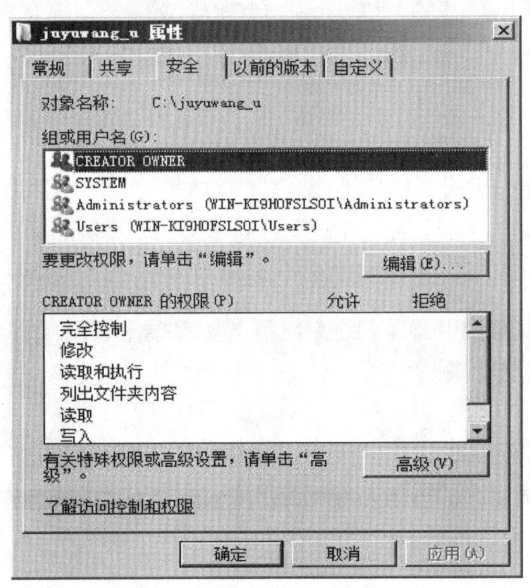

图 5-2-23　“juyuwang _ u 属性”对话框

（3）在“安全”选项卡中单击“高级”→“juyuwang _ u 的高级安全设置”，选择“SYSTEM”，单击“更改设置”，弹出“juyuwang _ u 的高级安全设置”对话框，如图 5-2-24 所示。

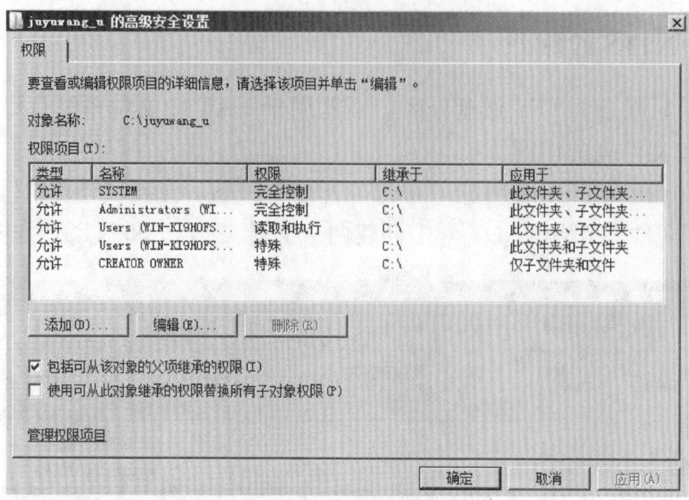

图 5-2-24 “juyuwang _ u 的高级安全设置”对话框

（4）在“juyuwang _ u 的高级安全设置”对话框中，取消选中“包括可从该对象的父项继承的权限”复选框，在弹出的“Windows 安全”对话框中单击“删除”按钮，如图 5-2-25 所示。

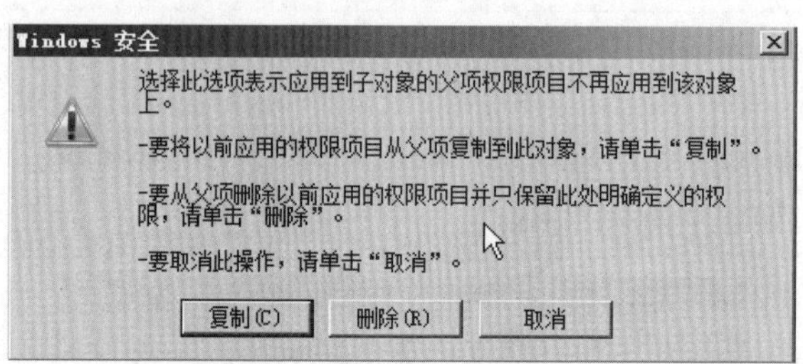

图 5-2-25 “Windows 安全”对话框

（5）在“juyuwang _ u 的高级安全设置”对话框中，单击“添加”按钮，弹出“选择用户或组”对话框，在“输入要选择的对象名称（例如）”中输入 Authenticated Users，单击“检查名称”，弹出“发现多个名称”对话框，如图 5-2-26 所示。

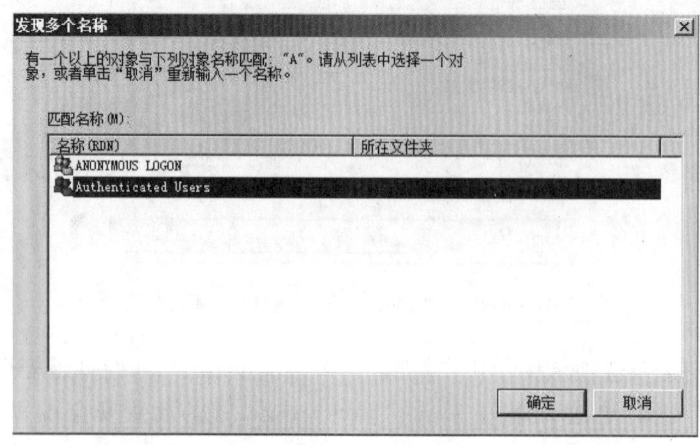

图 5-2-26 添加 Authenticated Users

(6) 选中 Authenticated Users，单击“确定”按钮，再次单击“确定”按钮，在“对象”选项卡中的“权限”列表中选择允许“读取属性”“写入属性”和“删除”，然后依次单击“确定”→“应用”→“确定”按钮，如图 5-2-27 所示。

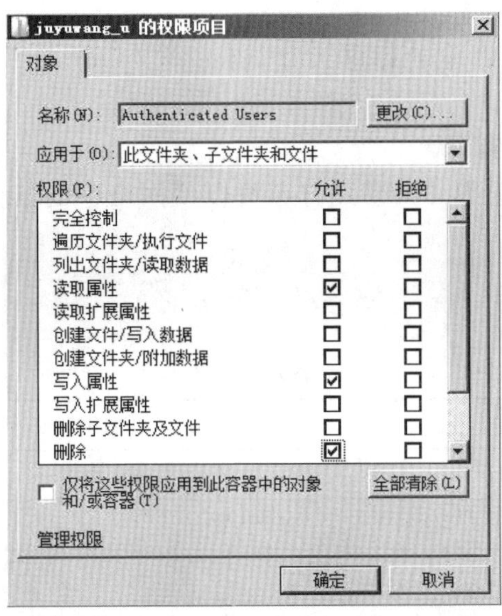

图 5-2-27 配置权限

(7) 参照表 5-2-3，按照上述 1-6 的步骤，设置文件夹 NT1 和 NT2 的 NTFS 权限。最后单击“关闭”按钮关闭所有窗口。

表 5-2-3 NTFS 权限

文件夹	组	NTFS 权限
NT1	Administrators	读取权限、更改权限
NT2	DL HR Personnel Full Control	遍历文件夹/运行文件 写入权限
	Administrators	完全控制

【任务小结】

配置资源的安全性主要是文件夹的共享和访问，数据的自动备份和 NTFS 权限设置。在设置文件夹的共享时除了可以使用“计算机管理”路径来实现外，还可以通过“Windows 资源管理器”或者“net share 命令”来实现；在访问网络共享文件夹时，除了可以通过“UNC 路径”访问外，还可以通过“映射网络驱动器”或者“net use”命令来访问。

在使用卷影副本时，卷影副本的默认路径是 C 盘，若想改变卷影副本的存储路径，在启用前，可以在“卷影副本”对话框中单击“设置”，通过设置更改卷影副本路径。

【扩展练习】

在 juyuwang _ u 上安装和共享打印设备。

（1）在 juyuwang _ u 计算机上打开“控制面板”，双击“设备和打印机”。

（2）在“添加打印机”对话框，单击“添加本地打印机”。

（3）在“选择打印机端口”选中“使用现有的端口（U）”，选择“LPT1：打印机端口”。

（4）在“安装打印机驱动程序”，厂商选择“brother”，打印机选择“brother MFC-7340”。

（5）打印机名称保持默认。

（6）在打印机共享选中“共享此打印机以便网络中的其他用户可以找到并使用它（S）”。

【能力评价】

能力评价表

<table>
<tr><td>任务名称</td><td colspan="4">共享和访问资源</td></tr>
<tr><td>开始时间</td><td></td><td>完成时间</td><td colspan="2"></td></tr>
<tr><td colspan="5">评价内容</td></tr>
<tr><td colspan="3">任务准备：</td><td>是</td><td>否</td></tr>
<tr><td colspan="3">1. 收集任务相关信息</td><td>□</td><td>□</td></tr>
<tr><td colspan="3">2. 明确训练目标</td><td>□</td><td>□</td></tr>
<tr><td colspan="3">3. 学习任务相关知识</td><td>□</td><td>□</td></tr>
<tr><td colspan="3">任务计划：</td><td>是</td><td>否</td></tr>
<tr><td colspan="3">1. 明确任务内容</td><td>□</td><td>□</td></tr>
<tr><td colspan="3">2. 明确时间安排</td><td>□</td><td>□</td></tr>
<tr><td colspan="3">3. 明确任务流程</td><td>□</td><td>□</td></tr>
<tr><td colspan="2">任务实施：</td><td>分值</td><td>自评分</td><td>教师评分</td></tr>
<tr><td colspan="2">1. 能够区分 FAT 和 NTFS 文件系统</td><td>15</td><td></td><td></td></tr>
<tr><td colspan="2">2. 能够创建共享文件夹</td><td>25</td><td></td><td></td></tr>
<tr><td colspan="2">3. 能够访问共享资源</td><td>15</td><td></td><td></td></tr>
<tr><td colspan="2">4. 能够使用卷影副本备份与还原数据</td><td>25</td><td></td><td></td></tr>
<tr><td colspan="2">5. 能够正确配置 NTFS 权限</td><td>20</td><td></td><td></td></tr>
<tr><td colspan="2">合计：</td><td>100</td><td></td><td></td></tr>
<tr><td colspan="5">总结与提高：</td></tr>
<tr><td colspan="5">1. 本次任务有哪些收获？
2. 在任务中遇到了哪些问题？有何解决方法？</td></tr>
</table>

任务三　组建域网络

【任务描述】

在局域网管理中，为了方便统一管理和提高局域网的安全性，需要组建域网络。在网络操作系统中安装和配置域控制器，然后将要统一管理的计算机加入域中，形成一个域网络，在局域网里实现主/从管理模式，有利于局域网的统一管理、资源共享和安全部署等。

【能力要求】

（1）能够正确认识工作组和域网络。

（2）能够正确配置 IP 地址。

（3）掌握添加角色功能。

（4）能够通过添加角色安装域控制器。

（5）能够新建域。

（6）能将 Windows 7 计算机客户端加入域网络。

【知识准备】

一、计算机名

计算机名是计算机在工作组网络或者域网络中的标识，相当于一个人的名字。通过计算机名，在局域网中可以确定该计算机的身份和位置。比如，通过计算机名来实现资源共享或打印机共享等。在安装 Windows 操作系统时，都会默认指定一个计算机名给相应的计算机设备。

二、工作组

在单位的局域网络中，有时会出现成百上千台计算机，这时网络会出现计算机名无规则排列，给访问网络资源带来很多不便，为了方便管理，将每台计算机指定到一个工作组，按组进行管理，是目前最常用的网络管理方式。在安装 Windows 操作系统时，每台计算机设备都会默认加入 WORKGROUP 组中，这个分组是可以更改的，通过不同的分组，可以实现网络资源层次化管理。当然，工作组网络属于对等网络，也存在很大的缺点，网络中的主机没有主/从关系，每个主机既能充当服务器又能充当客户机，这就缺乏了集中管理和控制机制，不能实现更加高效的管理和安全性严密控制。

三、域网络

当局域网中有成百上千台计算机时，可以通过组建域网络来完成网络资源的集中管理和控制，如登录账号和密码的统一管理，账号权限的集中配置，应用程序、系统补丁等的统一分发安装等。在域网络中最重要的是域的界定。域是一组计算机对象组织而成的逻辑管理单位，是活动目录域服务架构中的核心组件。域通过访问控制列表来管理对象的访问，这样，安全策略和权限管理等一般都是以域为边界，可以实现高效的管理和安全性严密控制。

要组建域网络，需在局域网中指定一台服务器为域控制器，即在这台服务器上安装域服务，然后将网络中的其他计算机加入该域网络，然后在域网络的活动目录中设置好账户及权限，这样，用户只需有一个域账户和密码就可以访问域网络中的任意一台计算机的资源，不需要在各计算机单独设立账户。使用域网络有如下优点。

• 实现权限和安全性集中管理。

• 域管理员可以集中管理用户对网络进行登录、验证、访问目录、共享资源等。

• 统一分发和安装应用程序、系统补丁等，如 Office 软件、WSUS 补丁服务器。

• 域网络里的域控制器间会相互复制活动目录信息，具有可冗余性，能够确保网络中有一台服务器故障时仍然正常运行。

• 有利于资源共享。

四、IP 地址

域控制器及客户端计算机 IP 地址要求如下所述。

1. 域控制器 juyuwang _ u 计算机的本地连接

IP 地址：192.168.43.1

子网掩码：255.255.255.0

默认网关：192.168.43.10

DNS：211.139.5.30

2. Windows 7 客户端计算机

IP 地址：192.168.43.3

子网掩码：255.255.255.0

默认网关：192.168.43.10

DNS：192.168.43.1

【任务实施】

一、安装域控制器

（1）打开 VMware Workstation 虚拟机，使用管理员账号 Administrator 登录到服务器 juyuwang _ u。

（2）执行“开始”→“管理工具”→“服务器管理器”命令，弹出“服务器管理器”窗口。

（3）选择“角色”选项，在右侧窗口单击“添加角色”命令，如图 5-3-1 所示。

（4）在“添加角色向导”单击“下一步”按钮；在“选择服务器角色”中选择“Active Directory 域服务”，如图 5-3-2 所示，然后单击“下一步”按钮。

（5）再次单击“下一步”按钮，在“确认安装选择”窗口单击“安装”按钮，Active Directory 域服务安装成功后，在“安装结果”窗口单击“关闭”按钮，如图 5-3-3 所示。

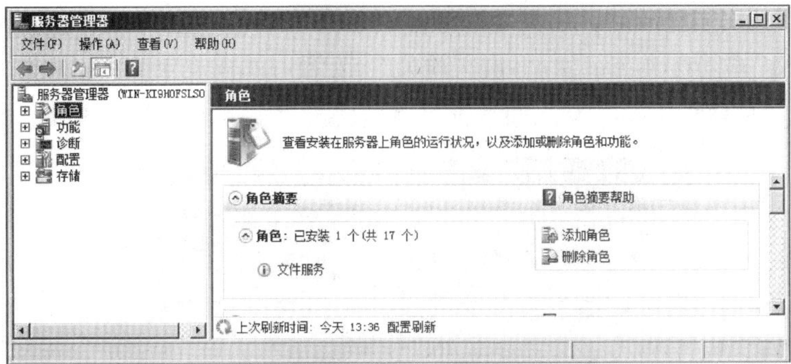

图 5-3-1　服务器管理器

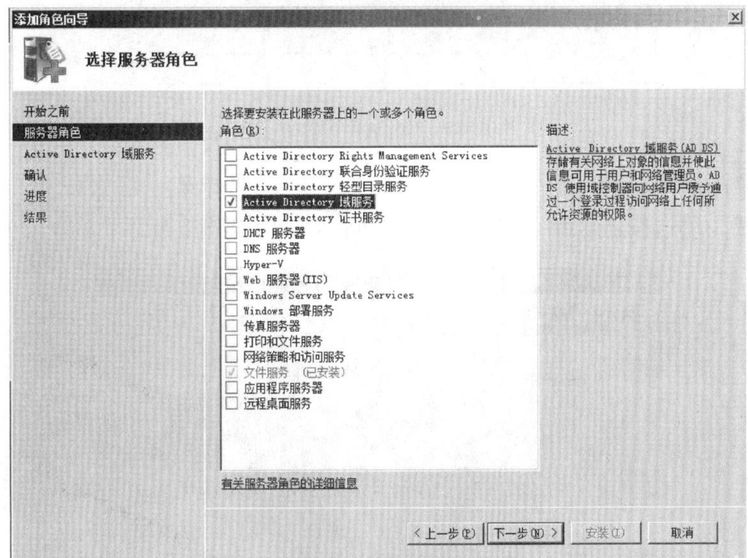

图 5-3-2　活动目录域服务

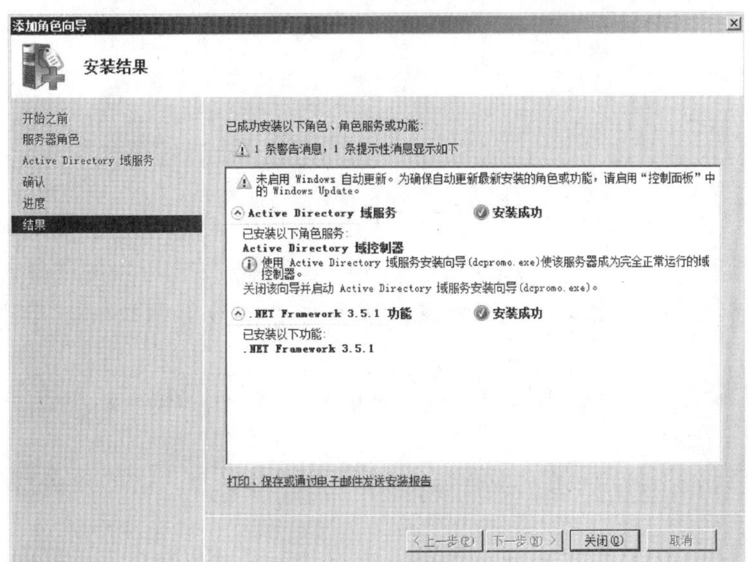

图 5-3-3　安装结果

（6）域服务安装完成后，还需要为域控制器安装域名；选择“开始”→“运行”命令，然后输入“dcpromo. exe”，单击“确定”按钮，如图 5-3-4 所示；在“Active Directory 域服务安装向导”单击“下一步”按钮，再单击“下一步”按钮。

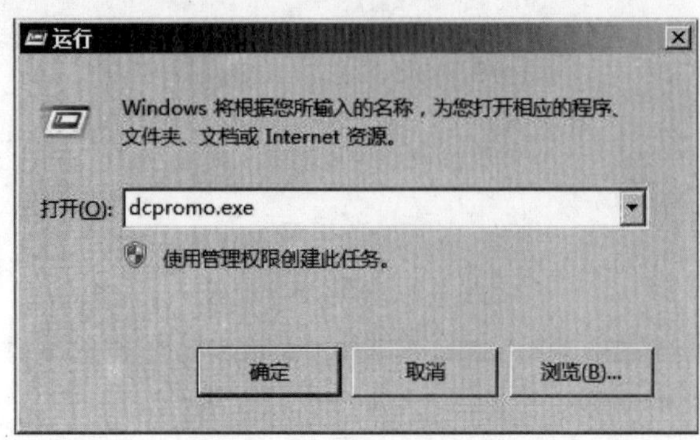

图 5-3-4　运行 dcpromo. exe

（7）在“Active Directory 域服务安装向导”的“选择某一部署配置”中选中“在新林中新建域”单选按钮，单击“下一步”按钮，如图 5-3-5 所示。

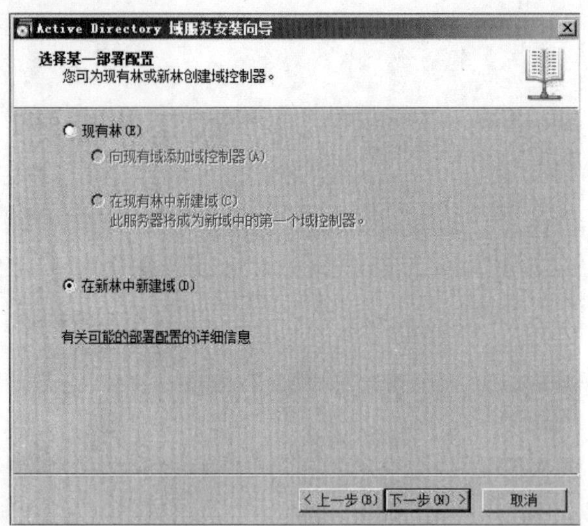

图 5-3-5　在新林中新建域

（8）如图 5-3-6 所示，在“Active Directory 域服务安装向导”的“命名林根域”中输入域名，域名可以自定义。本案例输入域名为“www. jyw. com”。单击“下一步”按钮。

（9）在“设置林功能级别”中选择“Windows Server 2008”，单击“下一步”按钮，如图 5-3-7 所示。

（10）如图 5-3-8 所示，在“其他域控制器选项”中选择“DNS 服务器”，单击“下一步”按钮。

（11）在“数据库、日志文件和 SYSVOL 的位置”采用默认设置，单击“下一步”按钮。

Active Directory 域服务安装向导
命名林根域
林中的第一个域是林根域。其名称也是该林的名称。
键入新目录林根级域的完全限定的域名(FQDN)。
目录林根级域的 FQDN(F):
www.jyw.com
例如: corp.contoso.com
< 上一步(B)
下一步(N) >
取消

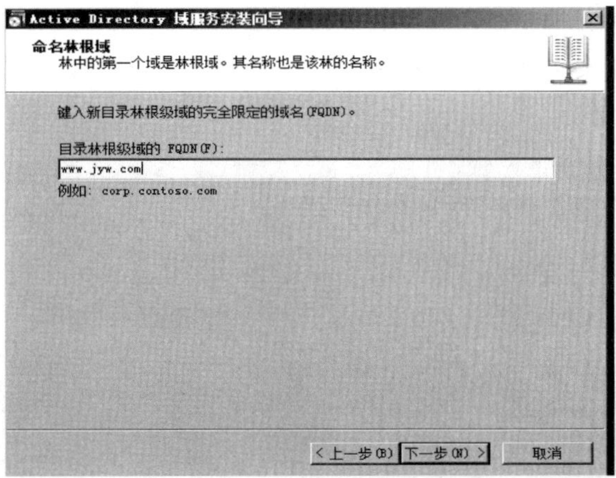

图 5-3-6　输入域名

Active Directory 域服务安装向导
设置林功能级别
选择林功能级别。
林功能级别(F):
Windows Server 2008
详细信息(D):
此林功能级别不提供 Windows 2003 林功能级别之上的任何新功能。但是，它确保在该林中创建的任何新域将自动在 Windows Server 2008 域功能级别运行，这样可提供独特的功能。
您将只能向该林添加运行 Windows Server 2008 或更高版本的域控制器。
有关域和林功能级别的详细信息
< 上一步(B)
下一步(N) >
取消

图 5-3-7　设置林功能级别

Active Directory 域服务安装向导
其他域控制器选项
为此域控制器选择其他选项。
DNS 服务器(D)
全局编录(G)
只读域控制器(RODC)(R)
其他信息(A):
林中的第一个域控制器必须是全局编录服务器且不能是 RODC。
建议您将 DNS 服务器服务安装在第一个域控制器上。
有关其他域控制器选项的详细信息
< 上一步(B)
下一步(N) >
取消

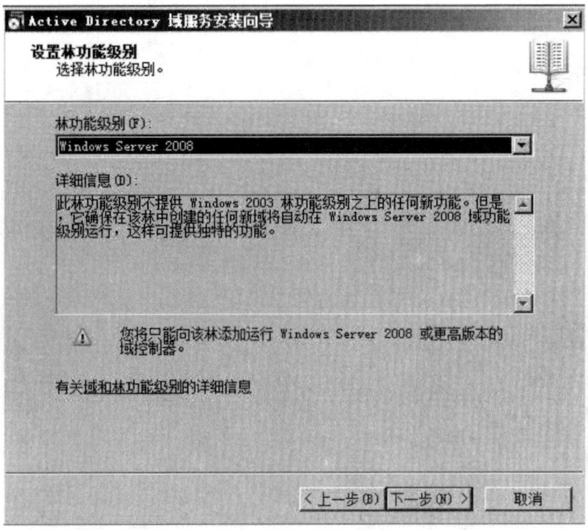

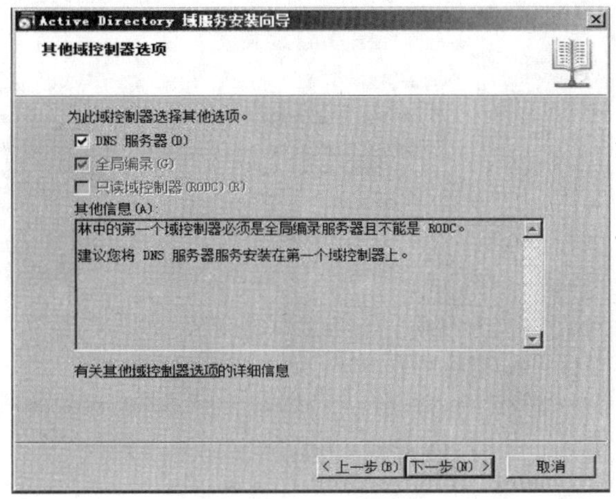

图 5-3-8　选择 DNS

（12）如图 5-3-9 所示，在“目录服务还原模式的 Administrator 密码”中输入密码 Q@wer5tyu。然后单击“下一步”按钮。该密码将在后期维护域控制器以及删除域控制等时使用。

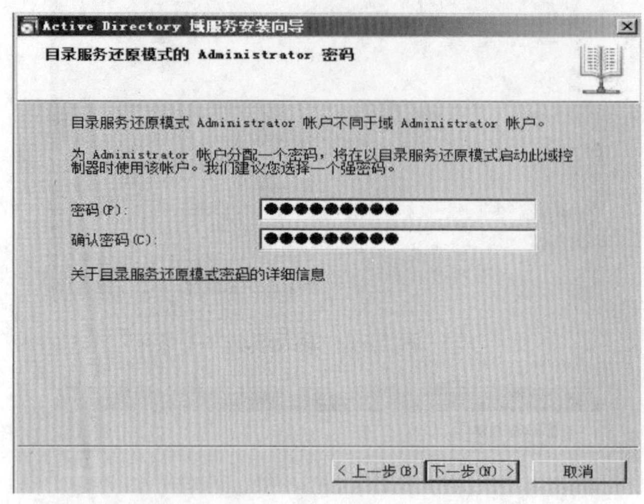

图 5-3-9　设置密码

（13）单击“下一步”按钮，弹出安装界面，选中“完成后重新启动（R）”，等待系统重启，即完成了域控制器的安装。

二、客户端计算机加入域

（1）打开 Windows 7 客户端，使用 Administrator 账号登录到桌面。

（2）在计算机桌面找到“计算机”，右击，选择“属性”命令，打开“查看有关计算机的基本信息”界面，如图 5-3-10 所示。

图 5-3-10　查看系统属性

（3）如图 5-3-11 所示，在“查看有关计算机基本信息”界面找到“计算机名称、域和工作组设置”，单击“更改设置”。

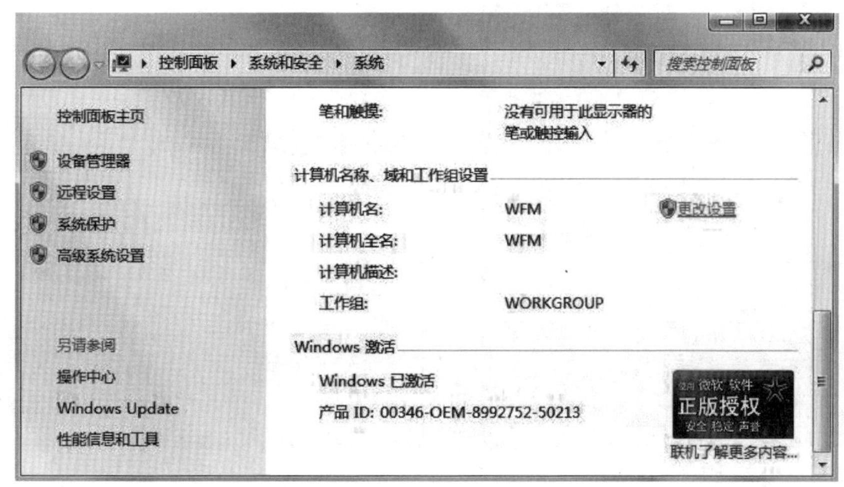

图 5-3-11　单击更改设置

（4）弹出“系统属性”对话框，如图 5-3-12 所示。

（5）在图 5-3-12 中，在“系统属性”的“计算机名”选项卡下面单击“更改（C）”按钮。弹出“计算机名/域更改”对话框，如图 5-3-13 所示。

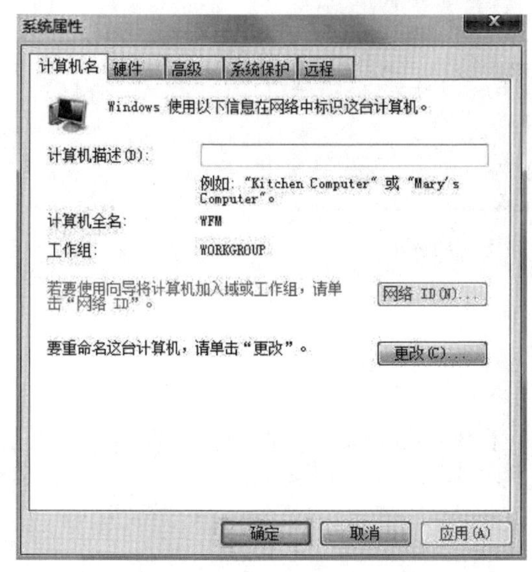

图 5-3-12　“系统属性”对话框

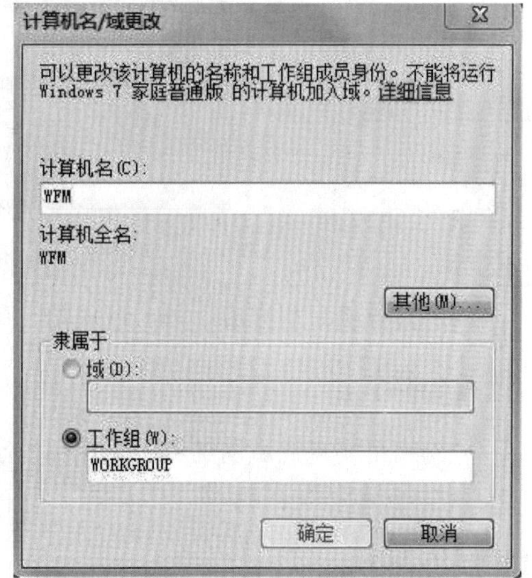

图 5-3-13　“计算机名/域更改”对话框

（6）在图 5-3-13 中，在“计算机名/域更改”的“隶属于”中选择“域”选项。如图 5-3-14 所示，在“域”中输入：www.jyw.com，单击“确定”按钮。

（7）如图 5-3-15 所示，在弹出的“Windows 安全”对话框中输入用户名：Administrator，密码：Q@wer5tyu。

需注意的是，用户名和密码为域控制器服务器的管理员账号及密码。最后单击“确定”按钮。

图 5-3-14　选择域

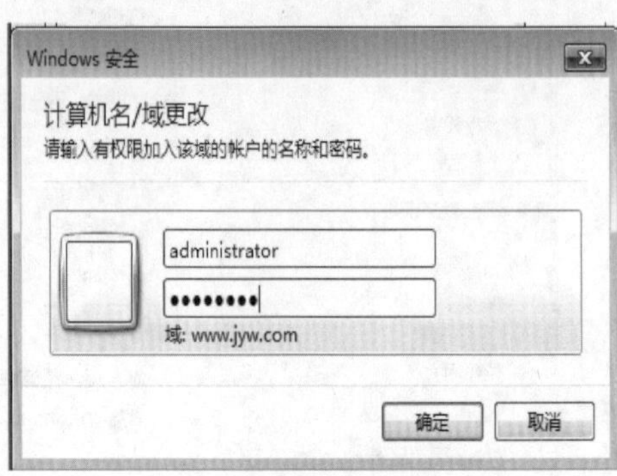

图 5-3-15　输入服务器账号和密码

（8）等待 Windows 7 客户端加入域，弹出“欢迎加入 www.jyw.com 域”。单击“确定”按钮，计算机提示“必须重新启动计算机才能应用这些更改”，单击“确定”按钮，如图 5-3-16 所示。

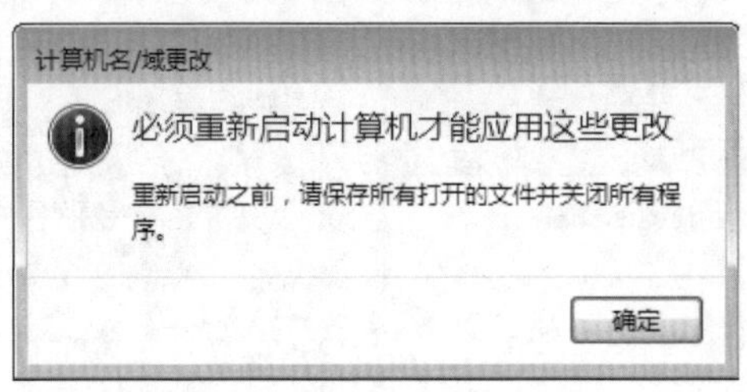

图 5-3-16　提示重启计算机

（9）计算机重启完成，加入域成功。

【任务小结】

域网络可实现局域网的集中管理和控制，让网络管理员更加高效地管理网络，以及对安全性进行严密控制。

【扩展练习】

（1）在 VMware Workstation 虚拟机上再安装一台新的计算机，系统为 Windows XP。

（2）将 XP 的计算机名称改为 juyuwang-XP。

（3）配置好 XP 计算机的 IP 地址为 192.168.43.9，子网掩码为 255.255.255.0，网关为 192.168.43.10，DNS 为 192.168.43.1。

（4）将 XP 计算机加入 www.jyw.com 域网络中。

【能力评价】

能力评价表

任务名称	组建域网络		
开始时间		完成时间	
评价内容			
任务准备：		是	否
1. 收集任务相关信息		□	□
2. 明确训练目标		□	□
3. 学习任务相关知识		□	□
任务计划：		是	否
1. 明确任务内容		□	□
2. 明确时间安排		□	□
3. 明确任务流程		□	□
任务实施：	分值	自评分	教师评分
1. 能够正确认识工作组和域网络	10		
2. 能够正确配置 IP 地址	10		
3. 掌握添加角色功能	15		
4. 能够通过添加角色安装域控制器	30		
5. 能够新建域	10		
6. 能将 Windows 7 计算机客户端加入域网络	25		
合计：	100		
总结与提高：			
1. 本次任务有哪些收获？ 2. 在任务中遇到了哪些问题？有何解决方法？			

任务四　安全策略设置

【任务描述】

在局域网组建过程中，服务器具有至关重要的作用，要想让服务器及整个网络安全运行，设置服务器的安全策略必不可少。这就要求正确配置本地组策略和域组策略，确保计算机的本地安全和其他计算机的安全。因此，本任务重点介绍本地账户锁定策略、本地密码策略、域组策略的基本设置。

【能力要求】

(1) 能够区分本地组策略、域组策略。
(2) 能够使用 MMC 命令打开控制台。
(3) 能够创建新的控制台。
(4) 能够正确设置本地组策略的密码策略。
(5) 能够正确设置本地组策略的账户锁定策略。
(6) 熟练掌握域组策略的设置。

【知识准备】

一、组策略

微软为 Windows NT 及后面的系列操作系统新增了一个组策略功能，管理员可以通过组策略来为用户或者计算机进行桌面配置、安全设置等，不必再修改注册表。比如：设置密码复杂性策略确保用户不能使用简单的密码；阻止一些用户修改系统时间或者关闭计算机；域网络基于组策略进行软件分发安装等。根据使用范围，组策略有本地组策略和域组策略两种，组策略配置完成后重启计算机即可生效。

二、本地组策略

本地组策略主要用于工作组网络中的计算机或者独立计算机，本策略只作用于本地计算机，以及登录到本地计算机的本地用户和从本地登录到域的域用户；对其他计算机无效。

三、域组策略

域组策略是应用到整个域网络中的计算机和用户，同样也能实现计算机配置与用户配置。

四、安全服务

网络管理员对网络中的服务器进行本地组策略和域组策略的制定和设置，可有效地增加服务器的自身安全能力，防止外来的网络攻击。如通过账户安全策略设置账户安全性、锁定账户策略等，指派用户权限，可以有效避免其他人登录计算机，如表 5-4-1 所示。

表 5-4-1　Windows Server 2008 网络操作系统的八大安全服务项目

安全服务	功能描述
本地策略	审核策略、用户权限分配和安全选项
账户策略	密码策略、账户锁定策略和 kerberos 策略
注册表	注册表权限
系统服务	系统服务的启动设置和权限管理

续表

安全服务	功能描述
公钥策略	公钥的管理与分发
事件日志	应用程序和安全事件日志设置
受限制的组	安全组的成员身份
软件限制策略	将 ipsec 策略分配到计算机

【任务实施】

一、打开控制台

（1）打开 VMware Workstation 虚拟机，启动 juyuwang _ o 服务器，输入账号“Administrator”，密码“Q@wer5tyu”，登录到桌面。

（2）在计算机桌面左下角，单击“开始”按钮，选择“运行”命令，在“运行”对话框里输入“MMC”，如图 5-4-1 所示。

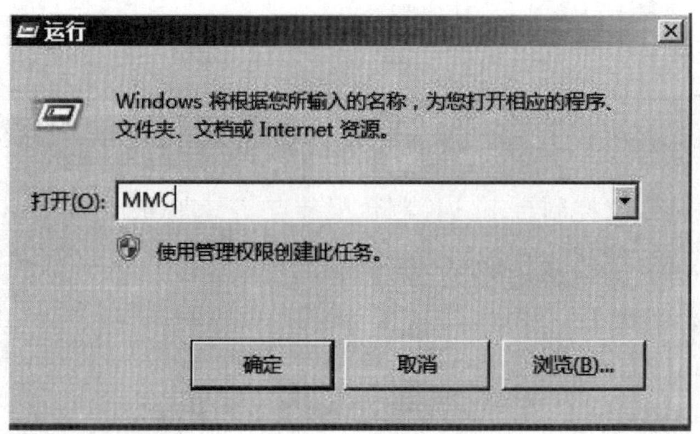

图 5-4-1　“运行”对话框

（3）按 Enter 键，进入“控制台 1-［控制台根节点］”界面，如图 5-4-2 所示。

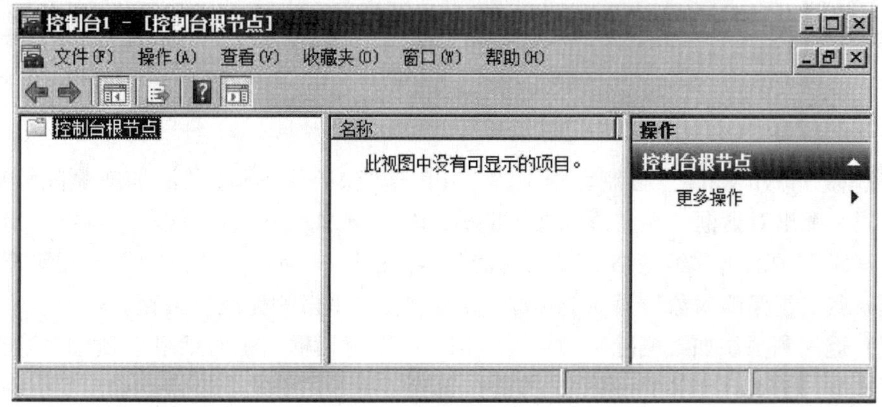

图 5-4-2　控制台

(4) 在“控制台 1-[控制台根节点]”单击“文件”→“另存为(A)…”命令,如图 5-4-3 所示,弹出“保存为”对话框,在对话框中的左侧单击“桌面”图标,在下方的“文件名(N)”中输入“juyuwang”,然后单击“保存”按钮。

图 5-4-3 保存路径

(5) 保存完成后,“控制台 1-[控制台根节点]”名称被改为“juyuwang-[控制台根节点]”,如图 5-4-4 所示。

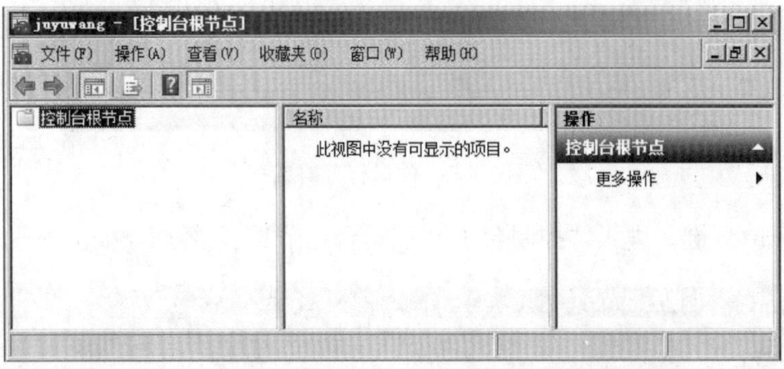

图 5-4-4 juyuwang 控制台

(6) 在“juyuwang-[控制台根节点]”单击“文件”,选择“添加或删除管理单元(M)…”,弹出对话框,在“添加或删除管理单元(M)…”对话框左侧的“可用的管理单元(S)”中双击“组策略对象编辑器”。如图 5-4-5 所示,弹出“选择组策略对象”对话框,其“组策略对象”默认为“本地计算机”,单击“完成”按钮。

(7) 返回到“添加或删除管理单元(M)…”对话框,在对话框右侧的“所选管理单元(E)”下多出了“本地计算机 策略”选项,单击“确定”按钮,如图 5-4-6 所示。

(8) 这时“juyuwang-[控制台根节点]”界面的“控制台根节点”下出现了“本地计算机 策略”,展开策略树,有“计算机配置”和“用户配置”两项,如图 5-4-7 所示。

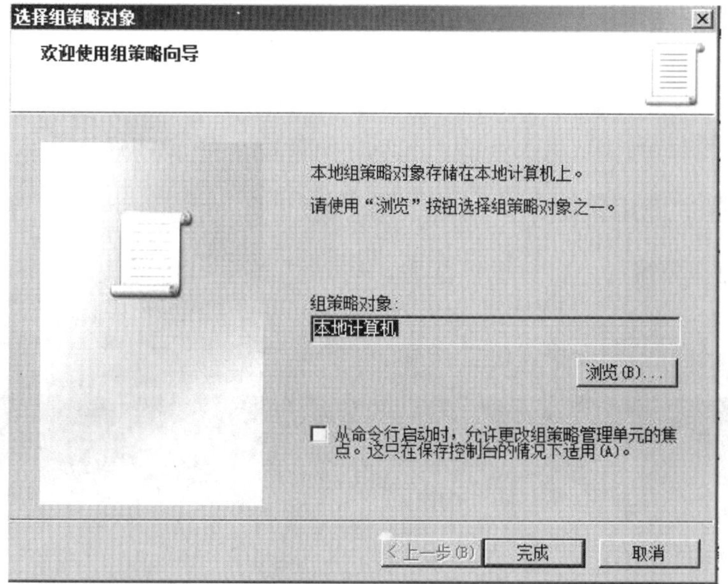

图 5-4-5　组策略向导

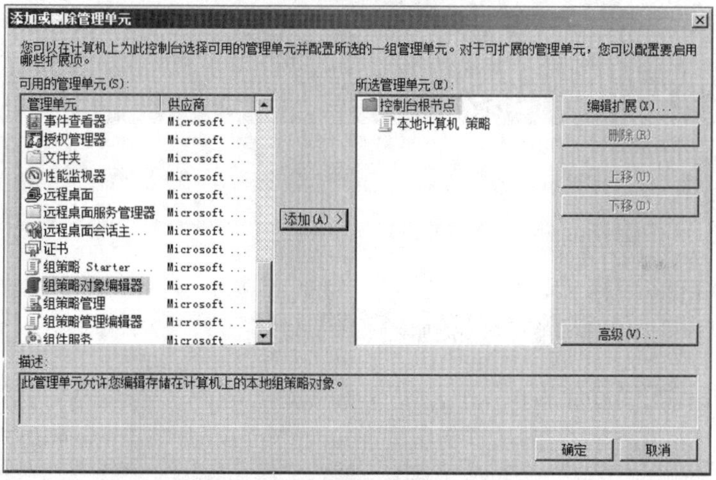

图 5-4-6　添加本地计算机 策略

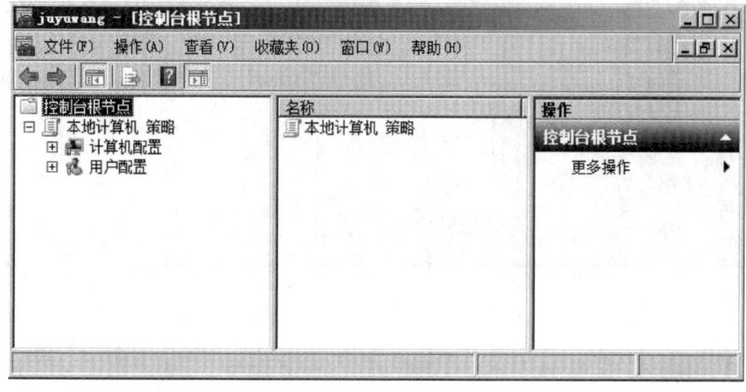

图 5-4-7　展开本地计算机策略

(9) 在"juyuwang-[控制台根节点]"界面单击"文件",选择"保存"命令,然后关闭对话框。

(10) 启动 juyuwang _ u 服务器,输入账号"Administrator",密码"Q@wer5tyu"登录到桌面;重复第(2)至(8)步,完成创建 juyuwang _ u 的控制台。

二、设置本地组策略

1. 设置密码策略

(1) 在 juyuwang _ o 计算机桌面,双击"juyuwang. msc"图标,如图 5-4-8 所示,打开"juyuwang-[控制台根节点]"界面。

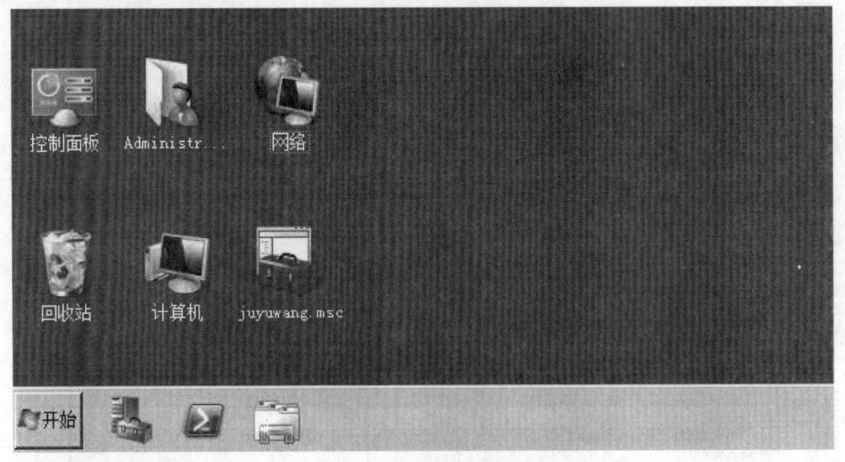

图 5-4-8 计算机桌面

(2) 在"juyuwang-[控制台根节点]"对话框依次展开"本地计算机 策略"→"计算机配置"→"Windows 设置",如图 5-4-9 所示。

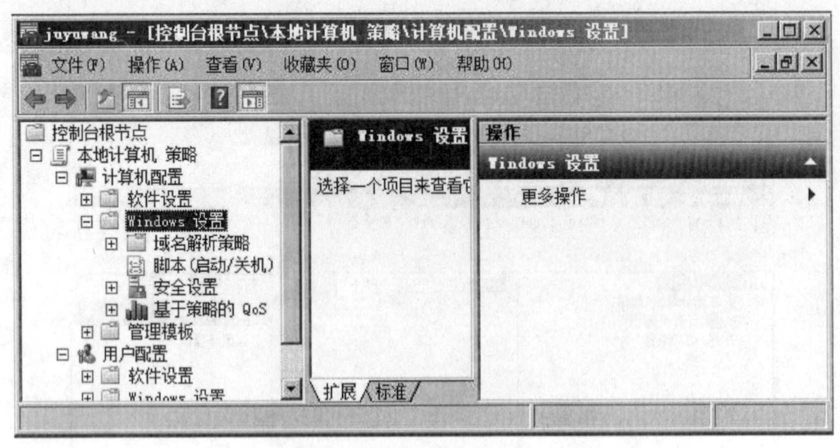

图 5-4-9 Windows 设置

(3) 在"Windows 设置"下再依次展开"安全设置"→"账户策略"→"密码策略",如图 5-4-10 所示。

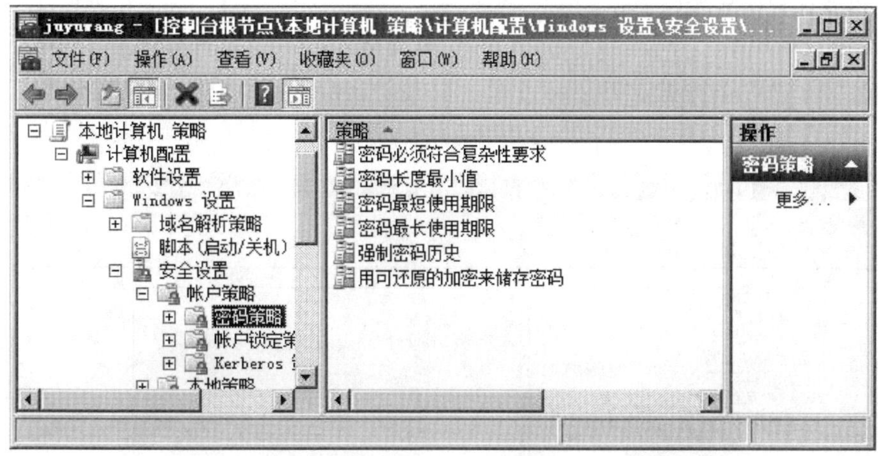

图 5-4-10 密码策略

（4）在“密码策略”右侧页面，按照表 5-4-2 的安全设置数值要求，进行密码安全策略设置。设置方法：在右侧页面，选择要设置的项目，按鼠标右键，选择“属性”命令，在“属性”对话框进行设置。设置结果如图 5-4-11 所示。

表 5-4-2 安全策略数值

策略	安全设置数值
密码必须符合复杂性要求	已启用
密码长度最小值	9 个字符
密码最短使用期限	1 天
密码最长使用期限	365 天
强制密码历史	2 个记住的密码
用可还原的加密来存储密码	已禁用

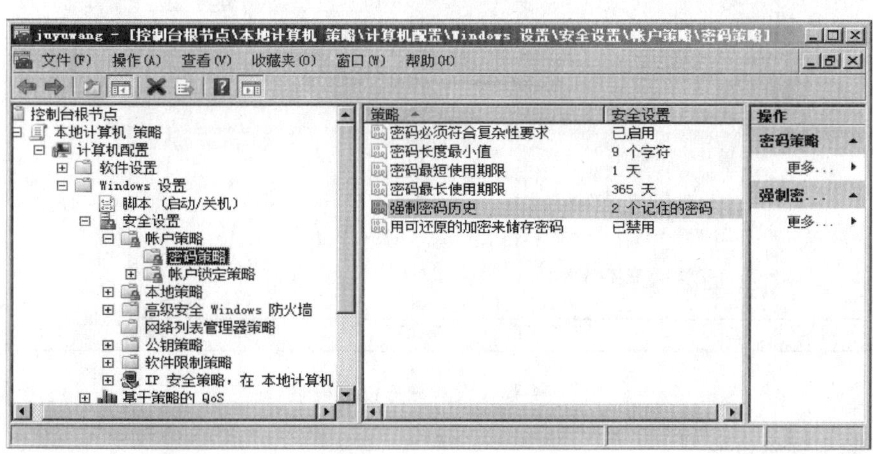

图 5-4-11 设置密码策略

（5）关闭窗口。

2. 设置账户锁定策略

（1）在“juyuwang-［控制台根节点］”界面依次展开“本地计算机 策略”→“计算机配置”→“Windows 设置”→“安全设置”→“账户策略”→“账户锁定策略”，如图 5-4-12 所示。

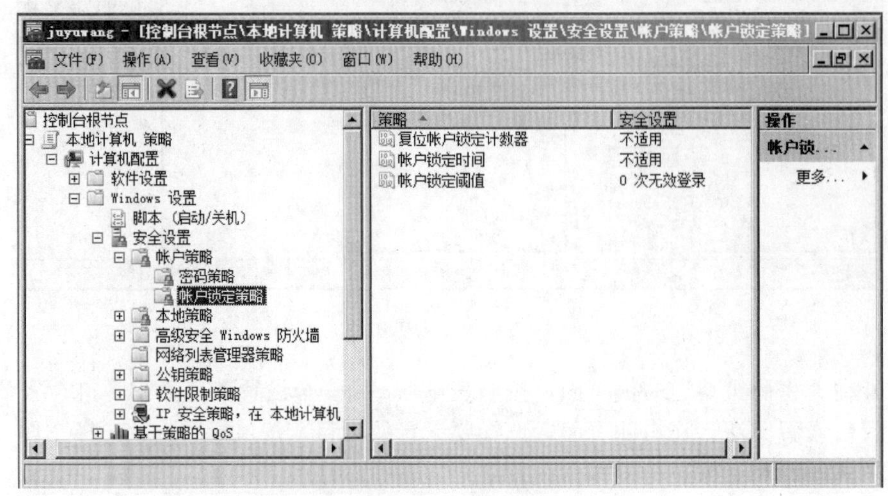

图 5-4-12　账户锁定策略

（2）在“账户锁定策略”右侧页面设置策略“账户锁定阈值”为“2 次无效登录”，单击“应用”，再单击“确定”按钮。

（3）设置策略“账户锁定时间”为“1 分钟”，“复位账户锁定计数器”为“1 分钟之后”，设置结果如图 5-4-13 所示。

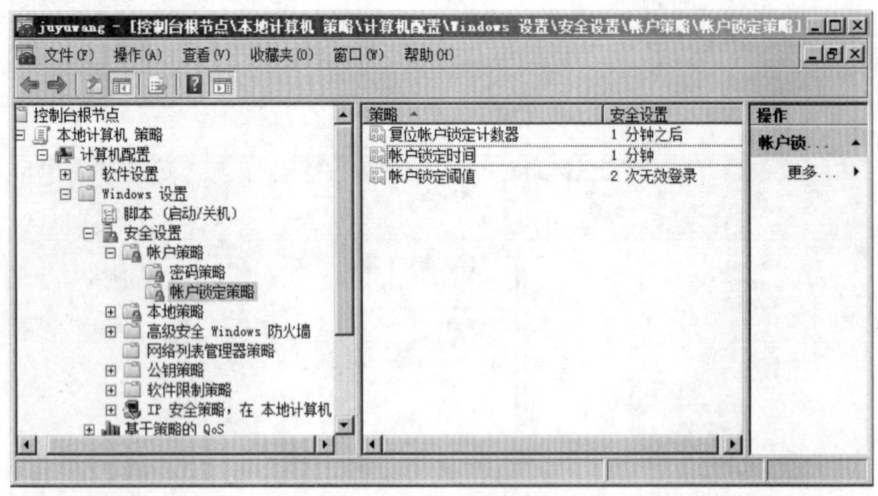

图 5-4-13　设置账户锁定策略

3. 验证密码策略

通过新建一个账户名为 admin 的用户来验证密码策略和验证账户锁定策略是否有效。

（1）依次单击“开始”→“管理工具”→“计算机管理”命令，如图 5-4-14 所示。

图 5-4-14　打开“计算机管理”

（2）在打开的“计算机管理”窗口中，依次展开“系统工具”→“本地用户和组”→“用户”。

（3）在“用户”上右击，并在弹出的菜单中选择“新用户”命令，如图 5-4-15 所示。

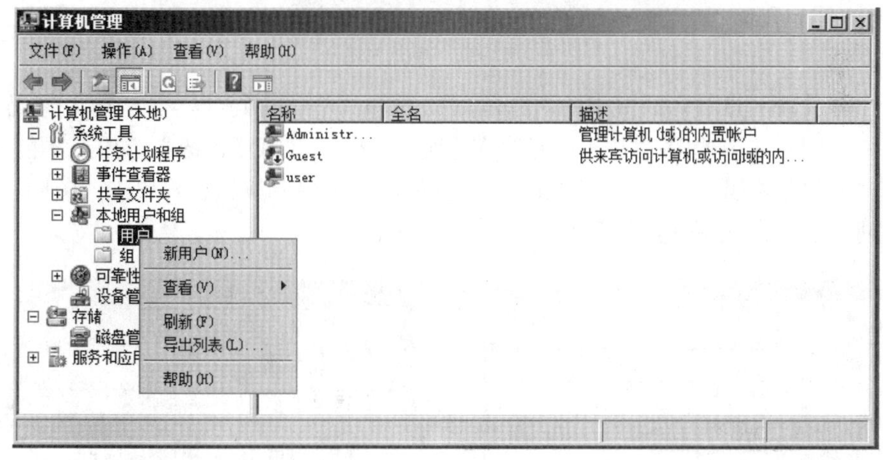

图 5-4-15　新建用户

（4）弹出“新用户”对话框，在“用户名（U）”中输入：admin；在“全名（F）”中输入：admin；在“描述（D）”中输入：本地组策略测试，如图 5-4-16 所示。

（5）验证密码策略中的密码复杂度和密码长度最小值。密码必须符合复杂性要求，即密码必须由大写字母、小写字母、数字和合法字符组成；且输入密码不低于 9 位数。在“新用户”对话框中的“密码（P）”和“确认密码（C）”栏输入密码：123456789，如图 5-4-17 所示，单击“确定”按钮。这时弹出“本地用户和组”对话框，如图 5-4-18 所示，说明密码不符合密码复杂性要求。

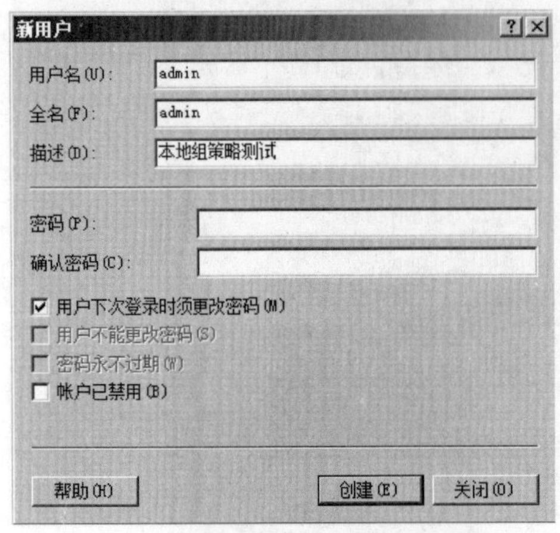

图 5-4-16　“新用户”对话框

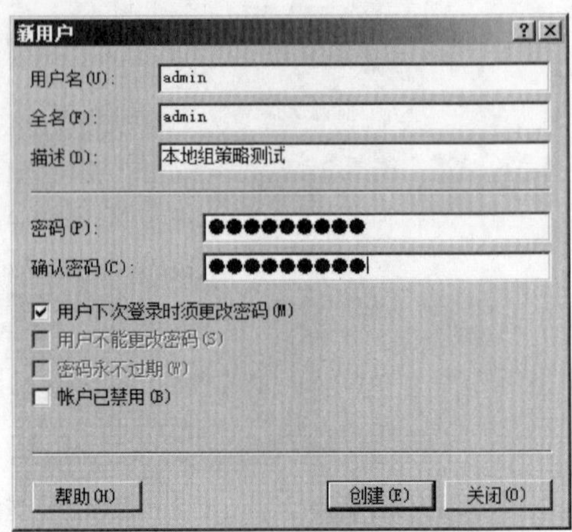

图 5-4-17　创建密码

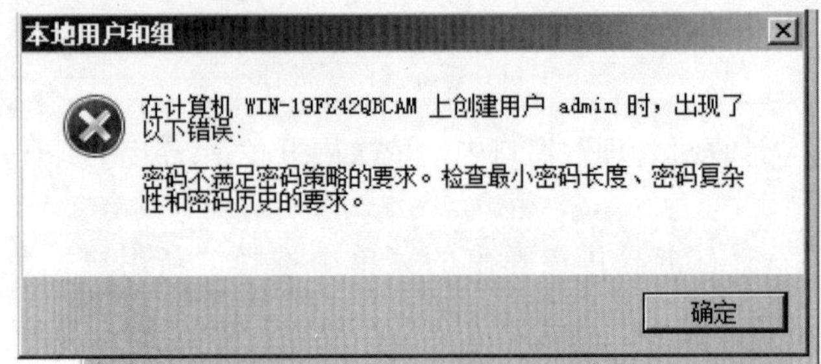

图 5-4-18　提示错误

（6）在“新用户”对话框中的“密码（P）”和“确认密码（C）”栏输入密码“Q@wer5tyu”，同时取消选中“用户下次登录时须更改密码（M）”，选中“用户不能更改密码”和“密码永不过期”，如图 5-4-19 所示。单击“创建”按钮，再单击“关闭”按钮，新用户创建成功，如图 5-4-20 所示。

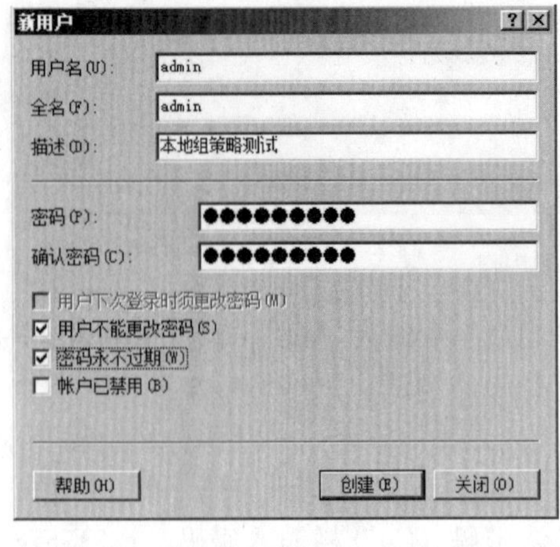

图 5-4-19　新建用户

图 5-4-20　用户创建成功

4. 验证账户锁定策略

（1）单击“开始”按钮，选择“切换用户”命令，如图 5-4-21 所示。

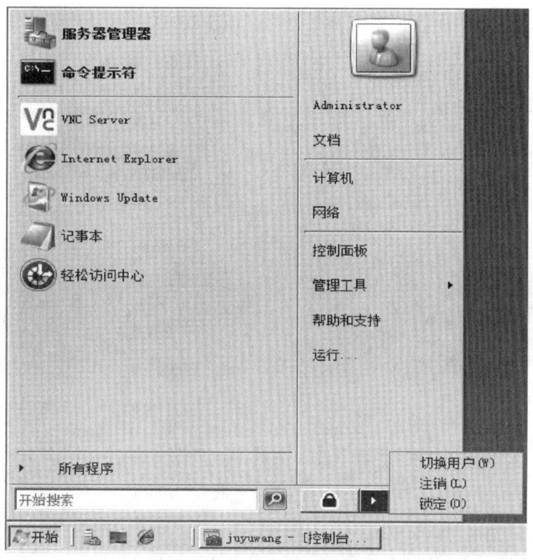

图 5-4-21　切换用户

（2）在登录界面选择“admin”用户，输入密码：123456，如图 5-4-22 所示。按 Enter 键登录，计算机提示“用户名或密码不正确”，如图 5-4-23 所示。

图 5-4-22　登录

图 5-4-23　登录错误

（3）本次验证的账户锁定阈值为“2 次无效登录”，账户锁定时间为“1 分钟”。需再重复第（2）步一次，这时 admin 账户完成了两次无效登录。

（4）再次输入正确密码 Q@wer5tyu。这时仍然提示“用户名或密码不正确”，说明账户锁定阈值和锁定时间策略有效。

(5) 等待一分钟后，再次输入正确密码：Q@wer5tyu。可以正常登录到计算机桌面，如图 5-4-24 所示。

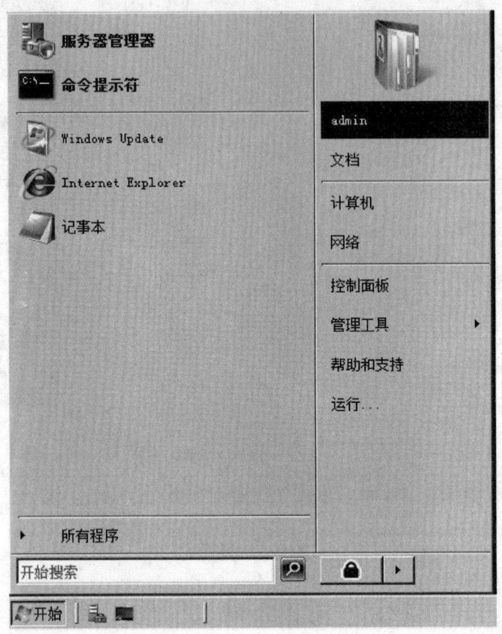

图 5-4-24　登录成功

(6) 账户锁定策略验证完成。

5. 设置“开始”菜单和任务栏

(1) 在 juyuwang _ o 计算机桌面，双击 juyuwang. msc 图标，如图 5-4-25 所示，打开“juyuwang- [控制台根节点]”界面。

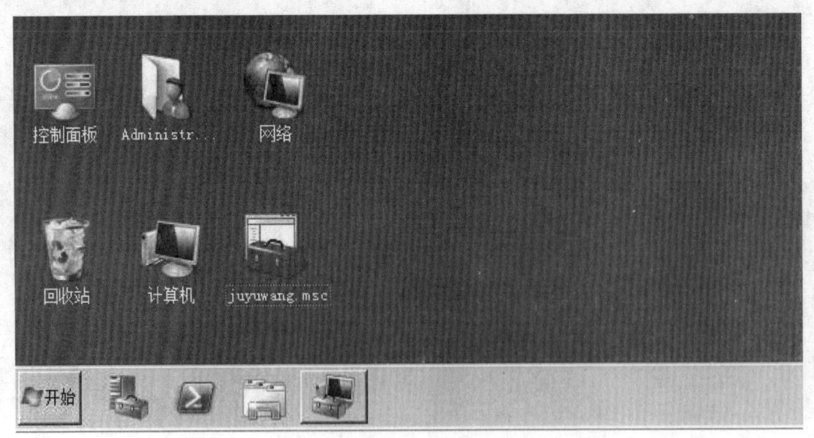

图 5-4-25　计算机桌面

(2) 在“juyuwang- [控制台根节点]”对话框依次展开“本地计算机 策略”→“用户配置”→“管理模板”→“开始”菜单和任务栏，如图 5-4-26 所示。

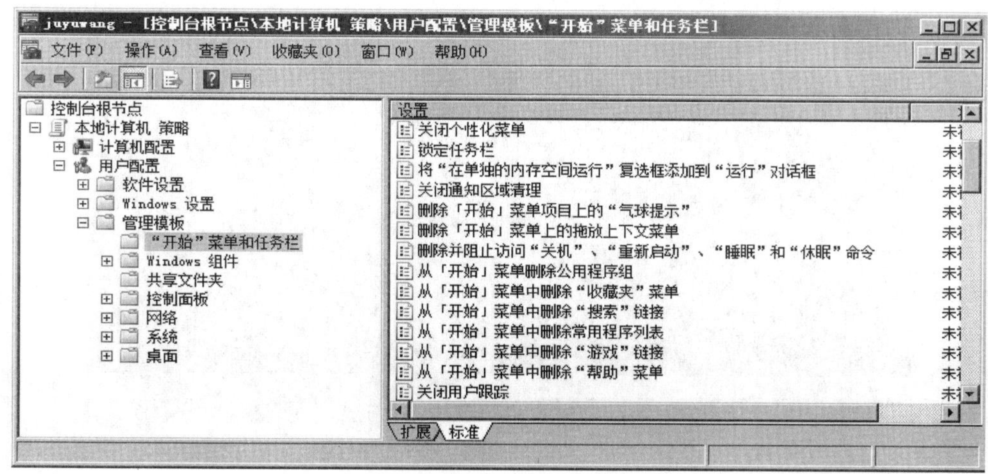

图 5-4-26　"开始"菜单和任务栏

（3）在"'开始'菜单和任务栏"右侧双击"删除并阻止访问'关机'、'重新启动'、'睡眠'和'休眠'命令"，在弹出的对话框中选择"已启用"，单击"确定"按钮，如图 5-4-27 所示。

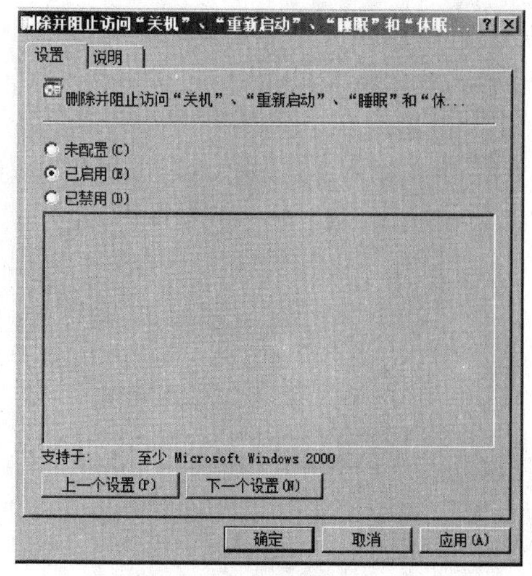

图 5-4-27　选中"已启用"单选按钮

图 5-4-28　切换用户

（4）单击桌面左下角"开始"按钮，查看计算机已经不能执行"关机""重新启动""睡眠"和"休眠"命令，如图 5-4-28 所示。

三、设置域组策略

（1）启动 juyuwang _ u 服务器，输入账号"Administrator"，密码"Q@wer5tyu"登录到桌面。

（2）在计算机桌面选择"juyuwang. msc"，右击选择"打开"命令，如图 5-4-29 所示。

（3）在弹出的"juyuwang-［控制台根节点］"对话框，单击"文件"，选择"添加

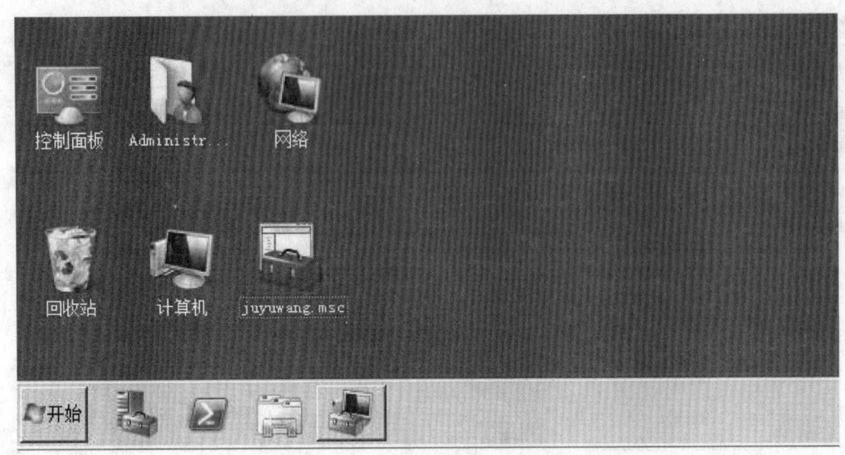

图 5-4-29　打开控制台

或删除管理单元（M）…”，弹出“添加或删除管理单元”对话框，在其左侧的“可用的管理单元（S）”中选择“组策略管理”；单击“添加”按钮，将“组策略管理”添加到右侧的“所选管理单元（E）”，如图 5-4-30 所示，单击“确定”按钮。

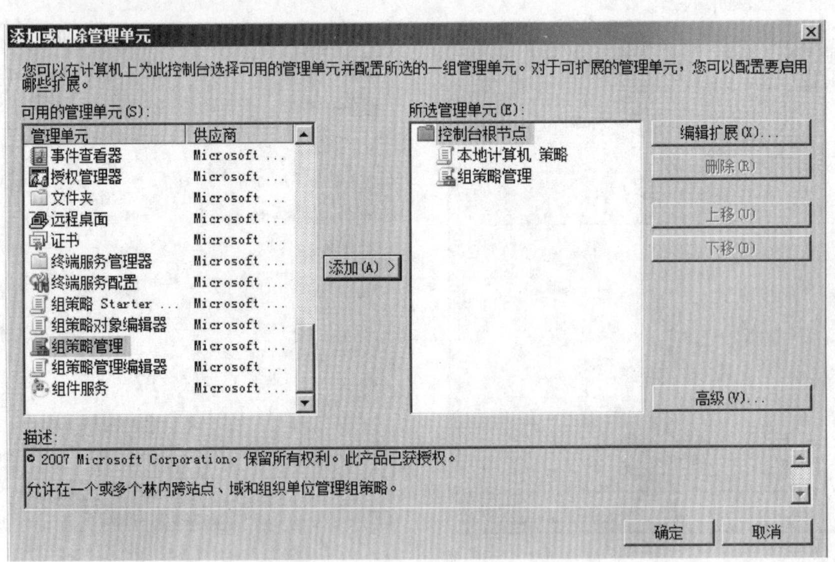

图 5-4-30　添加“组策略管理”

（4）在“juyuwang-［控制台根节点］”对话框依次展开“组策略管理”→“林：www.jyw.com”→“域”→“www.jyw.com”→“组策略对象”，如图 5-4-31 所示。

（5）在“组策略对象”下选择 Default Domain Policy，右击选择“编辑”命令，如图 5-4-32 所示。

（6）在弹出的“组策略管理编辑器”对话框中，依次展开“计算机配置”→“策略”→“Windows 设置”→“安全设置”→“本地策略”→“审核策略”，如图 5-4-33 所示。

（7）在“审核策略”右侧进行策略设置，如图 5-4-34 所示。

（8）设置完成，单击关闭。

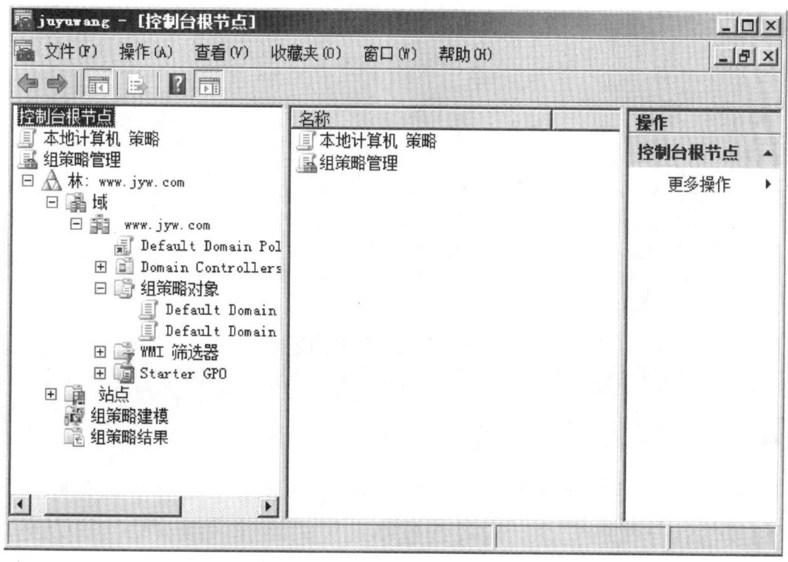

图 5-4-31　展开“组策略管理”

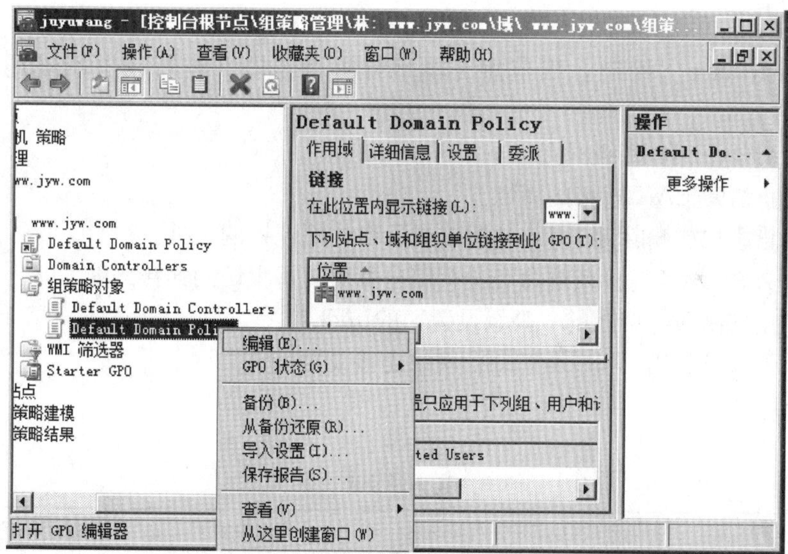

图 5-4-32　编辑“组策略对象”

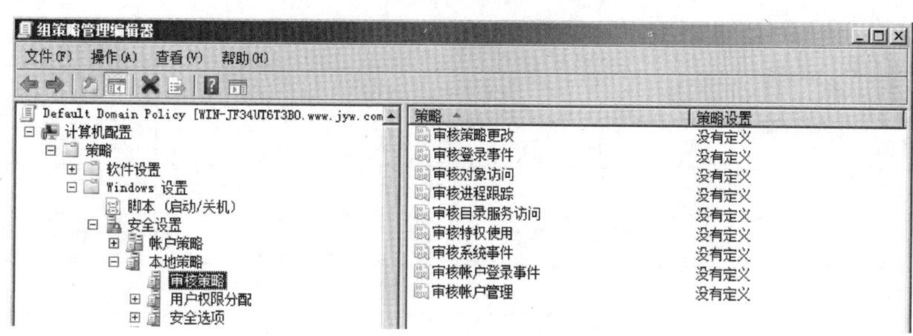

图 5-4-33　审核策略

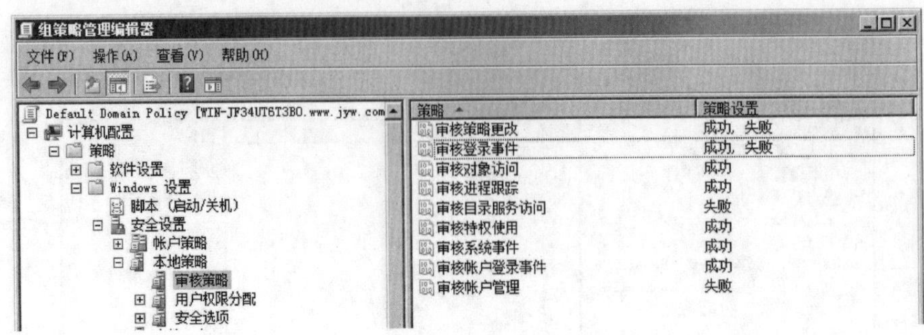

图 5-4-34　进行策略设置

【任务小结】

本任务主要讲解了设置服务器的安全策略，如本地组策略和域组策略，确保计算机的本地安全和其他计算机的安全。通过设置本地组策略和域组策略，可以更加高效地对局域网进行管理，确保进一步提升网络安全性。

【扩展练习】

利用 juyuwang-［控制台根节点＼本地计算机策略］进行以下网络连接的基本设置。

（1）禁用 TCP/IP 高级配置。

（2）禁止访问 LAN 连接的属性。

（3）禁止添加或删除用于 LAN 连接或远程访问连接的组件。

（4）重命名 LAN 连接或重命名所有用户可用的远程访问连接的能力。

（5）禁止到高级菜单上的“高级设置”的访问。

（6）为管理员启用 Windows 2000 网络连接设置。

【能力评价】

能力评价表

任务名称	安全策略设置			
开始时间		完成时间		
评价内容				
任务准备：			是	否
1. 收集任务相关信息			□	□
2. 明确训练目标			□	□
3. 学习任务相关知识			□	□
任务计划：			是	否
1. 明确任务内容			□	□
2. 明确时间安排			□	□
3. 明确任务流程			□	□

续表

任务实施：	分值	自评分	教师评分
1. 能够区分本地组策略、域组策略	10		
2. 能够使用 MMC 命令打开控制台	10		
3. 能够创建新的控制台	20		
4. 能够正确设置本地组策略的密码策略	20		
5. 能够正确设置本地组策略的账户锁定策略	15		
6. 熟练掌握域组策略的设置	25		
合计：	100		
总结与提高：			
1. 本次任务有哪些收获？ 2. 在任务中遇到了哪些问题？有何解决方法？			

任务五　Windows 防火墙

【任务描述】

在局域网组建过程中，要想让网络安全运行，就必须启用防火墙，防火墙是确保网络安全的重要保障。Windows 系列操作系统有多种类型的防火墙，本任务主要介绍启用和设置系统自带的防火墙。通过任务熟练掌握防火墙的基本设置与应用。

【能力要求】

（1）了解网络攻击的四种方式。

（2）能够正确启用和关闭 Windows 防火墙。

（3）能够正确添加防火墙例外。

（4）能完成防火墙的基本设置。

（5）能够正确创建入站规则。

（6）能够创建连接安全规则。

【知识准备】

一、网络攻击

随着网络科技的发展，网络已成了人们日常生活的一部分，给人们的生活带来了很大的便利，如网上购物、网络通信、网上娱乐、网络教育、网上办公等，覆盖了人们生活的方方面面。但同时也产生了许多问题，如信息泄露、资金被盗、恶意软件、网络病毒等网络安全问题给人们带来困扰。常见的网络攻击包括以下四种。

（1）利用网络漏洞，获取访问网络系统的特殊权限。

（2）通过在电子邮件中植入病毒或给应用软件植入木马程序等方式，窃取用户信息或破坏用户文件。

（3）利用钓鱼网站获取用户的资金账户和密码，或者获取身份证信息等。

（4）利用端口重定向，攻击网络系统。

二、Windows 防火墙

为了防止内部局域网络受到外来攻击，需要在内网与外网中间建立一道安全防线，对外网与内网之间的信息传递进行存取、传递、审计和隔离等，这道防线就是防火墙。防火墙主要有访问规则、验证工具、包过滤和应用网关四个部分，通过网络通行规则，可以有效屏蔽掉不符合规则的通信和数据包。防火墙可以通过设置入站规则和出站规则，在内部网络和外部网络之间进行安全有效的信息沟通。在局域网设置了防火墙，可以有效拦截外界对系统的非法访问和入侵，提高网络的安全性。

防火墙主要体现在以下几个方面。

（1）是内网的安全屏障。

（2）强化网络安全策略。

（3）存取和访问监控审计。

（4）防止内网信息泄露。

【任务实施】

一、设置防火墙

（1）打开 VMware Workstation 虚拟机，选择计算机 juyuwang _ u，登录到桌面。

（2）单击“开始”按钮，打开“控制面板”，进入“控制面板”页面，如图 5-5-1 所示。

图 5-5-1　打开控制面板

（3）在控制面板打开“Windows 防火墙”，如图 5-5-2 所示。

（4）单击“启用或关闭 Windows 防火墙”，在“Windows 防火墙设置”对话框中选择“常规”选项卡，选中“启用”单选按钮，启用防火墙，单击“应用”按钮，如图 5-5-3所示。

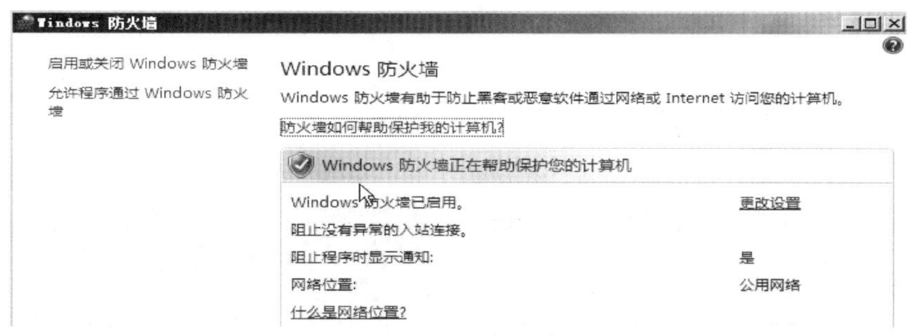

图 5-5-2　打开 Windows 防火墙

（5）在图 5-5-4“Windows 防火墙设置”对话框中选择“例外”选项卡。在“程序或端口”下选中“Windows 防护墙管理”“Windows 远程管理”“网络发现”“文件和打印机共享”“远程管理”“远程桌面”的复选框，表示允许所选程序或端口可以通过防火墙。同时选中最下面的“Windows 防火墙阻止新程序时通知我（B)”复选框，单击“应用”按钮，如图 5-5-4 所示。

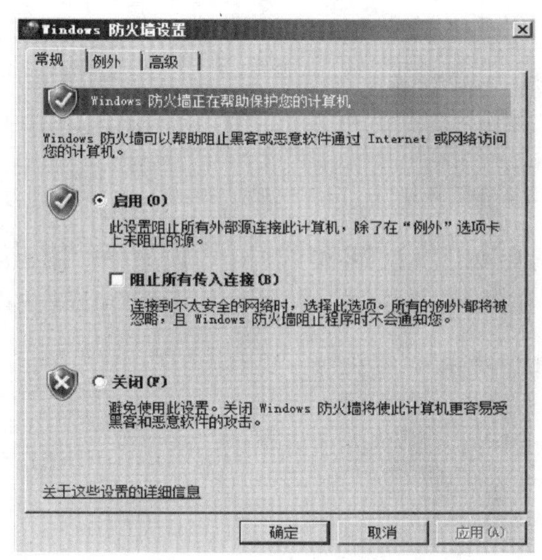

图 5-5-3　启用防火墙

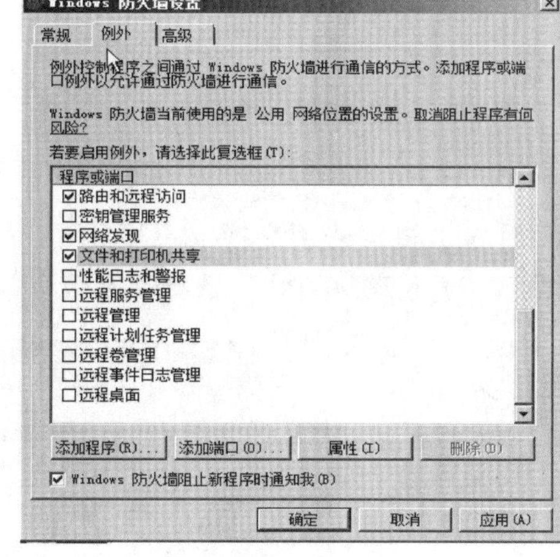

图 5-5-4　添加例外

（6）关闭“Windows 防火墙设置”“Windows 防火墙”“控制面板”。

（7）单击“开始”按钮，选择“管理工具”→“高级安全 Windows 防火墙”，打开“高级安全 Windows 防火墙”窗口，如图 5-5-5 所示。

图 5-5-5　“高级安全 Windows 防火墙”窗口

（8）选择“本地计算机上的高级安全 Windows 防火墙属性”，右击，选择“属性”命令，弹出“本地计算机上的高级安全 Windows 防火墙属性”对话框，如图 5-5-6 所示。

（9）在“本地计算机上的高级安全 Windows 防火墙属性”中，选择“IPSec 设置”选项卡，如图 5-5-7 所示。

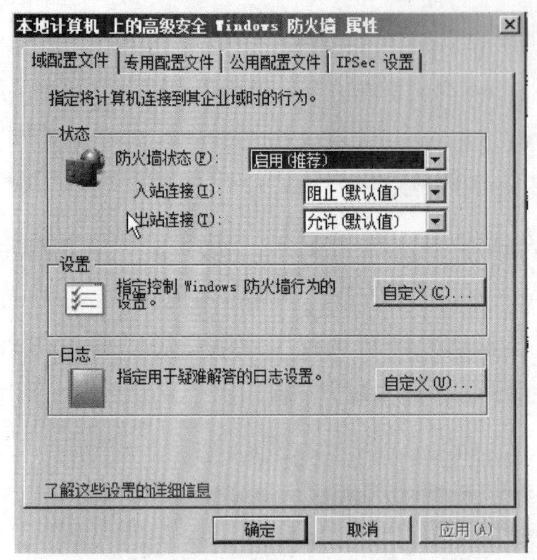

图 5-5-6 “域配置文件”选项卡

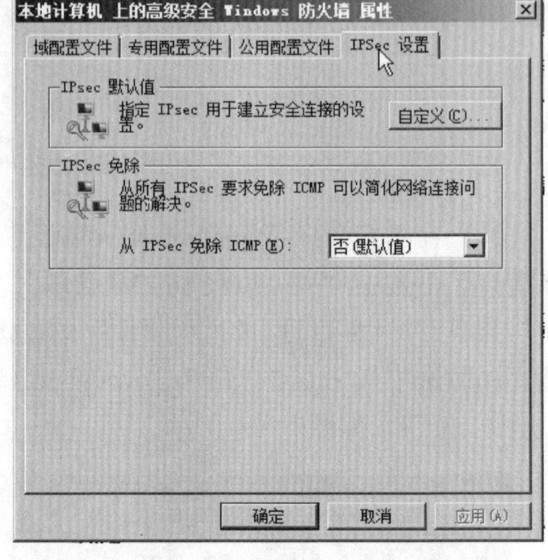

图 5-5-7 “IPsec 设置”选项卡

（10）在“IPSec 设置”选项卡中，单击“自定义”按钮，弹出“自定义 IPsec 设置”对话框。将“密钥交换（主模式）”“数据保护（快速模式）”均设置为“默认值（推荐）”，“身份验证方法”选择“高级”选项，单击“自定义”按钮，如图 5-5-8 所示。

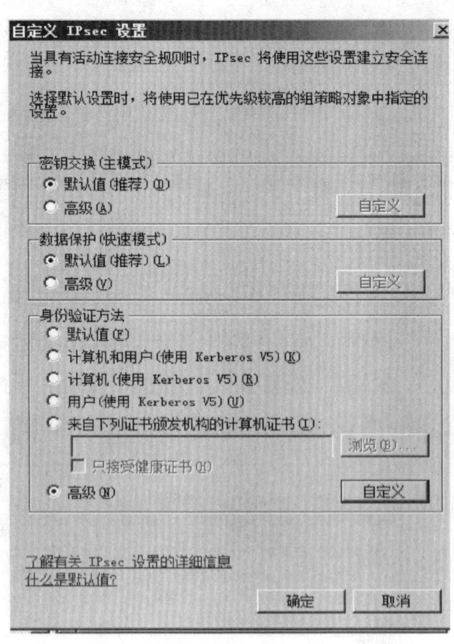

图 5-5-8 自定义 IPsec 设置

（11）在“自定义高级身份验证方法”对话框中，选择“第一身份验证方法”，单击

“添加”按钮，添加“计算机（NTLMv2)”，依次单击“确定”→“确定”→“确定”按钮，如图 5-5-9 所示。

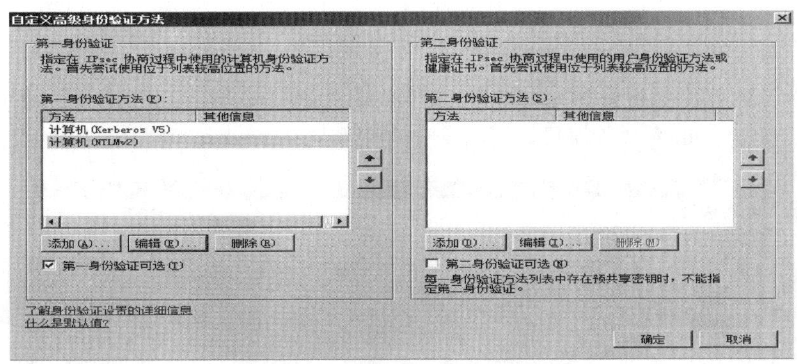

图 5-5-9　自定义高级身份验证方法

（12）在“本地计算机上的高级安全 Windows 防火墙属性”中也可以设置“域配置文件”“专用配置文件”“公用配置文件”的防火墙属性。

二、防火墙入站规则

（1）单击“开始”按钮，选择“管理工具”→“高级安全 Windows 防火墙”，打开“高级安全 Windows 防火墙”窗口，如图 5-5-10 所示。

图 5-5-10　“高级安全 Windows 防火墙”窗口

（2）在“高级安全 Windows 防火墙”窗口中，选择“入站规则”，如图 5-5-11 所示。

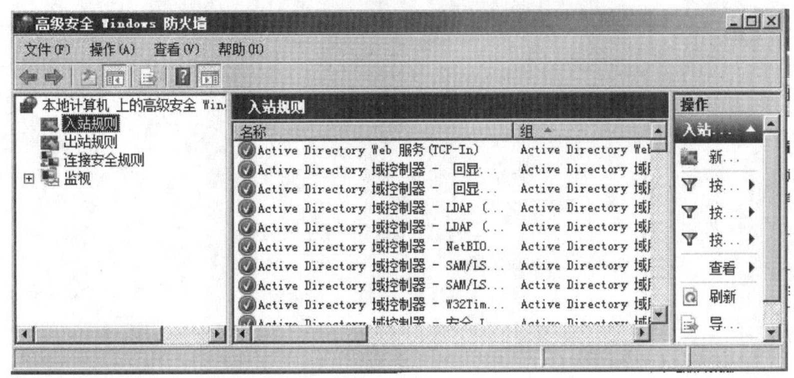

图 5-5-11　入站规则

（3）在“入站规则”上右击，在弹出的菜单中选择“新规则”命令，弹出“新建入站规则向导”对话框，在对话框中选择“端口”，单击“下一步”按钮。

（4）在弹出的“协议和端口”对话框中，选中“特定本地端口”单选按钮，输入端口号：20，21，25，99，5632，如图 5-5-12 所示，单击“下一步”按钮。20 端口是文件传输协议默认数据端口，21 是文件传输协议的控制端口，25 是 SMTP 简单邮件发送协议端口，99 是 Telnet 服务端口，5632 是远程控制 pcanywherestat 所需要开启的端口。

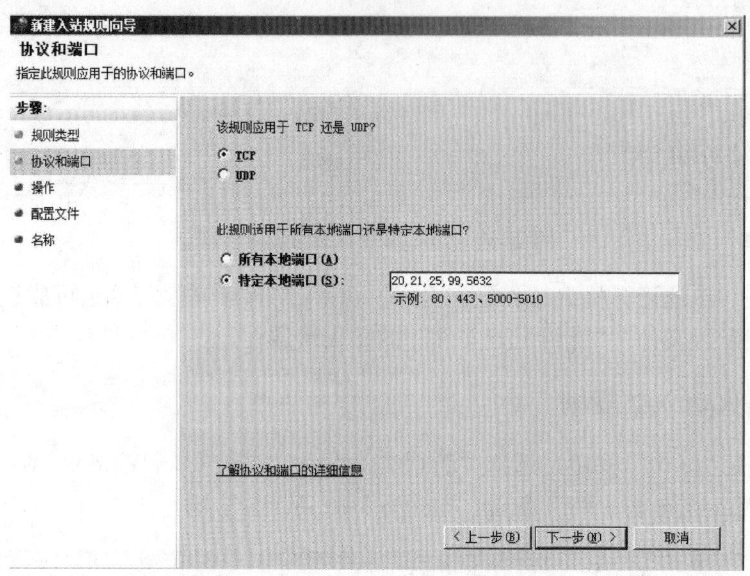

图 5-5-12　选择端口

（5）在“操作”对话框中，选中“阻止连接”单选按钮，如图 5-5-13 所示，单击“下一步”按钮。

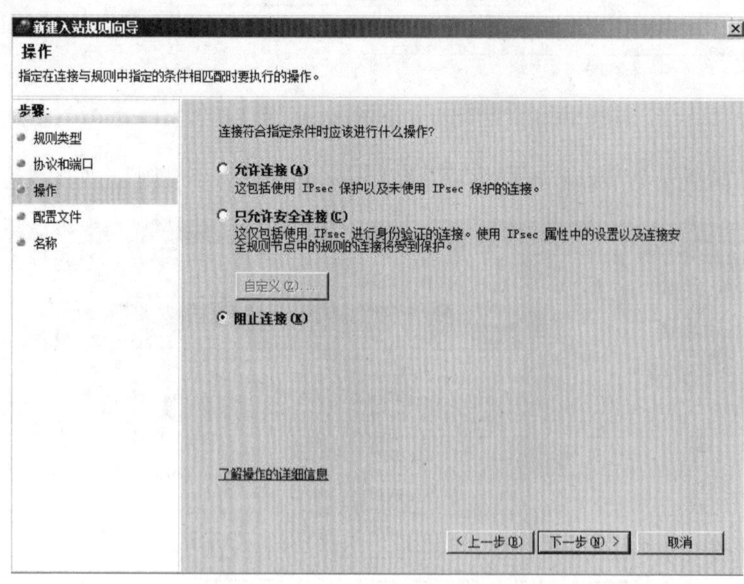

图 5-5-13　选中“阻止连接”单选按钮

(6) 在“配置文件”对话框中，选中“域”“专用”“公用”复选框，在这三种网络中应用该规则，如图 5-5-14 所示，单击“下一步”按钮。

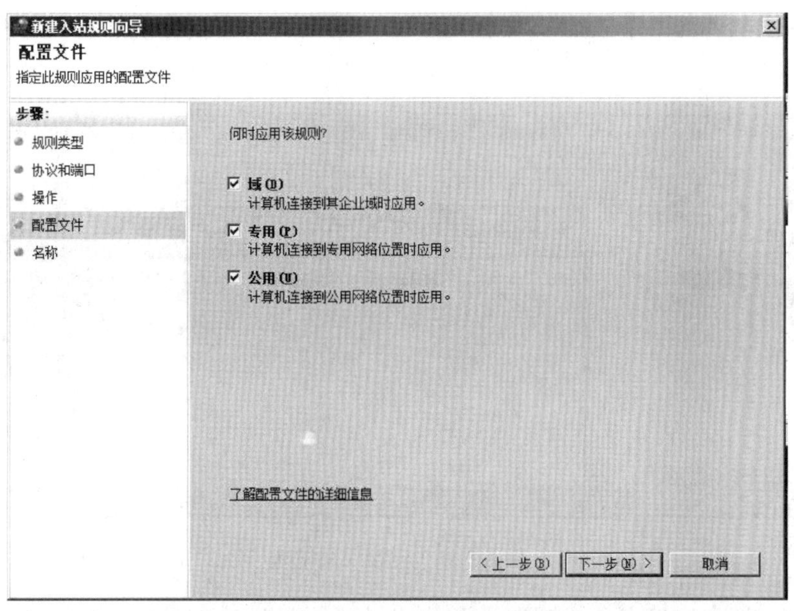

图 5-5-14 配置文件

(7) 在“名称”对话框的“名称”栏输入“阻止访问”，在“描述(可选)”栏输入“阻止端口访问”，如图 5-5-15 所示，单击“完成”按钮。

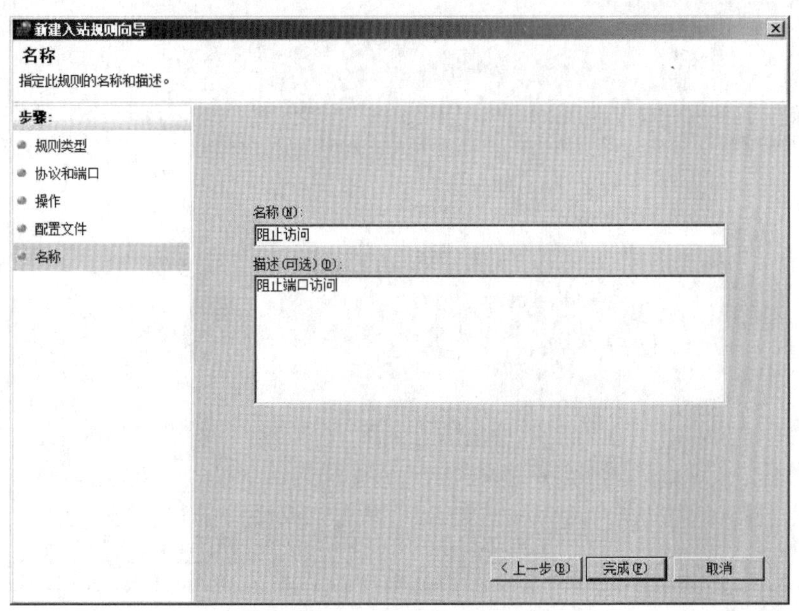

图 5-5-15 输入名称和描述

(8) 这时防火墙的入站规则创建完成。

三、连接安全规则

（1）选择“连接安全规则”，如图 5-5-16 所示，右击，在弹出的菜单中选择“新规则”命令。

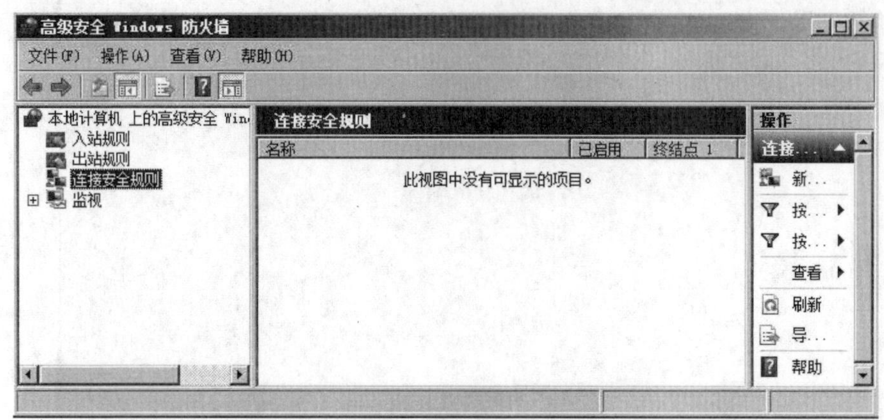

图 5-5-16　连接安全规则

（2）在“新建连接安全规则向导”的“规则类型”对话框中，选中“隔离”复选框，如图 5-5-17 所示，单击“下一步”按钮。

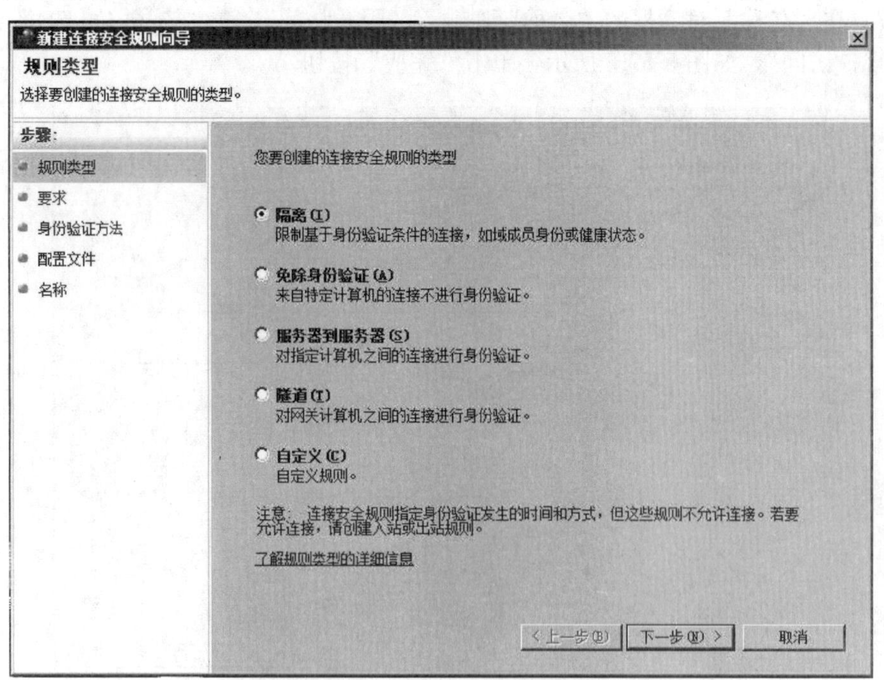

图 5-5-17　选择规则类型

（3）在“要求”对话框中，选中“入站和出站连接要求身份验证（Q）”复选框，如图 5-5-18 所示，单击“下一步”按钮。

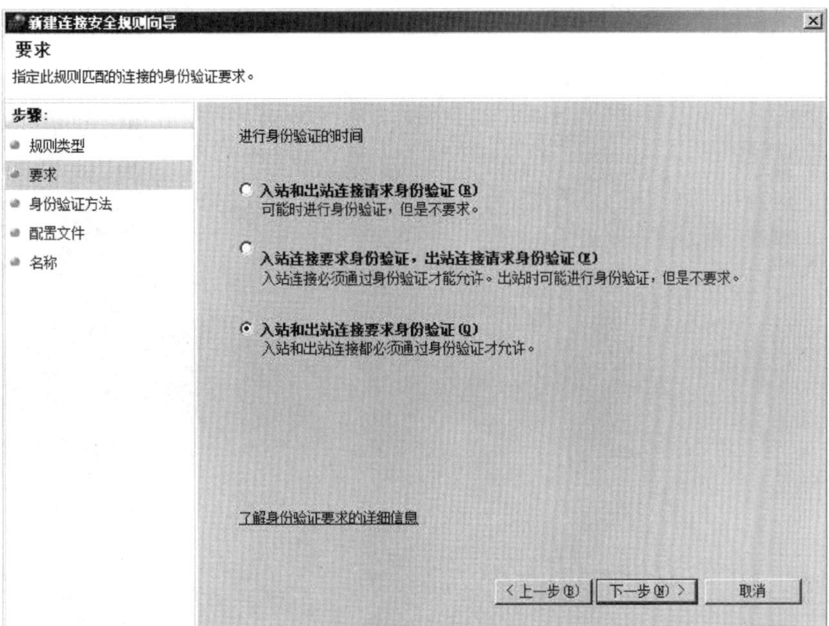

图 5-5-18　入站和出站连接要求身份验证

（4）在“身份验证方法”对话框中，选中“计算机和用户（Kerberos V5）（C）”单选按钮，如图 5-5-19 所示，单击“下一步”按钮。

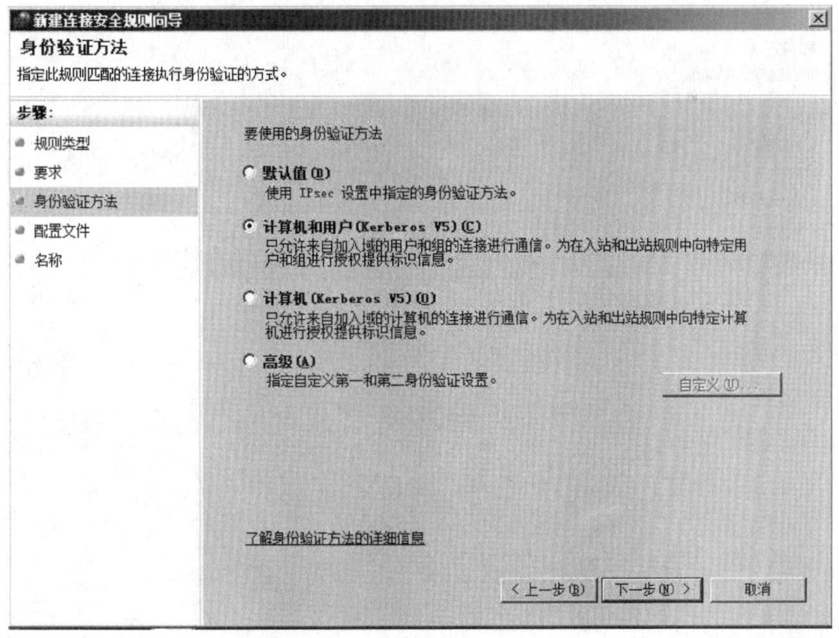

图 5-5-19　选择身份验证方法

（5）在“配置文件”对话框中，选中“域”单选按钮，在域网络中应用该规则，如图 5-5-20 所示，单击“下一步”按钮。

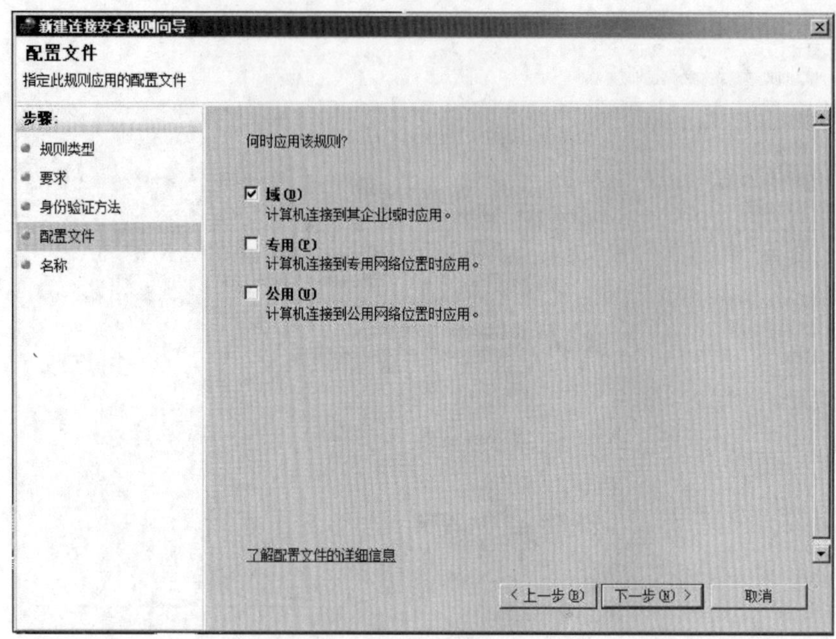

图 5-5-20　选择网络

（6）在“名称”对话框的“名称”栏输入“新规则”，在“描述（可选）”栏输入“创建新规则”，如图 5-5-21 所示，单击“完成”按钮。

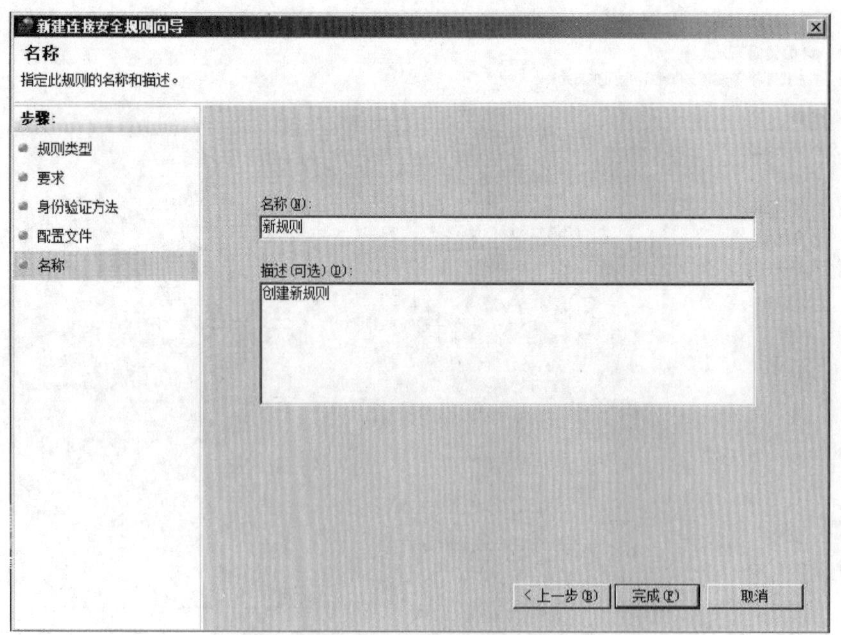

图 5-5-21　输入名称和描述

（7）这时防火墙的连接安全规则创建完成，关闭“高级 Windows 防火墙”窗口即可。

【任务小结】

计算机防火墙是保障计算机本地和局域网安全的一道隔离墙。本任务主要讲解防火墙的启用和基本设置，利用防火墙的入站规则及出站规则，确保在局域网与互联网之间进行安全可控的互联互通，提升局域网的安全性和用户体验。

【扩展练习】

创建一个出站规则，将阻止 PPTP-OUT 路由和远程访问出站规则。

（1）右击“出站规则”，选择新建规则。

（2）在“规则类型”选中“预定义（E）”，选择“路由和远程访问”。

（3）在“预定义规则”中选择“路由和远程访问（PPTP-OUT）”。

（4）在“操作”中选择“阻止连接”选项。

【能力评价】

能力评价表

任务名称	Windows 防火墙			
开始时间		完成时间		
评价内容				
任务准备：			是	否
1. 收集任务相关信息			□	□
2. 明确训练目标			□	□
3. 学习任务相关知识			□	□
任务计划：			是	否
1. 明确任务内容			□	□
2. 明确时间安排			□	□
3. 明确任务流程			□	□
任务实施：	分值		自评分	教师评分
1. 了解网络攻击的四种方式	10			
2. 能够正确启用和关闭 Windows 防火墙	10			
3. 正确添加防火墙例外	10			
4. 能完成防火墙的基本设置	25			
5. 能够正确创建入站规则	25			
6. 能够创建连接安全规则	20			
合计：	100			
总结与提高：				
1. 本次任务有哪些收获？ 2. 在任务中遇到了哪些问题？有何解决方法？				

任务六　安装补丁服务器

【任务描述】

由于 Windows 网络操作系统本身存在一些漏洞，因而在使用过程中会遇到各种来自网络的攻击，导致计算机运行缓慢或者崩溃。尽管微软定期对漏洞发布补丁来防范这类威胁，但是在局域网里，计算机用户数量较多，维护比较困难，因此，网络管理员可以在域网络中搭建 WSUS 补丁服务器来实现补丁自动分发和安装更新。

【能力要求】

(1) 能够熟练掌握 WSUS 补丁服务器的硬件环境要求。

(2) 能够熟练掌握 WSUS 补丁服务器的系统环境要求。

(3) 能够正确下载对应的 Windows Server Update Services 3.0 SP2 补丁包。

(4) 能够部署 Web 服务器 IIS。

(5) 能够搭建 WSUS 补丁服务器。

(6) 能配置 WSUS 补丁服务器。

(7) 能使用 WSUS 补丁服务器更新 Office 2010 和 Windows XP 补丁。

【知识准备】

一、域网络

在域网络中，需指定一台服务器为域控制器，即在这台服务器上安装域服务，然后将网络中的其他计算机加入该域网络，实现网络中各计算机用户账户及策略的统一管理。如果在域网络的域控制器中设置好账户及权限，用户就只要有一个域账户就可以访问网络中的任意一台计算机的资源，不需要在网络中的各计算机单独设立账户。

二、系统漏洞的产生

系统漏洞是研发人员在网络操作系统研发设计过程中，在逻辑设计时存在逻辑缺陷或者逻辑混乱而产生的，有时是在系统编写过程中出现疏漏或错误而产生的。这些漏洞常会被网络不法者利用，通过植入计算机病毒等方式来攻击系统，造成服务器崩溃。网络操作系统漏洞补丁涉及系统本身、网络软件、防火墙、应用软件等。系统漏洞会随着使用时间的延长不断显现出来，所以需要不断更新补丁来修复和防范。

三、WSUS 补丁服务器

WSUS 的全称是 Windows Server Update Services，是微软公司发布的一款可以用来自动分发补丁的服务器软件。WSUS 支持更新微软公司的 Office、SQL 数据库、MS-DE、Exchange 等所有产品。其工作方式是 C/S 模式。WSUS 服务器自动从微软服务器下载需要更新的补丁，然后按照计划分发到域网络中的各个客户端。这样提高了网络管理效率，同时也节省了网络资源。安装 WSUS 服务器的环境要求如表 5-6-1 所示。

表 5-6-1 安装 WSUS 服务器的环境要求

<table>
<tr><th>环境</th><th>项目</th><th>参数</th></tr>
<tr><td rowspan="3">硬件环境</td><td>处理器</td><td>1GHz</td></tr>
<tr><td>运行内存</td><td>1Gb</td></tr>
<tr><td>磁盘</td><td>1Gb 以上的 NTFS 文件系统</td></tr>
<tr><td rowspan="14">Web 服务器（IIS）环境</td><td rowspan="4">常见 HTTP 功能</td><td>静态内容</td></tr>
<tr><td>默认文档</td></tr>
<tr><td>目录浏览</td></tr>
<tr><td>HTTP 错误</td></tr>
<tr><td rowspan="4">应用程序开发</td><td>ASP. NET</td></tr>
<tr><td>. NET 扩展性</td></tr>
<tr><td>ISAPI 扩展</td></tr>
<tr><td>ISAPI 筛选器</td></tr>
<tr><td rowspan="2">健康诊断</td><td>HTTP 日志记录</td></tr>
<tr><td>请求监视</td></tr>
<tr><td rowspan="2">安全性</td><td>Windows 身份验证</td></tr>
<tr><td>请求筛选</td></tr>
<tr><td rowspan="2">性能</td><td>动态内容压缩</td></tr>
<tr><td>静态内容压缩</td></tr>
<tr><td rowspan="5">管理工具环境</td><td>IIS 管理控制台</td><td>IIS 管理控制台</td></tr>
<tr><td rowspan="4">IIS 管理兼容性</td><td>IIS6 管理兼容性</td></tr>
<tr><td>IIS6 WMI 兼容性</td></tr>
<tr><td>IIS6 脚本工具</td></tr>
<tr><td>IIS6 管理控制台</td></tr>
</table>

【任务实施】

一、配置 Web 服务器（IIS）

（1）打开 VMware Workstation 虚拟机，选择 juyuwang _ u 计算机，登录到桌面，选择“开始”→“管理工具”→“服务器管理器”命令，在“服务器管理器”窗口选择“角色”，单击右侧的“添加角色”。

（2）弹出“添加角色向导”对话框，单击“下一步”按钮；在“选择服务器角色”中选中“Web 服务器（IIS）”复选框，单击“下一步”按钮，再单击“下一步”按钮，如图 5-6-1 所示。

（3）在“选择角色服务”对话框，选中“静态内容”“默认文档”“目录浏览”“HTTP 错误”“ASP. NET”“. NET 扩展性”“ISAPI 扩展”“ISAPI 筛选器”“HTTP 日志记录”“请求监视”“Windows 身份验证”“请求筛选”“静态内容压缩”“动态内容

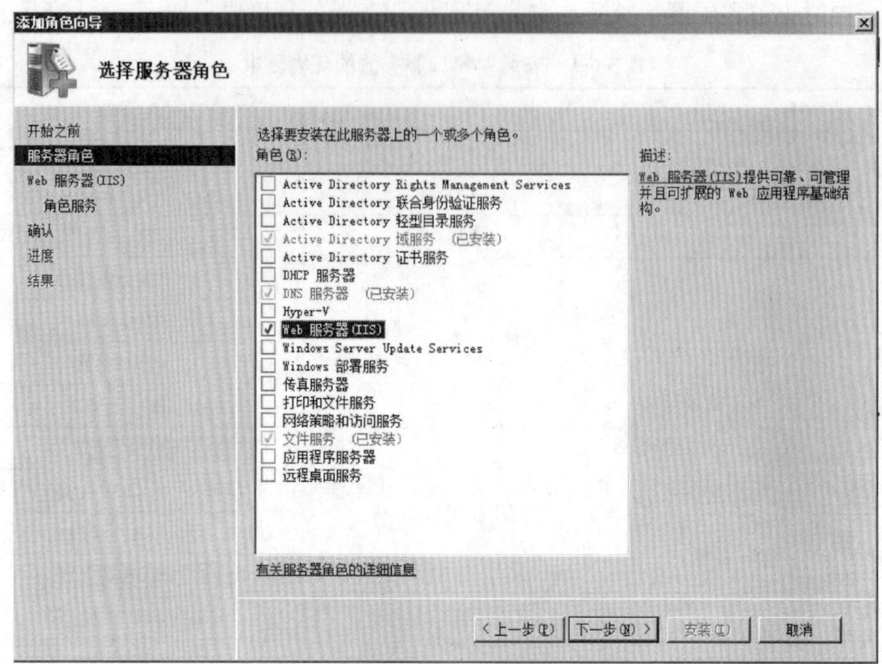

图 5-6-1　安装 Web 服务器（IIS）

压缩”“IIS 管理控制台”“IIS6 管理兼容性”全部，如图 5-6-2 所示。单击“下一步”按钮进入安装界面。

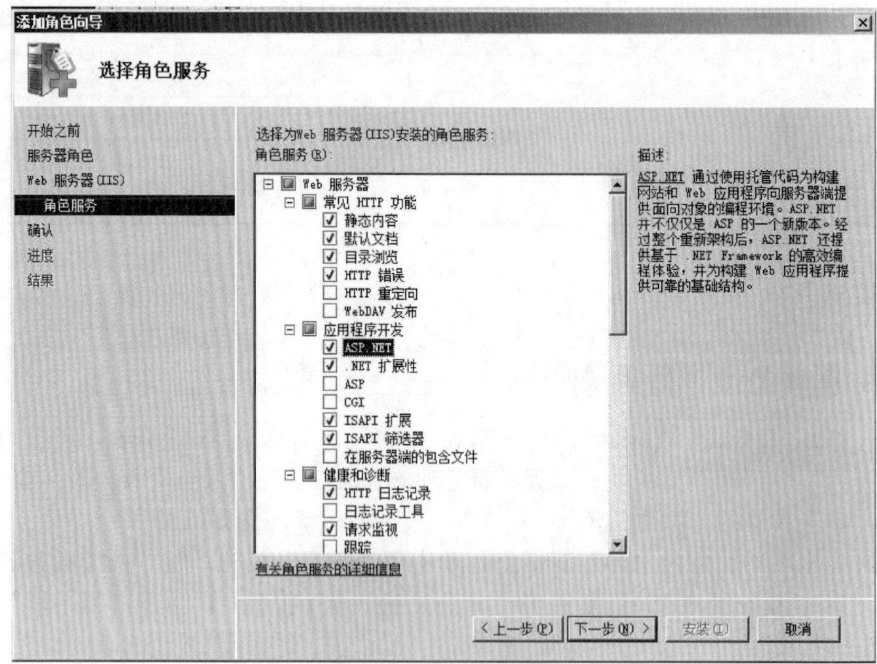

图 5-6-2　选择角色服务

（4）单击“安装”按钮，等待 Web 服务器（IIS）安装完成。

（5）单击“关闭”按钮。

二、搭建 WSUS 补丁服务器

（1）进入微软官方网站下载 WSUS 软件。

（2）将下载的软件安装包放在服务器桌面。

（3）双击软件安装包图标，弹出“Windows Server Update Services 3.0 SP2 安装向导”对话框。单击“下一步”按钮，如图 5-6-3 所示。

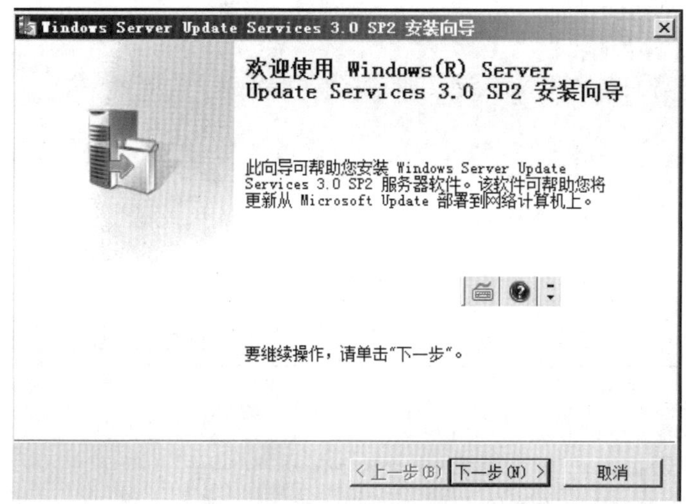

图 5-6-3　WSUS 安装向导

（4）在“安装模式选择”中选择“包括管理控制台的完整服务器安装（F）”。单击“下一步”按钮。

（5）在“许可协议”中选中“我接受许可协议条款（A）单选按钮”，如图 5-6-4 所示。单击“下一步”按钮，再单击“下一步”按钮。

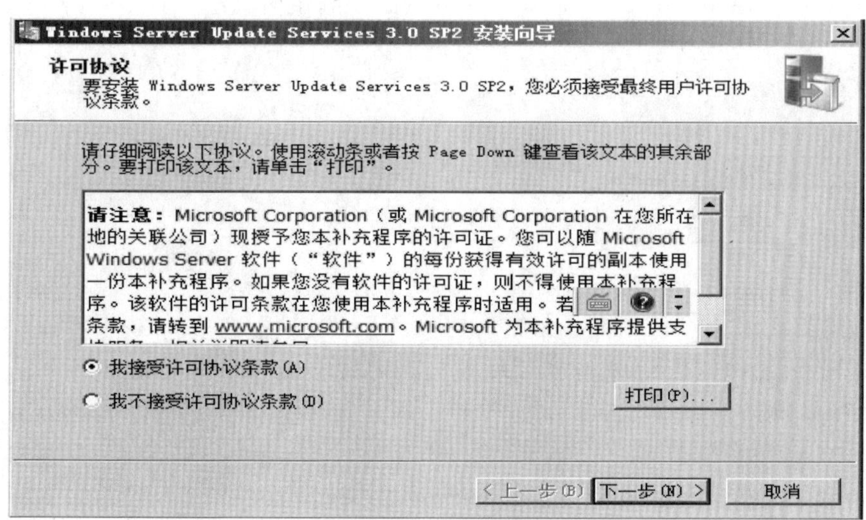

图 5-6-4　同意许可协议

(6) 在“选择更新源”的“本地存储更新（S)”中使用默认的 C：\WSUS 路径来作为更新源，如图 5-6-5 所示。这样，域网络中的客户端计算机就可以从该路径获得更新补丁。

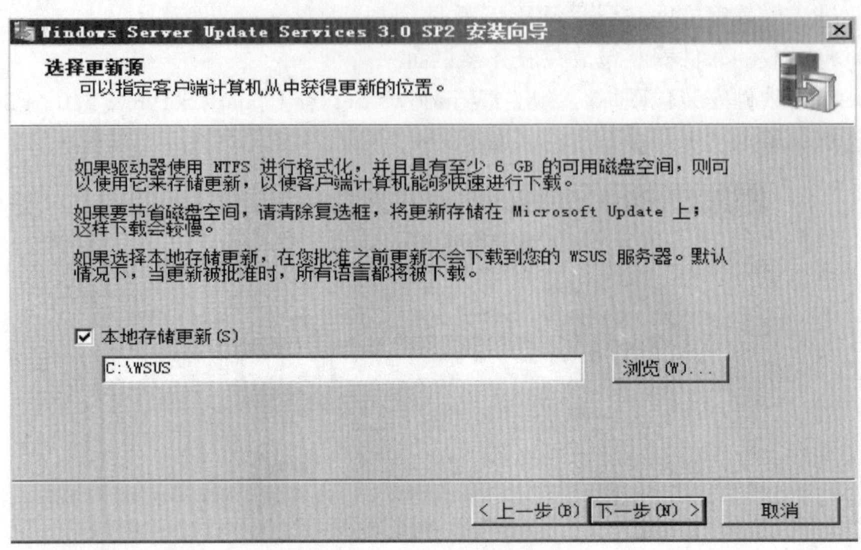

图 5-6-5　选择更新源

(7) 进入“数据库选项”，需要指定 Windows Server Update Services 3.0 SP2 的数据存储位置，选“使用此计算机上现有的 Windows Internal Database（E)”，使用本地服务器的默认路径 C：\WSUS 存储数据，如图 5-6-6 所示。单击“下一步”按钮，连接到本地服务器的 SQL Server 实例，单击“下一步”按钮。如果有另外的数据库服务器，可以选中“使用远程计算机（机器名\实例名）上现有的数据库服务器（R)”单选按钮。

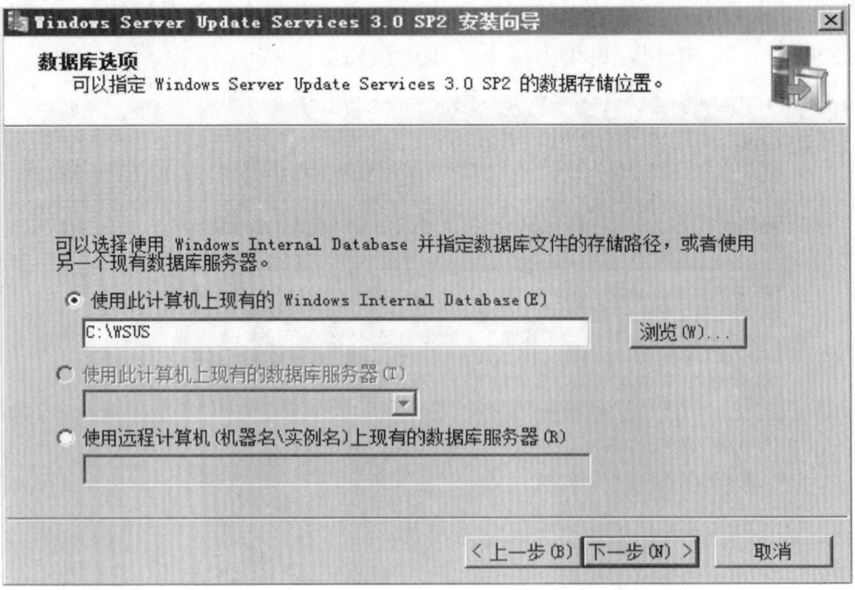

图 5-6-6　数据库选项

（8）在“网站首选项”需要指定一个用于 WSUS 服务器服务的网站，本例选择“使用现有 IIS 默认网站（推荐）（U）”，如图 5-6-7 所示，使用的默认端口为 80。单击“下一步”按钮，再单击“下一步”按钮。如果本地服务器的 IIS 默认网站已被占用，可以使用“创建 Windows Server Update Services 3.0 SP2 网站（C）”作为服务网站，使用该网站的默认端口为 8530，配置客户端访问网址为 http：//服务器名：8530。

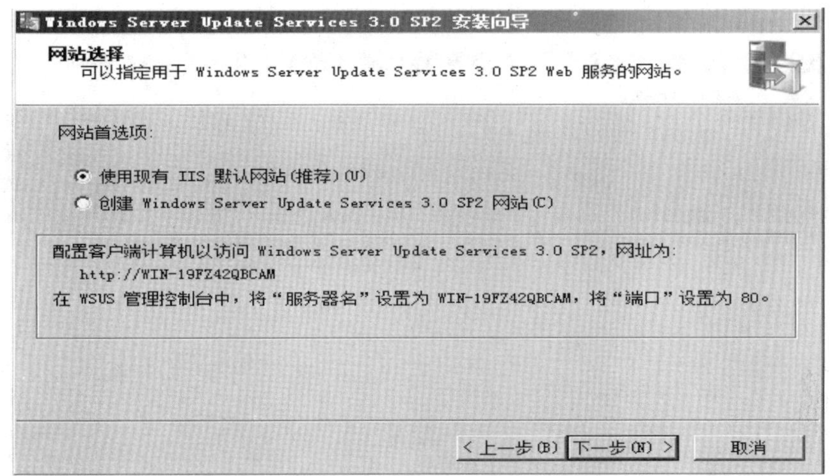

图 5-6-7　网站选择

（9）进入程序安装界面后，需要等待几分钟，安装完成。

（10）单击“完成”按钮，退出安装向导。

三、配置 WSUS 补丁服务器

（1）执行“开始”→“管理工具”→“Windows Server Update Services”命令，打开“Update Services”界面，展开“计算机名称”（本例计算机名为 WIN-19FZ42QBCAM），选择“选项”，单击右侧的“WSUS 服务器配置向导”，如图 5-6-8 所示。

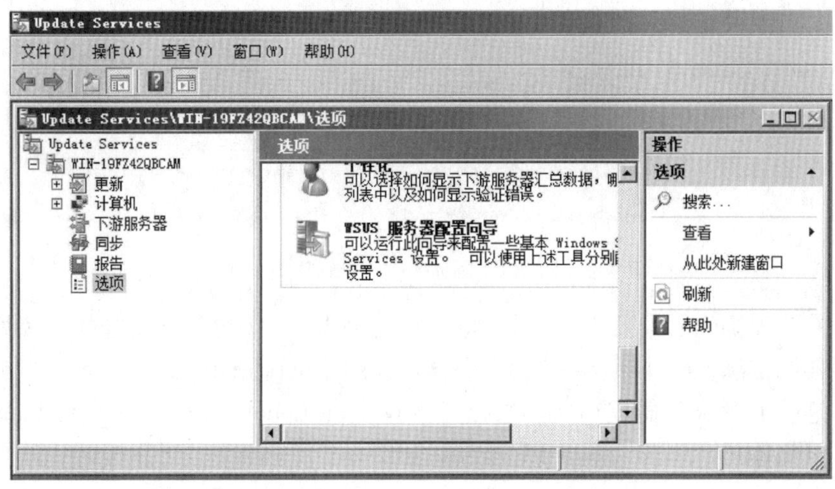

图 5-6-8　打开 WSUS 服务器配置向导

（2）在“Windows Server Update Services 配置向导”中单击“下一步”按钮，进入“加入 Microsoft Update 改善计划”，在该页面可使用默认选项。单击“下一步”按钮。

（3）在“选择‘上游服务器’”中，若是第一次配置 WSUS 补丁服务器，应选中“从 Microsoft Update 进行同步”单选按钮，如图 5-6-9 所示。单击“下一步”按钮。如果本地已经有服务器从 Microsoft Update 进行同步了，则可以选择“从其他 Windows Server Update Services 服务器进行同步（U）”。

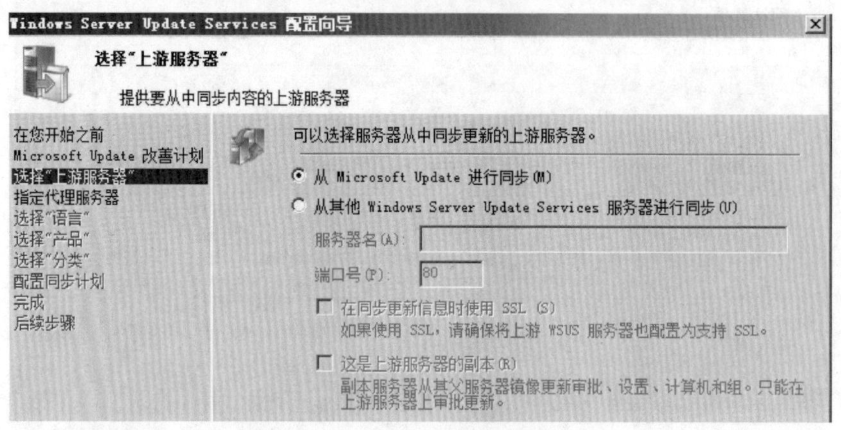

图 5-6-9 WSUS 服务器配置向导

（4）进入“指定代理服务器”界面。本例不使用代理服务器，取消选中“在同步时使用代理服务器（X）”复选框，单击“下一步”按钮，如图 5-6-10 所示。

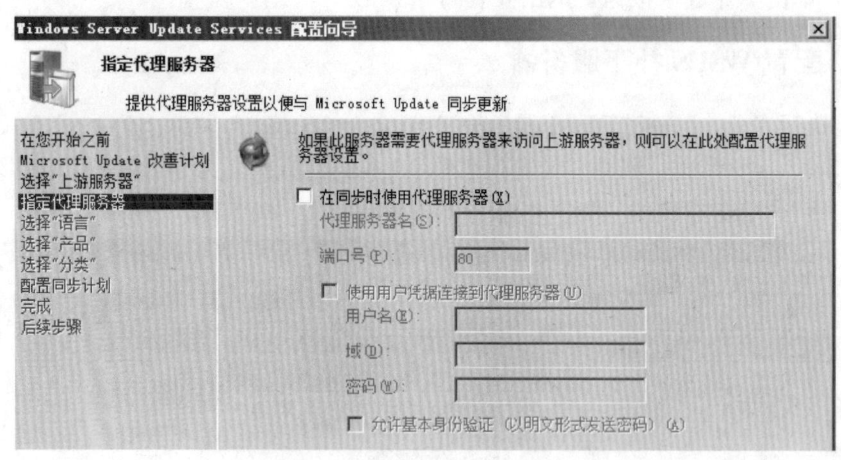

图 5-6-10 指定代理服务器

（5）在“连接到上游服务器”中单击“开始连接”，需要计算机连接互联网，确保上游服务器的信息下载并保存到本地服务器，如图 5-6-11 所示。

（6）连接上游服务器成功后，选择“Download updates only in these languages:”为“中文（简体）”，单击“下一步”按钮，如图 5-6-12 所示。

（7）在“选择产品”中选择要更新的产品，可以选择全部产品，也可以选择某一类产品。

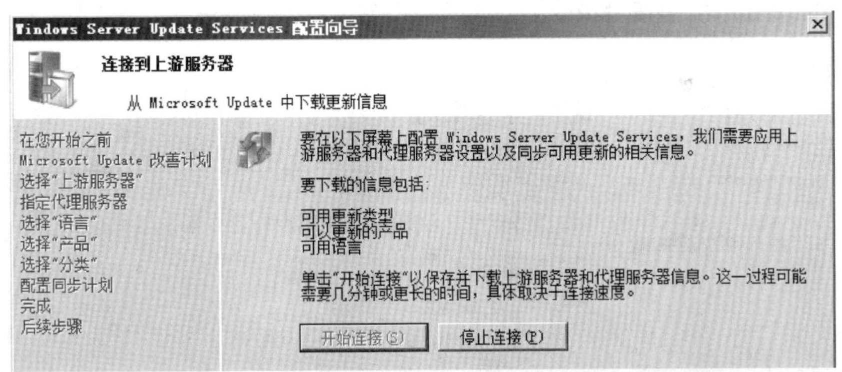

图 5-6-11　连接到上游服务器

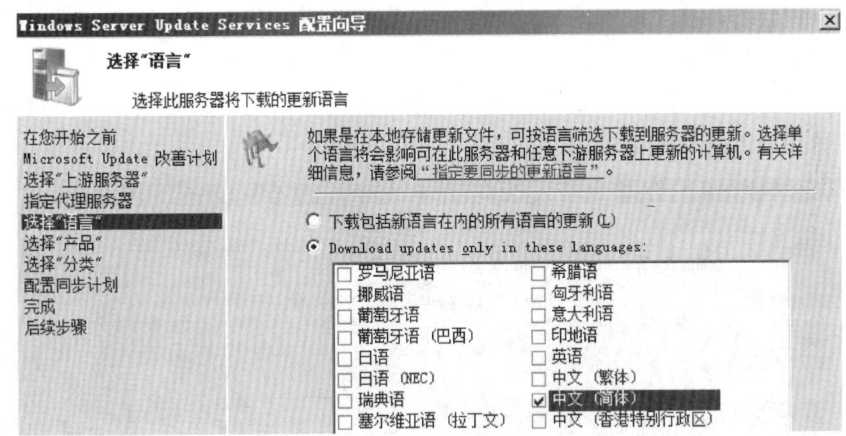

图 5-6-12　选择语言

以办公软件为例，本地服务器和客户端计算机安装的办公软件是 Office 2010，需要对 Office 2010 更新补丁，选择 Office 2010。单击“下一步”按钮，如图 5-6-13 所示。

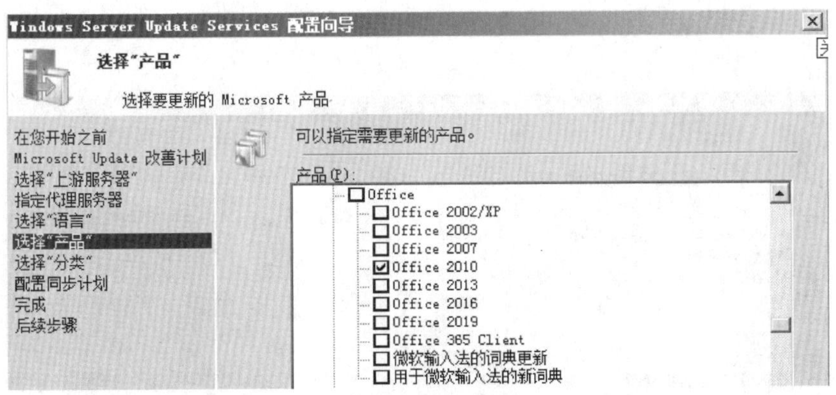

图 5-6-13　选择更新对象

（8）在“所有分类”中，使用默认的更新分类。单击“下一步”按钮，如图 5-6-14 所示。

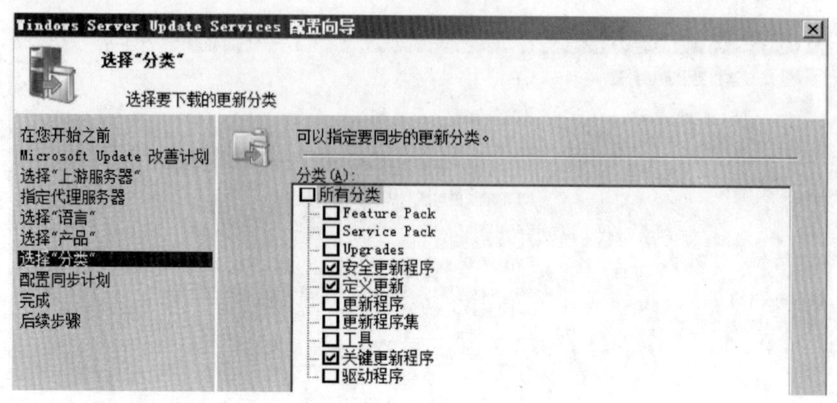

图 5-6-14　选择更新类型

（9）设置同步，在“设置同步计划”中选择“手动同步”单选按钮，如图 5-6-15 所示，单击“下一步”按钮。

当管理员管理的计算机数量较多或者较繁忙时，可以选“自动同步”单选按钮来设置同步时间和每天的同步次数。

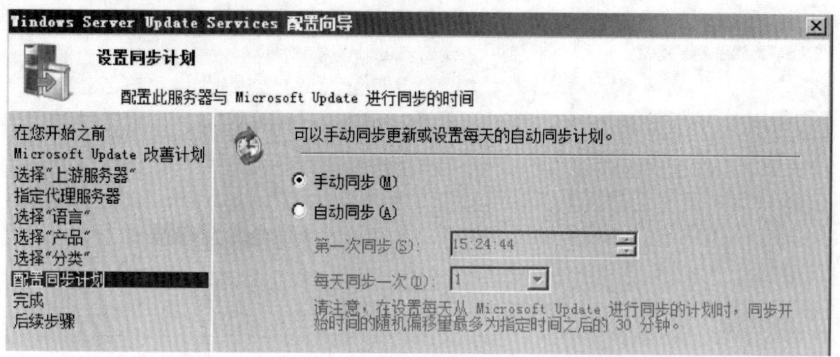

图 5-6-15　设置同步计划

（10）在“完成”界面，选中“开始初始同步（S）”复选框，如图 5-6-16 所示。单击“下一步”按钮。

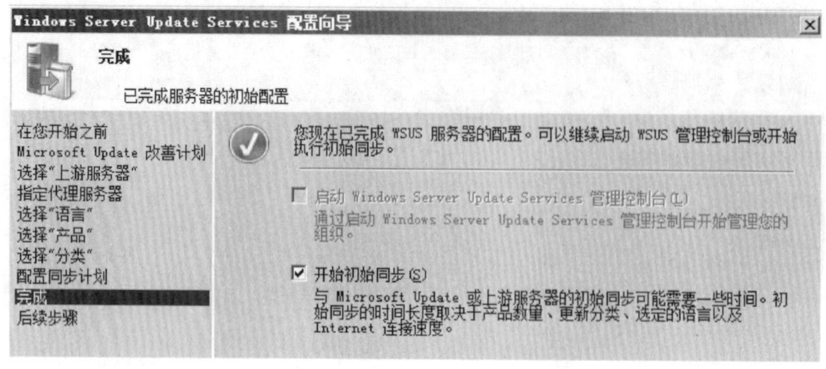

图 5-6-16　单击完成

（11）单击“完成”，完成 WSUS 的配置。单击“关闭”按钮。

（12）单击“开始”→“管理工具”→“Windows Server Update Services”，打开“Update Services”窗口，单击“计算机名称”（本例计算机名为 WIN-19FZ42QBCAM），等待更新同步，如图 5-6-17 所示。

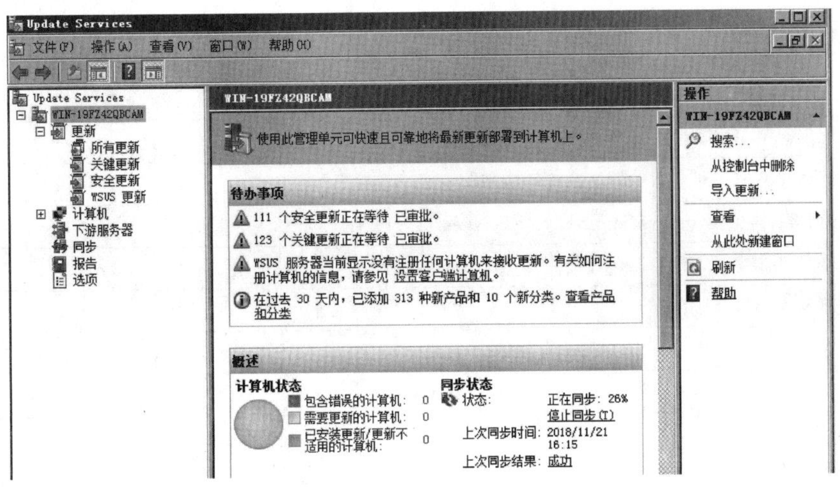

图 5-6-17　等待更新同步

（13）关闭所有窗口。

【任务小结】

掌握 WSUS 补丁服务器的搭建，可以有效更新网络的计算机补丁。WSUS 补丁服务器可以单独更新服务器的补丁，也可以通过域网络完成局域网内计算机的补丁更新。本任务主要讲解了 Windows 系统的补丁分发及自动更新，掌握该技术可为后期的计算机域网络的维护节省大量时间。

【扩展练习】

在虚拟机上安装 Windows Server 2012 网络操作系统，并且在 Windows Server 2012 中搭建 WSUS 补丁服务器。

【能力评价】

能力评价表

任务名称	安装补丁服务器			
开始时间		完成时间		
评价内容				
任务准备：			是	否
1. 收集任务相关信息			□	□
2. 明确训练目标			□	□
3. 学习任务相关知识			□	□

续表

任务计划：		是	否
1. 明确任务内容		□	□
2. 明确时间安排		□	□
3. 明确任务流程		□	□
任务实施：	分值	自评分	教师评分
1. 能够熟练掌握 WSUS 补丁服务器的硬件环境要求	10		
2. 能够熟练掌握 WSUS 补丁服务器的系统环境要求	10		
3. 能够正确下载对应的 Windows Server Update Services 3.0 SP2 补丁包	10		
4. 能够部署 Web 服务器 IIS	15		
5. 能够搭建 WSUS 补丁服务器	20		
6. 能配置 WSUS 补丁服务器	20		
7. 能使用 WSUS 补丁服务器更新 Office 2010 和 Windows XP 补丁	15		
合计：	100		
总结与提高：			
1. 本次任务有哪些收获？ 2. 在任务中遇到了哪些问题？有何解决方法？			

习　题

一、选择题

1. FAT 是一种适合小卷集，对系统安全性要求不高，需要双重引导的文件系统。以下（　　）不是其缺点。

A. 容易受损　　B. 文件名长度受限　C. 兼容性差　　D. 磁盘容量超大

2. NTFS 支持许多新的文件安全、存储和容错功能。以下（　　）不是其优点。

A. 支持磁盘配额　B. 安全性高　　C. 支持稀疏文件　　D. 磁盘容量很小

3. 在命令提示符中可以使用以下（　　）命令来创建文件夹。

A. net share　　B. net use　　C. cmd　　D. mstsc

4. NTFS 权限有文件夹权限和文件权限。以下（　　）不是 NTFS 文件权限。

A. 读取　　B. 写入　　C. 完全控制　　D. 列出文件夹内容

5. 网络操作系统防火墙自身有一些限制，但是不能阻止（　　）的威胁。

A. 外部攻击　　B. 外部攻击和内部攻击

C. 内部攻击和病毒　　D. 外部攻击、病毒入侵

6. Windows Server 2008 的本地安全策略中有一个是本地策略。以下（　　）不属于本地策略。

A. 审核策略　　B. 用户权限分配　　C. 安全选项　　D. 账户锁定策略

7. 在本地计算机上的“高级安全 Windows 防火墙属性”中不能设置的属性是（　　）。

A. 域配置文件　　B. 专用配置文件　　C. 公用配置文件　　D. 连接安全规则

8. 在 Windows Server 2008 的密码策略中密码最长的使用期限是（　　）。

A. 30 天　　B. 365 天　　C. 500 天　　D. 999 天

9. 按照计算机病毒依附的媒介来划分，总共有四种病毒类型。以下（　　）不是依附媒介来划分的计算机病毒。

A. 网络病毒　　B. 文件病毒　　C. 引导型病毒　　D. 蠕虫型病毒

10. 按计算机病毒的破坏力划分有四种。以下（　　）不属于该划分范围的病毒。

A. 良性病毒　　B. 恶性病毒　　C. 极恶性病毒　　D. 寄生型病毒

11. 杀毒软件在世界各国都有研发和使用。以下（　　）不是中国公司发布的杀毒软件。

A. 360 杀毒软件　　B. 金山毒霸

C. 腾讯电脑管家　　D. 卡巴斯基反病毒软件

12. 计算机病毒名称一般是由＜前缀＞＜病毒名＞＜后缀＞组成的。以下（　　）可能是特洛伊木马的前缀名。

A. Trojan　　B. AM　　C. XF　　D. VBS

13. 网络故障排查过程中需要使用到网络命令。以下（　　）不是网络命令。

A. ipconfig　　B. ping　　C. pathping　　D. Excel、xl

14. 计算机连接交换机时，需要使用的网线是（　　）。

A. 光缆　　B. 交叉缆　　C. 直通缆　　D. 转接头

15. 计算机连接路由器时，需要使用的网线是（　　）。

A. 光缆　　B. 交叉缆　　C. 直通缆　　D. 转接头

16. 用来查看网络连通性的是（　　）命令。

A. ping　　B. ipconfig　　C. XF　　D. cmd

二、填空题

1. 在网络中可以共享的资源有（　　）和（　　）。

2. 在 Windows Server 2008 系统中采用了 FAT 文件系统，需要使用（　　）命令将 FAT 文件系统转换为 NTFS 文件系统。

3. 要设置文件夹隐藏共享，需要在共享文件名后加（　　）符号。

4. 常用的防火墙可以分为（　　）和（　　）两大类。

5. 代理防火墙作用于（　　）层。

6. 防火墙的特点有内网的安全屏障、强化网络安全策略、（　　）、（　　）。

7. 在 Windows Server 2008 的本地审核-审核策略中，每个策略的安全设置状态有三种，分别是（　　）、（　　）、（　　）。

8. 计算机病毒的特性有（　　）、（　　）、（　　）、（　　）、（　　）。

9. 按计算机病毒的算法划分，有（　　）、（　　）、（　　）病毒。

10. 计算机病毒的防治要做到（　　）、（　　）、（　　）三个方面。

11. 计算机病毒的生命周期是经历开发期、传染期、（　　）、（　　）、（　　）、（　　）、潜伏期七个阶段。

12. Ping 命令的四种常见提示有（　　）、（　　）、（　　）、（　　）。

13. traceroute 命令主要用来显示、记录数据包到达目标主机过程中的中继节点清单和到达时间。与其具有相同功能的命令是（　　）命令。

14. 当使用 Ping 命令时出现 no answer 提示，表示本地系统有一条到达远程主机的路由，但接收不到它发给远程主机的任何报文，可能是（　　）、（　　）、（　　）、（　　）和（　　）原因。

15. 用 ipconfig 命令可以查看计算机的（　　）、（　　）、（　　）。

三、实训题

1. 分别在 Windows 7 和 Windows 10 系统中使用“Windows 资源管理器”路径创建共享文件夹。

2. 在 Windows Server 2008 中，使用本地安全策略的用户权限分配，给 everyone 用户配置“更改时区”和“关闭系统”权限。

3. 试着独立安装 360 杀毒软件或者金山毒霸杀毒软件。

4. 列举出一些黑客进行网络攻击常用的方法，并对每种攻击方法给出相应的解决方案。

参考文献

[1] 祝朝映．中小型局域网组建与实训［M］．北京：科学出版社，2008.

[2] 李畅，刘志成，张平安．网络互联技术 实践篇［M］．北京：人民邮电出版社，2017.

[3] 肖学华．网络设备管理与维护实训教程［M］．北京：科学出版社，2011.

[4] 高晓飞．网络服务器配置与管理［M］．北京：高等教育出版社，2014.

[5] 温晞．网络综合布线技术［M］．北京：电子工业出版社，2011.

[6] 美国思科网络技术学院．网络简介实验手册［M］．北京：人民邮电出版社，2015.